全国医药职业教育药学类规划教材

# 医药常用仪器设备基础

**（第二版）**

（供中职使用）


主　　编　林芝媛

编　　者　容　淼　何志慧　文俊良



中国医药科技出版社

## 内容提要

本书是全国医药职业教育药学类规划教材之一。在药剂专业的职业教育中，《医药常用仪器设备基础》是一门专业的基础课程。本书的内容由电工学、化工原理、制图、设备学等相关内容整合而成。教学的总体目标是使学生通过相关知识的学习，掌握制药设备的原理、使用、养护与检修方法。

本书内容实用性强，富有中专特色。除可供医药中等职业学校、中等专业学校的药学类专业学生使用外，还可作为医药技工学校学生及药品相关企业初、中级工人岗位培训的教材。

**图书在版编目（CIP）数据**

医药常用仪器设备基础/林芝媛主编．—二版—北京：中国医药科技出版社，2009．8

全国医药职业教育药学类规划教材．供中职使用

ISBN 978-7-5067-4273-3

Ⅰ．医…　Ⅱ．林…　Ⅲ．医疗器械-专业学校-教材　Ⅳ．TH77

中国版本图书馆 CIP 数据核字（2009）第 082941 号

**美术编辑**　陈君杞
**版式设计**　郭小平

出版　中国医药科技出版社
地址　北京市海淀区文慧园北路甲 22 号
邮编　100082
电话　发行：010-62227427　邮购：010-62236938
网址　www.cspyp.cn
规格　787×1092mm 1/16
印张　12 ¾
字数　204 千字
印数　8001—13000
出版　2006 年 8 月第 1 版
版次　2009 年 8 月第 2 版
印次　2024年1月第9次印刷
印刷　大厂回族自治县彩虹印刷有限公司
经销　全国各地新华书店
书号　ISBN 978-7-5067-4273-3
**定价　28.00 元（附实验册）**

# 改编说明

职业教育培养技能型人才的目标定位和“以能力为本位”的教育指导思想，要求我们必须打破传统的学科体系，充分利用课程的优势，促进学生综合职业能力和发展能力的形成。在药剂专业的职业教育中，《医用常用仪器设备基础》是一门专业基础课程，本课程的内容由电工学、化工原理、设备学等相关内容整合而成。教学的总体目标是使学生通过相关知识的学习，掌握常用医用仪器设备的原理、使用、养护和检修方法。通过两年的实践，利用本教材教学基本能实现既定教学目标。在教学实践中，编者不断总结和改进，此改编的版本融入了新的教学理念，通过形象的图片与简练的语言将医用仪器设备的原理与使用等相关知识和思路简明化，将抽象的电现象、流体传送和传热现象与现实生活和具体仪器相结合，以期达到教师更易教、学生更乐学的目的。

本教材由六章组成。第一章 天平，介绍天平的原理、结构及使用方法。要求学生了解天平的原理、结构，会规范、熟练的使用天平进行称量，会对天平进行常规的保养维护。第二章 常用光学仪器，介绍药学专业中的常用光学仪器：折光仪、显微镜、旋光仪、分光光度计。通过教学，使学生了解各种光学仪器的原理及结构，会规范使用折光仪、旋光仪、分光光度计各种仪器测量溶液的相应光学特征物理量，会规范、熟练使用显微镜观察各种药学、医学标本。第三章 常用电磁仪器与设备，介绍电磁学的基本知识与安全用电常识，使学生理解发电机、电动机、变压器、电磁铁、继电器及磁电式仪表的工作原理，会正确选择与工作任务相匹配的仪器设备，了解安全用电的规范，树立安全生产意识，会安全使用、维护各种电器设备。第四章 电子原件与设备，介绍半导体的特点，使学生了解二极管、三极管、晶闸管、传感器等电子器件的工作特点及其应用。第五章 流体输送设备，介绍流体输送的基本原理及机械设备，要求学生了解物料输送、物料分离的基本原理，能规范地使用大型制药设备，能对常用制药设备进行常规的养护，对设备可能存在的问题进行预测，能排除常用设备的常见故障。第六

章 传热，主要介绍传热常用传热设备的基本结构和性能，使学生掌握传热的基本规律，合理地选用传热设备。

本教材第一章、第二章由林芝媛、何志慧编写，第三章、第四章由林芝媛编写，第五章、第六章由容森、文俊良编写。在改编过程中，得到刘银河、张柯媛、杨瑞娟、陈华海、叶木仙的协助，在此谨表示衷心的感谢。

由于时间仓促及水平有限，编写中不足之处恳请广大师生及读者提出宝贵意见，以便修改、完善。

编　者

**2008 年 7 月 16 日**

# 第二版前言

职业教育培养技能型人才的目标定位和“以能力为本位”的教育指导思想，要求我们必须打破传统的学科体系，充分利用课程的优势，促进学生综合职业能力和发展能力的形成。在药剂专业的职业教育中，《医用常用仪器设备基础》是一门专业基础课程，本课程的内容由电工学、化工原理、设备学等相关内容整合而成。教学的总体目标是使学生通过相关知识的学习，掌握常用医用仪器设备的原理、使用、养护和检修方法。通过两年的实践，利用本教材教学基本能实现既定教学目标。在教学实践中，编者不断总结和改进，此改编的版本融入了新的教学理念，通过形象的图片与简练的语言将医用仪器设备的原理与使用等相关知识和思路简明化，将抽象的电现象、流体传送和传热现象与现实生活和具体仪器相结合，以期达到教师更易教、学生更乐学的目的。

本教材由六章组成。第一章 天平，介绍天平的原理、结构及使用方法。要求学生了解天平的原理、结构，会规范、熟练的使用天平进行称量，会对天平进行常规的保养维护。第二章 常用光学仪器，介绍药学专业中的常用光学仪器：折光仪、显微镜、旋光仪、分光光度计。通过教学，使学生了解各种光学仪器的原理及结构，会规范使用折光仪、旋光仪、分光光度计各种仪器测量溶液的相应光学特征物理量，会规范、熟练使用显微镜观察各种药学、医学标本。第三章 常用电磁仪器与设备，介绍电磁学的基本知识与安全用电常识，使学生理解发电机、电动机、变压器、电磁铁、继电器及磁电式仪表的工作原理，会正确选择与工作任务相匹配的仪器设备，了解安全用电的规范，树立安全生产意识，会安全使用、维护各种电器设备。第四章 电子原件与设备，介绍半导体的特点，使学生了解二极管、三极管、晶闸管、传感器等电子器件的工作特点及其应用。第五章 流体输送设备，介绍流体输送的基本原理及机械设备，要求学生了解物料输送、物料分离的基本原理，能规范地使用大型制药设备，能对常用制药设备进行常规的养护，对设备可能存在的问题进行预测，能排除常用设备的常见故障。第六章 传热设备，主要介绍常用传热设备的基本结构和性能，使学生掌握传热的基本规律，合理地选用传热设备。

本教材第一章、第二章由林芝媛、何志慧编写，第三章、第四章由林芝媛编写，第五章、第六章由容森、文俊良编写。在再版修订过程中，得到刘银河、张柯媛、杨瑞娟、陈华海、叶木仙的协助，在此谨表示衷心的感谢。

由于时间仓促及水平有限，编写中不足之处恳请广大师生及读者提出宝贵意见，以便修改、完善。

编　者

**2008 年 7 月 16 日**

# 目　　录

# 第一章 天 平

在我们的生活、生产中，常用秤来称量物体的质量。如到市场购买米、面、糖果，需要称出所购物品的质量，以便按量付费；在配制化学溶液时，需称取几克至几十克溶质；在药品的检验中，需要称取准确值达万分之一克的微量试样等等。在这些活动中，人们使用各种不同的称量工具。天平是医药工作中精确称取样品质量的常用计量仪器，规范使用天平是医药工作岗位必备的工作技能。通过这一章的学习，你将掌握下列技能：

1. 会根据称取量的要求选用适当天平；
2. 会规范使用天平，准确称取样品；
3. 了解天平的原理构造及一些简单故障的识别、排除。

## 第一节 概 述

### 一、天平的原理

1. 杠杆平衡

在力的作用下能绕固定点转动的硬棒叫杠杆，如图1－1所示。如工人撬石头用的撬棒，小孩玩的跷跷板，抽水机的柄等都是杠杆。通常是在杠杆平衡或非常接近平衡的情况下使用杠杆的，从初中我们做过的实验得知，杠杆的平衡条件是：

动力×动力臂＝阻力×阻力臂

或 $F_1 \times L_1 = F_2 \times L_2$

1. 当 $L_1 > L_2$ 时，$F_1$ 与 $F_2$ 哪一个大？
2. 当 $L_1 = L_2$ 时，$F_1$ 与 $F_2$ 哪一个大？

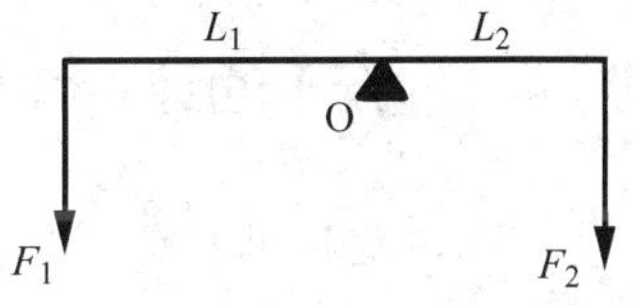

图1－1 杠杆平衡

2. 天平的原理

（1）等臂天平 托盘天平、扭力天平、双盘分析天平是等臂天平。

如图 1-2 是等臂天平的原理示意图，$ABC$ 为天平梁，$B$ 为支点，$L_1$、$L_2$ 分别为天平的臂长，$A$、$C$ 两端分别载有质量为 $m_1$ 的被称物和质量为 $m_2$ 的砝码，$A$、$C$ 两端受到的力分别为 $m_1g$、$m_2g$。

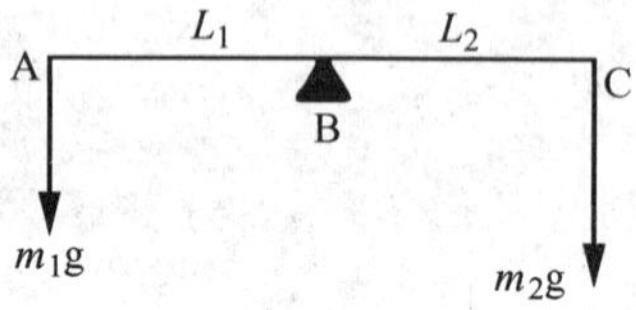

图 1-2　等臂天平的原理

当天平达到平衡时，$m_1g\times L_1=m_2g\times L_2$。

因 $L_1=L_2$　故 $m_1=m_2$

因此，由砝码的质量 $m_2$ 可知被称物的质量 $m_1$。

1. 在等臂天平的设计和生产中，如何能保证天平的称量精确度？
2. 你在使用等臂天平时要如何保养天平，来保证天平的精确度？

（2）不等臂天平

单盘分析天平是不等臂天平。

如图 1-3 是单盘天平原理示意图。天平仅有一个天平盘，它支持在天平梁的一个臂上，所有砝码 A、B 都挂在盘的上部，另一臂装有固定的重砣和阻尼器 C。

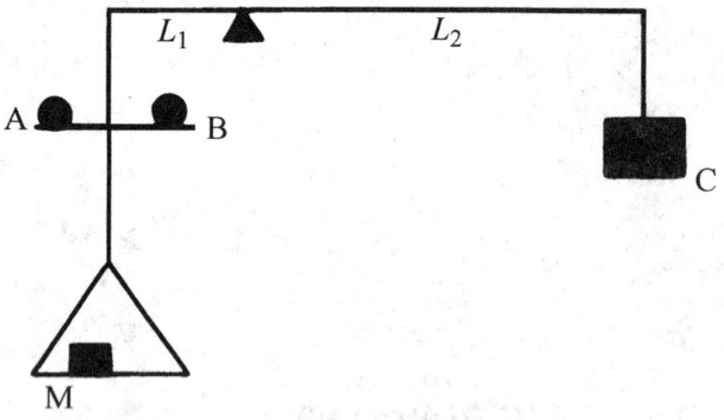

图 1-3　不等臂天平原理

不称物时天平处于平衡状态，使 $(F_A+F_B)\times L_1=F_C\times L_2$；称物时，天平要平衡，须减去砝码 B，使 $(F_A+F_M)\times L_1=F_C\times L_2$，即用放在秤盘上的被称物 M 代替被减去的砝码 B，$F_B=F_M$，使横梁保持原有的平衡，所减去砝码的质量等于被称物的质量，悬挂系统的总质量不随被称物的不同而改变。因此，在称量范围内，天平的感量是恒定的，同时，单臂天平不存在不等臂性误差。



## 二、天平的计量性能

1. 计量技术指标

天平的计量技术指标是表示天平工作能力的指标，分为最大称量和分度值二个指标。

（1）最大称量　又称最大载荷，表示天平可称量的最大值。天平的最大称量必须大于被称物体可能的质量。

（2）感量　又称分度值，即天平标尺一个分度对应的质量。在天平的某一盘上增加平衡小砝码，其质量值为 $P$，此时天平指针沿标牌移动的分度数为 $N$，二者之比即为分度值。

$$分度值 = P/N（克/格）$$

感量代表天平最小准确称量质量。根据天平的感量，通常把天平分成三类：感量在0.1 -0.001g之间的称为普通天平，适于一般粗略称量用，称量通常是几克到几百克的物质；感量在0.0001g的天平称为分析天平，适用于称取样品、标样及质量分析等，最大称量通常为数十克；感量在0.01mg的天平称微量天平，又称十万分之一天平，称量常在几毫克，适用于微量分析与精密分析。天平的计量技术指标在仪器的铭牌上有所标识，如图1 -4。

托盘天平
感量0.1克
最大载荷500克

图1 -4 铭牌上的标识

2. 性能指标

一架天平的性能好坏，主要以灵敏性、稳定性、不等臂性和示值变动性四个性能指标表示。

（1）灵敏性 天平的灵敏性用灵敏度表示。灵敏度是指在天平的某一盘上增加1mg（或1g）质量时，天平指针的平衡点移动的格数（分度），偏移的格数越多，表示天平的灵敏度越高。灵敏度的单位是：格/毫克（或格/克）。天平的灵敏度也可用分度值（感量）表示。分度值与灵敏度互为倒数关系。

一台天平，在不改变其机械构件的情况下，可通过移动天平的重心调节螺丝来调节天平的灵敏度，重心越高灵敏度越高。

（2）稳定性 天平的稳定性是指处于平衡状态的天平经外力扰动，指针离开平衡位置后，仍能自动恢复原位的性能。

天平的稳定性只与天平摆动部分的重心有关，稳定的条件必须是重心在支点下方，重心越低则稳定性越高，但灵敏度降低。因此，在调节重心螺丝时，对稳定性和灵敏度都要兼顾。

（3）示值变动性 示值变动性是指在不改变天平状态的情况下，多次开关天平，天平恢复平衡位置的重复再现性。示值变动性既与重心位置有关，还与温度、气流、震动等外界因素有关。

一般来说，多次开启天平，指针的平衡点都会有一些微小的变化，其平衡点示值之差叫示值变动性误差。通常要求天平的示值变动性误差不得大于读数标尺上的一个小格。



（4）不等臂性 等臂天平的天平梁两臂长度，理论上要求相等，但实际上不可能绝对相等，也就是说，当天平达到平衡状态时，两侧 $m_1gL_1 = m_2gL_2$，但因 $L_1 \neq L_2$，于是 $m_1 \neq m_2$，砝码值不能绝对准确地代表被称物体的质量，并且被称物体越重影响越大。这种由天平梁不等臂所引起的误差叫不等臂误差。

## 三、天平的选用

现有一袋重约100斤的面粉，一个重约8斤的西瓜，一个重约20克的金戒指，要分别称出它们的准确重量，要求误差为小于0.1%，你应该分别选用什么样的秤？要考虑哪几个因素？

天平的选用要考虑称量的最大质量和要求的精度两个因素。选用的原则为：

天平的最大称量略大于被称物质的质量，分度值等于或小于被称物质的准确值。

例1－1　配制一般溶液，称取20g固体物质，准确到0.1g，应选用最大载荷为100g，分度值为0.1g的天平。

例1－2　用减重称量法称取样品供测定用，容器重数十克，样重0.2g，要求称准到0.0002g，应选用最大载荷100g，分度值0.1mg的天平。

例1－3　有机半微量分析，获得珍贵样品5mg，样品加上容器重小于1g，要求用减重称量法称取样品2mg，测定准确度1%，即称准至0.02mg，应选用最大载荷2g，分度值0.01mg的天平。

总之，选择天平不能使天平超载，以免损坏天平；不应使用精度不够的天平，那样会达不到测定要求的准确度，也不应滥用高精度天平造成不必要的浪费。

1. 解读图1－5所示各种天平计量技术指标

托盘天平：最大称量______________；能准确称量的最小质量______________。

扭力天平：最大称量______________；能准确称量的最小质量______________。

分析天平：最大称量______________；能准确称量的最小质量______________。

| 托盘天平 | 扭力天平 | 分析天平 |
|---|---|---|
| 感量 0.1g | 感量 0.01g | 感量 0.0001g |
| 最大载荷 500g | 最大载荷 100g | 最大载荷 200g |

图 1－5 标识举例

2. 解读所示各种样品的称量要求

样品 A：准确称取 200.0g 的淀粉。

样品 B：准确称取 0.25g 的高锰酸钾。

样品 C：准确称取 0.0008g 的扑尔敏。

样品 A：称取量______________；要求的最小准确值______________。

样品 B：称取量______________；要求的最小准确值______________。

样品 C：称取量______________；要求的最小准确值______________。

3. 将以上各种天平计量技术指标及样品的称量要求进行比对，选出恰当的天平。

称取样品 A 用______________天平。

称取样品 B 用______________天平。

称取样品 C 用______________天平。

## 第二节 常用称量方法

在购物市场，称“一个”西瓜、称“一斤”白糖，售货员是如何操作的，操作的步骤相同吗，区别在哪里？

### 一、直接称量法

将被称物放在天平的左盘，在右盘加减砝码、调整游码（或指数盘）直至天平平衡，在天平上读出被称物的质量。此法常用于称取不吸水、性质稳定、不便分割的物质。如称一个称量瓶的质量；称 10 片维 C 感冒片的质量；称一小块黄铜的

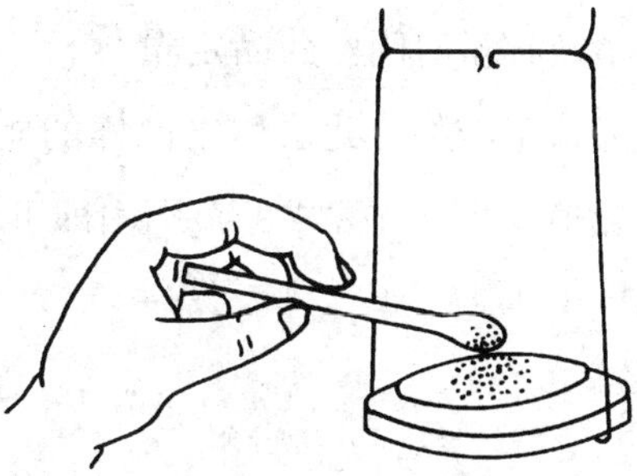

图 1－6 固定质量称量法

质量。

## 二、固定质量称量法

在天平右盘加上欲称取试样质量的砝码、指数盘，然后用药勺盛试样，在左盘上轻轻振动药勺，使样品徐徐落下，直至天平平衡。如图 1－6。此法适用于称取指定质量的粉末状样品，且样品不吸水，在空气中不易氧化，性质稳定。如，称 15.0g 的高锰酸钾。

## 三、减重称量法

1. 概念

用每两次称量之差，求得一份或多份被称物体的质量，称为减重称量法。

2. 操作方法

将适量药品装入洁净、干燥的称量瓶中，用洁净的小纸条或塑料薄膜条套在称量瓶上，拿起放在天平盘中，准确称得质量为 $m_1$，然后取出称量瓶，将称量瓶移到事先准备好的盛放药品的洁净容器上方，打开称量瓶，使称量瓶倾斜，用称量瓶盖轻轻敲击瓶口上部，使药品慢慢落入容器中，如图 1－7 所示。当敲出的药品已接近所需量时，慢慢地将称量瓶直立，用称量瓶盖轻轻敲瓶口上部使沾附在瓶口上的药品落回到瓶底或下方盛放药品的容器中。盖好瓶盖，再准确称得质量为 $m_2$。两次称量之差（$m_1-m_2$），即为倾出药品的质量。按上法继续称量，可称取多份药品。操作时注意：勿使药品撒落在容器外面。

第一份药品质量 $=m_1-m_2$

第二份药品质量 $=m_2-m_3$

……

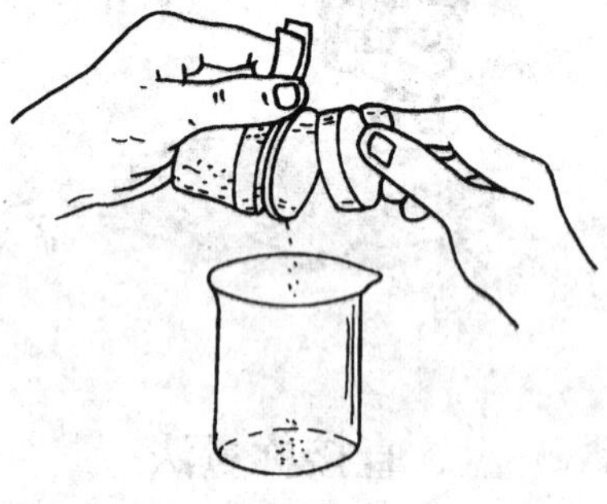

图 1－7　倒出药品操作

3. 特点

不用调节天平的零点，可连续称取若干份药品，节省称量时间。药品定量分析中常用此法称取多份药品或基准物。此法称出试样的质量不要求固定的某一数值，只须在要求的范围内即可。可适用于称取易吸水、易氧化或易与碳反应的试样。



# 第三节　托盘天平

托盘天平又称上皿天平、台天平、台秤。感量通常在 0.1～0.01g，它适用于粗略称量，能迅速地称出物体的质量，但精度不高，仅用于配制一般溶液时的称量。

## 一、托盘天平的构造

如图1－8，托盘天平的横梁中间有一刀口，它支承物质的质量，刀口的质量直接影响天平的感量。横梁架在天平的底座上，横梁两边有两个托盘，用于盛放砝码和被称物质。横梁中部的指针与刻度盘相对应，根据指针在刻度盘左右摆动情况，判断天平是否处于平衡状态。天平配有砝码、游码、标尺，用于调节天平的平衡，以便读出被称物质的质量数。

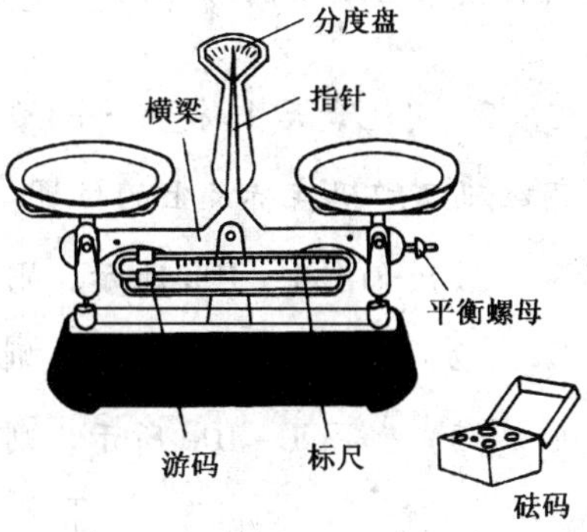


图1－8 托盘天平和砝码

## 二、托盘天平的使用与维护

1. 使用方法

（1）调节零点 把天平放在水平台上，把游码放在标尺左端的零刻线处，调节平衡螺母，使天平停止摆动时，指针停止在刻度盘的中间位置。

（2）称量 把被称物体放在左盘，用镊子向右盘加减砝码并调节游码在标尺上的位置，直到横梁恢复平衡，指针停止在刻度盘的中间位置，这时，盘中砝码的总质量加上游码在标尺上所对应的刻度值，就等于被称物体的质量。

2. 天平的维护

（1）天平要放平稳。

（2）被称的药品不能直接放在托盘内，应放在称量纸、表面皿或其他容器中，吸湿性强或有腐蚀性的药品，必须放在玻璃容器内，快速称量。

（3）不能称量热的物品。

（4）砝码只允许放在托盘和砝码盒里，砝码必须用镊子夹取，不能用手拿取。

（5）称量完毕，把两个托盘叠放在一侧，以免摆动。

（6）经常保持天平干燥、清洁，若不小心把药品或脏物撒于托盘上，应停止称量，将其清除擦净后，方能进行使用。

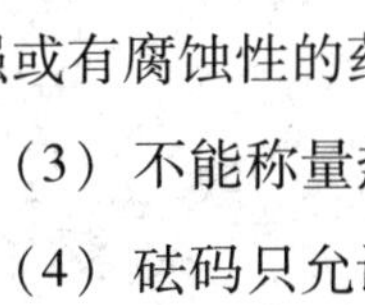


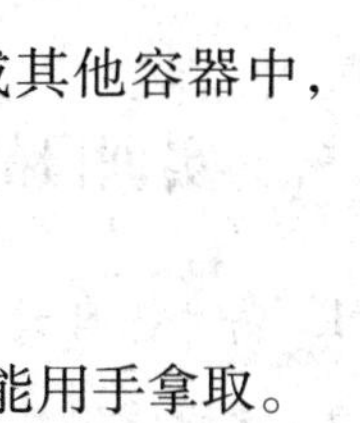


1. 使用天平前应对天平进行调节。用托盘天平称物体质量前，应把天平放在水

平台面上，把游码拨到＿＿＿＿＿＿＿上，然后调节横梁上的＿＿＿＿＿＿＿，使横梁＿＿＿＿＿＿＿。若发现指针不指在分度盘上的中线处，如图1－9所示，欲使横梁平衡，应将横梁右端平衡螺母向＿＿＿＿（左、右）端旋动。

2. 用托盘天平称量一个物体的质量，当天平平衡时，右盘中所用砝码及游码在标尺上的位置

（1）如图1－10a所示，则该物质的质量是＿＿＿＿＿＿＿。

（2）如图1－10b所示，则该物质的质量是＿＿＿＿＿＿＿。

（3）如图1－10c所示，则该物质的质量是＿＿＿＿＿＿＿。

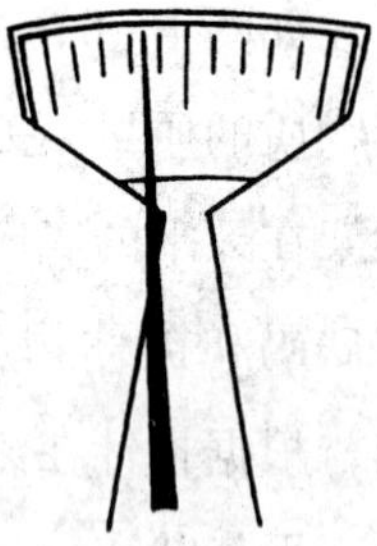

图1－9　分度盘

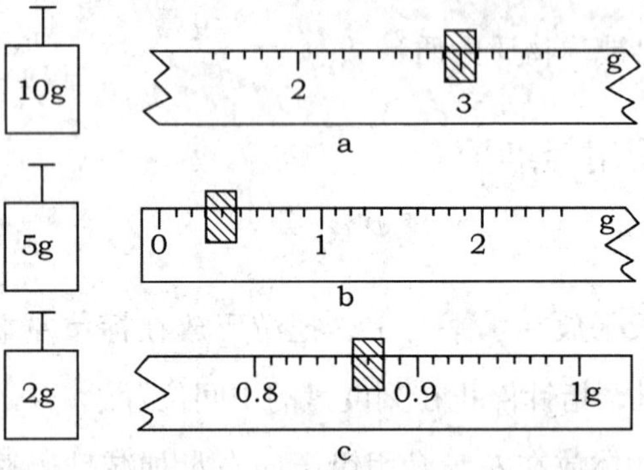


图1－10　托盘天平示例

## 技能实训一　托盘天平的使用

### 一、实训目的

1. 熟悉托盘天平的结构及主要部件的名称、作用。
2. 掌握使用托盘天平称量的技能。
3. 掌握天平的直接称量法和固定质量称量法，并能正确记录数据。
4. 养成规范使用天平、维护天平的习惯。

### 二、实训内容

1. 观察天平的结构，指出各主要部件的名称和作用。
2. 称量一个称量瓶的质量，并正确记录数据。

3. 称量粉末状样品二份，质量分别为8.3g、3.5g。

4. 称量完毕，进行天平的常规维护。

## 三、实训步骤

1. 观察天平的结构

在教师的指导下观察，并熟悉各主要部件的名称和作用。

2. 调节零点

把天平放在水平台上，把游码放在标尺的“0”位处，调节平衡螺母，使指针停止摆动时，指针停止在刻度盘的中间位置。

3. 用直接称量法，称称量瓶的质量

在左盘放称量瓶，在右盘加、减砝码（5g或10g以下可用游码），直至指针停在刻度盘的中间位置，砝码加游码的质量数就是称量瓶的质量。记录样品的质量在表1－1中。

**表1－1 数据表**

| 样品名称 | 质量 |
|---|---|
| | |
| | |

4. 用固定质量称量法，称量粉末样品8.3g（3.5g）

在天平上准确称出容器的质量（容器可以是小表面皿、小烧杯、电光纸等），然后在天平上增加欲称取质量数8.3g（3.5g）的砝码，用药勺盛试样，在容器上方轻轻振动，使试样徐徐落入容器，调整试样的量至指定质量8.3g（3.5g）。

5. 天平的常规维护

称量完毕，用镊子夹取砝码放回砝码盒内，擦净托盘，把两个托盘叠放在天平一侧，以免天平摆动。



# 第四节 扭力天平

## 一、扭力天平的构造

扭力天平的外形构造如图1－11所示。

图 1－11　扭力天平外形结构图

1. 垫脚；2. 水平调整脚；3. 开关旋纽；4. 秤盘；5. 刻度盘；6. 指针；7. 天平盖

## 二、扭力天平的使用与维护

1. 使用方法

（1）调节零点　将天平放在稳固的工作台上，垫好垫脚，将刻度盘的“0”位对准标准线，旋动开关旋纽，观察其指针是否在标牌中间，若指针不在标牌中间，应旋转两只水平调整脚，旋动到指针对准标牌中间为止。如果在水平调整脚无法调整时，须将面板上两只螺钉松开，取下面板，将平衡铊左右移位，直到平衡为止。然后将平衡铊上固定螺钉旋紧，依次装上面板等。

（2）称量　把被称量物放在左盘，用镊子向右盘加减砝码，旋转刻度盘，使指针对准标牌中间。此时天平平衡，盘中砝码总质量与刻度盘读数之代数和等于被称物的质量。

例 1－4　如图 1－12 所示刻度盘分度值为 0.01g，图中所示读为 0.450g，在实际应用中，习惯读成修约值 0.45g。

在称量过程中，加减被称物、砝码、旋转刻度盘时均要关闭天平的开关旋纽；在读取被称物质量数值时，要合上天平罩，开启天平的开关旋纽。

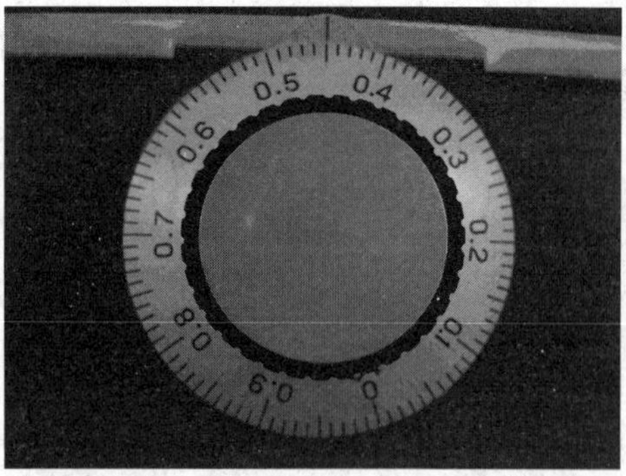


图 1－12　扭力天平刻度盘

读一读

1. 图 1－13a 刻度盘的读数为______________。

2. 图 1－13b 所示为扭力天平平衡时盘中砝码与刻度盘状态，所称物品的质量是______________，习惯读成修约值______________。

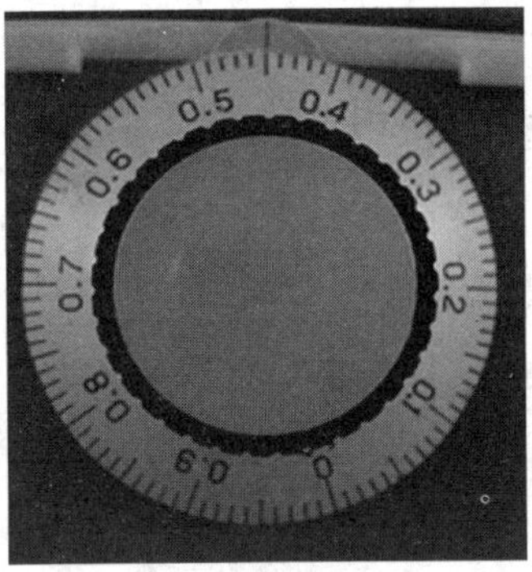


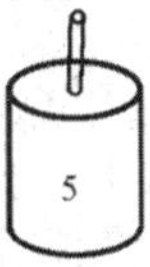


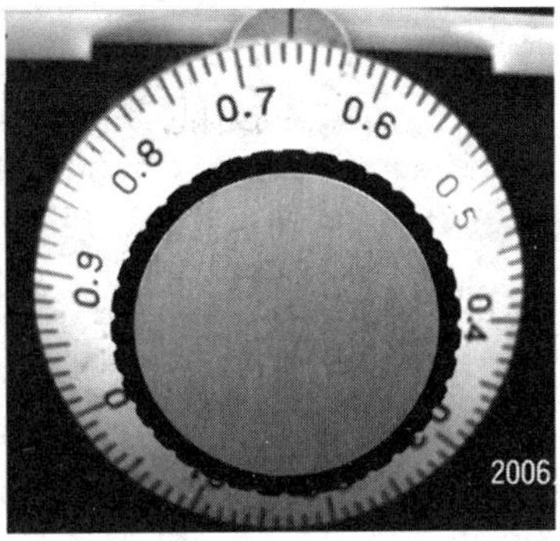


图 1－13a　　　　图 1－13b

3. 如图 1－13c，刻度盘上“0”、“1”两个数字在同一刻度线上，怎样判断刻度盘的状态是“0”，还是“1”?

图 1－13C

2. 天平的维护保养

(1) 使用前要检查天平各零部件安装是否正确，然后校正天平的平衡位置，方可使用。

(2) 天平要避免日光照射及单面受冷受热。

(3) 被称量的物品和砝码应放在秤盘中心，被称量物品的重量不得超过天平的最大称量。一切物体的取放，都应在关闭天平的情况下进行，以免天平受冲击而损坏。

(4) 秤盘中加放砝码时，必须从大约等于被称量物体重量的砝码开始，然后依次加减砝码，直到天平平衡为止。发现天平有损坏或摆不正常时，在未消除故障前应停止使用，经修理检验合格后，方可使用。

(5) 根据天平使用频繁程度，应定期进行清洁工作和计量性能检定，以免在测量结果中带入过大的误差。

(6) 为了防止潮湿对天平的影响，框罩内可放置吸湿剂（吸湿剂最好采用硅矾、矽胶)。

# 技能实训二　扭力天平的使用

## 一、实训目的

1. 熟悉扭力天平的结构及主要部件的名称、作用。
2. 掌握使用扭力天平进行称量的技能。
3. 巩固直接称量法和固定质量称量法。
4. 养成规范使用天平、维护天平的习惯。

## 二、实训内容

1. 观察扭力天平的结构，指出各主要部件的名称、作用。
2. 用扭力天平称量10片药片的质量，并能正确记录数据。
3. 用扭力天平称量质量分别是0.25g、1.50g的样品。
4. 称量完毕，进行天平的常规维护。

## 三、实训步骤

1. 观察扭力天平的结构

在教师指导下观察，并熟悉各主要部件的名称和作用。

2. 调节零点（水平）

将扭力天平放在稳固的工作台上，放好垫脚和称量纸，将刻度盘的“0”位对准标准线，旋动开关旋纽，观察其指针是否在标牌中间，若指针不在标牌中间，旋转二只水平调整脚，旋动到指针对准标牌中间为止。



3. 使用扭力天平称量10片药片的质量

把10片药片放在左盘，用镊子向右盘加减砝码，旋转刻度盘，使指针对准标牌中间，此时天平平衡，盘中砝码总质量与刻度盘读数之代数和等于被称样品的质量。

在称量过程中，加减被称物、砝码、旋转刻度盘时均要关闭天平的开关旋纽；在读取被称物质量数值时，要合上天平罩，开启天平的开关旋纽。

4. 使用扭力天平称量0.25g、1.50g的样品

放好称量纸调节零点，在天平上增加欲称取样品质量数0.25g、1.50g的砝码和刻度盘，用

药勺盛试样，在容器上方轻轻振动，使样品徐徐落入容器，调整样品的量至指定质量。

5. 归位

使用完毕，关闭天平开关旋纽，取出称量物，把砝码放回砝码盒内，刻度盘归零，清洁天平托盘将天平置于有吸湿剂的框罩内。

在实训过程中，下列操作是否正确，为什么？

1. 开始放称量物后，指针左右摆动不对称，旋转水平调整脚使之左右摆动对称。
2. 加减物品、砝码时不关闭开关旋纽。
3. 读数时不合上天平盖。

# 第五节　分析天平

## 一、分析天平的结构及分类

1. 分类

分析天平按结构特点分类，是常用的分类方法。可分为以下几种类型：

- 分析天平
  - 等臂双盘天平
    - 阻尼天平
    - 电光天平
      - 半机械加码电光天平
      - 全机械加码电光天平
  - 不等臂天平
    - 单盘减码式电光天平
    - 电子天平

分析天平的种类很多，但基本结构相似。本节主要介绍TC－328B型双盘半机械加码电光天平。

2. 双盘半机械加码电光天平结构

如图1－14所示，这类分析天平的主要结构包括：天平梁、天平柱、天平箱、砝码、光学投影装置和机械加码装置等。实物如图1－15所示。

图1－15　分析天平实物

（1）天平梁　包括梁体、三棱体（刀口）、平衡调节螺丝、重心调节螺丝、指针、吊耳、阻尼器、天平盘。

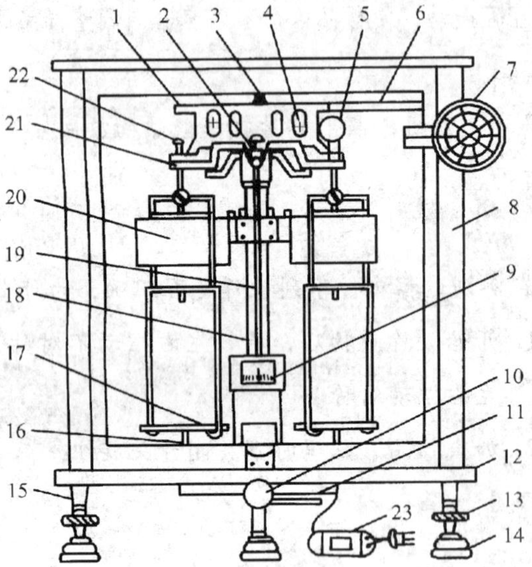


图 1－14　分析天平结构

1. 天平梁；2. 支点刀；3. 重心调节螺丝；4. 平衡调节螺丝；5. 环码；6. 加码杠杆；7. 指数盘；8. 天平箱；9. 光幕；10. 升降枢纽；11. 调整杆；12. 底板；13. 水平调节螺丝；14. 脚垫；15. 天平脚；16. 盘托；17. 天平盘；18. 天平柱；19. 指针；20. 阻尼器；21. 冀翅板；22. 吊耳；23. 变压器

①梁体　是天平最重要的部件，起平衡和载重物体的作用。它由质轻而坚硬的合金制成，承重时不变形。

②刀口　天平梁上装有 3 个三棱形的玛瑙刀口。装在梁正中的称为支点刀（中刀），刀口向下，左右两边等距离处各有一个承重刀（边刀），刀口向上。三个刀口必须完全平行且位于同一水平面上。刀口的锋利程度决定分析天平的灵敏度，所以，在天平使用时，要特别注意保护刀口。

③平衡调节螺丝　在天平梁两侧对称的两个孔中，各装有一个平衡调节螺丝，左右旋动平衡调节螺丝，可调节天平的零点。



④指针　指针固定在天平梁的中央，天平摆动时，指针也随着摆动。指针下端装有微分刻度标尺，标尺上的刻度经光学投影放大在光幕上，可供读数。

⑤天平盘　天平的两个天平盘分别挂在两个吊耳上。左盘刻“1”标记、右盘刻“2”标记，左右两盘不能互换。称量时，左盘放被称物体，右盘放砝码。

（2）天平柱　包括柱体、升降枢纽、翼翅板、刀承、水平仪、盘托。

①柱体　是空心内连接升降拉杆的金属圆柱体，垂直固定在底板中央，作为天平梁的支架。

②升降枢纽 是升降联动的控制纽。使用天平时，顺时针转动升降枢纽，刀口与刀承接触，天平开始摆动，称为“启动”天平。反时针转动升降枢纽，这时整个天平梁由翼翅板与柱体支撑，各刀口都离开刀承，同时盘托上升托住天平盘，天平处于“休止”状态。切记不可触动未休止的天平，转动升降枢纽时，动作要轻缓，以保护刀口。

③水平仪 气泡式水平仪装在天平柱的顶端，用来检查天平的水平位置。气泡位于水平仪的圆圈中间，表示天平的位置水平。

（3）天平箱 包括玻璃外罩（箱体）、底板、天平脚、脚垫、水平调节螺丝、调零杆。

①玻璃外罩 起保护天平的作用，防止灰尘、湿气及有害气体侵入，称量时还可减少外界湿度、空气流动、人的呼吸等对天平的影响。箱体有三个门：前门可上下移动、供安装、修理天平时用，称量时不要打开；左门供取放被称物体用；右门供取放砝码用。在称量或读数时，门必须关好，以防止空气流动对称量准确度的影响。

②天平脚、脚垫、水平调节螺丝 底板下面有 4 只脚，每只脚下面都垫有防震脚垫，后面两只脚固定不动，前面两只脚各装有一个水平调节螺丝，可以调节前面两只脚的高低，用于调节天平的水平位置，使水平仪的气泡位于正中。

③调零杆 调零杆位于天平底板下面靠升降枢纽旁，移动调零杆，可调整投影屏的位置，使零点与投影屏上的标线重合，用于较小零点调整。

（4）机械加码装置 该装置位于天平箱右上方。它由指数盘、联动控制环码升降杠杆和骑放环码的横杆三部分组成，用于加减 10～990mg 的砝码（通常为圆环，称圈码或环码）。如图 1－16 所示，指数盘分内、外两圈，内圈读数范围为 10～90mg。外圈读数范围为 100～900mg。如图 1－16 指数盘上读数为 230mg，即 0.230g。

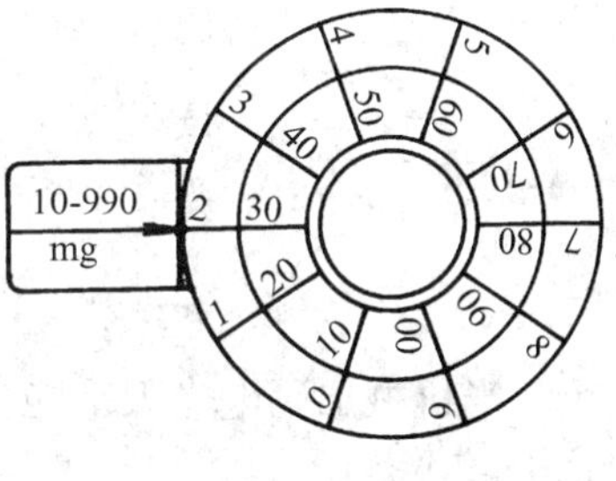

图 1－16 指数盘

（5）砝码 每台天平都配有一盒砝码。1g 以上的砝码都按固定位置有规则地装在里面，取放砝码必须用镊子夹取。砝码大小有一定的组合规律，通常采用 5、2、2、1 制，即 100、50、20、20＊、10、5、2、2＊、1 共 9 个砝码，面值相同的两个砝码之间质量也有微小差别，所以，其中一个右上角打有“＊”标记，以示区别。为了减小误差，通常是先用不带标记的砝码。

（6）光学投影装置 从光源灯发出的光经聚光管中的透镜变成平行光束，通过天平柱下面的小洞射在指针下端的微分刻度标尺上，平行光束透过微分刻度标尺底片后，再经透镜使影像放大，经小反射镜、大反射镜，最后反射在光幕上，就可以从光幕上的标线读取10mg以下的质量。如图1－17所示，其读数为1.3mg，即0.0013g。

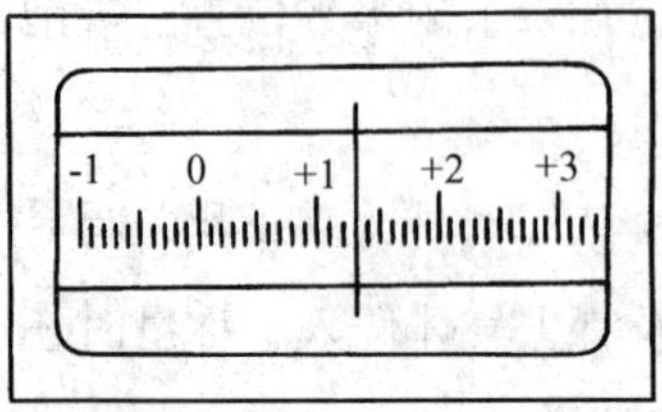


图1－17　标尺在光幕上的读数

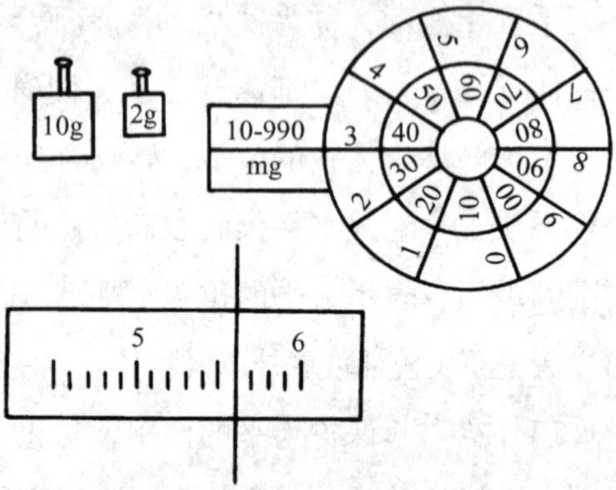


图1－18　分析天平称量示数

例1－5　称某一空称量瓶，当天平平衡时，天平右盘上砝码为12g，指数盘所示为340mg，光幕所示为5.6mg，如图1－18。则

空称量瓶质量（g）＝12g＋0.34g＋0.0056g

＝12.3456g

| 说明： | 12. | 34 | 56g |
| --- | --- | --- | --- |
| | 砝码读数 | 指数盘读数 | 光幕读数 |

半机械加码电光天平能称量到0.0001g，所以记录数据时，应记录到以克为单位的小数点后第四位。

1. 小周在检查分析天平的水平情况时，看到水平仪状况如图1－19a所示，从水平仪状况可知，分析天平的________（前、后）高，应旋动________，________（抬高、降低）________（前、后、左、右），才能使气泡回到水平仪内圈中央。

2. 小王检查水平仪时，看到水平仪如图1－19b，应如何调整，才能使气泡回到水平

仪中央。

3. 小李检查水平仪时，看到水平仪如图1－19c，应如何调整才能使气泡回到水平仪中央。

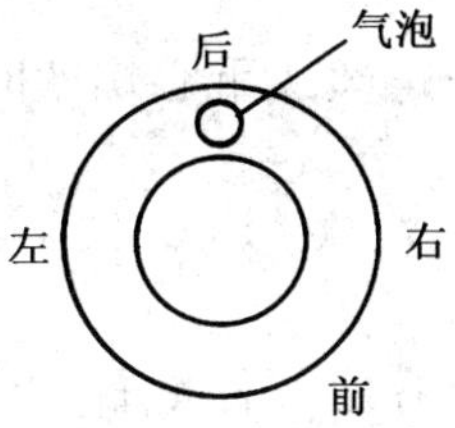


图1－19a

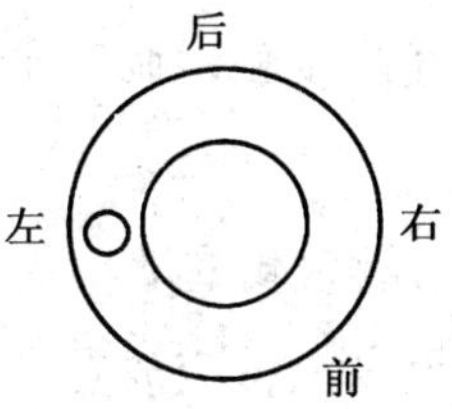


图1－19b

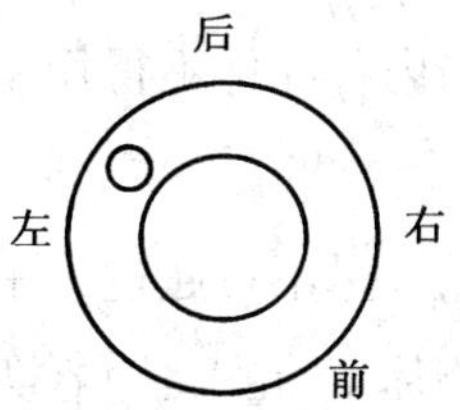


图1－19c

4. 开启分析天平时，光标往左边移动，表示物____________（重、轻），应____________（加、减）砝码。

5. 用分析天平称样品，天平平衡时，天平上的砝码，指数盘如图1－20所示，所称样品的质量分别是：A：____________；B：____________；C：____________。

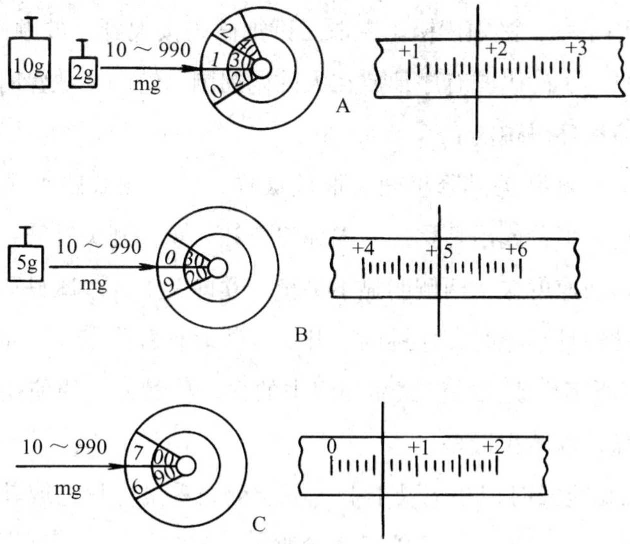


图1－20 分析天平示数

## 二、分析天平的使用与维护

1. 分析天平的使用规则

分析天平是一种精密仪器，使用时应遵循下列规则：

（1）使用分析天平时，应先将天平罩取下，折叠整齐后放于天平箱顶部，坐于高矮适度的凳子上进行称量操作。

（2）称量前，应检查天平摆动部分的天平梁、吊耳、天平盘、环码、指数盘等部件的位置是否正常；砝码是否齐全；天平是否水平；开启升降枢纽观察天平摆动或电光天平光路系统是否正常；用软毛刷清扫天平；并检查或调整天平的零点。

（3）天平箱内各部件不得用手直接接触，调节平衡螺丝或重心螺丝时，应将手擦干净，最好戴上手套或指套。

（4）称载的重量不得超过天平的最大载重量。

（5）被称物体不得直接放在天平盘上，应放在一定容器（称量瓶）内进行称量，具有吸湿性、挥发性或腐蚀性药品应加盖密闭后称量。称量过程中取放称量瓶时，必须用干净纸条或干净塑料条夹拿称量瓶。

（6）被称物体的温度要与天平箱内的温度相同，否则会造成天平箱内上升或下降的气流，使称量结果不准确。

（7）称量时不要使用前门，只能用两侧门，取放好砝码、被称物体后要注意将天平门关好，以免空气流动，影响读数的准确性。

（8）砝码不能用手拿，必须用镊子夹取。试加砝码按大到小的顺序进行，被称物体、大砝码要放在盘中央，小砝码要有序地放在大砝码周围，转动指数盘时，要一档一档地慢加，以防止砝码碰撞和环码跳落。

（9）要用左手缓慢地开关升降枢纽。取放被称物体、加减砝码或环码时，都必须先关好升降枢纽，以免天平梁或吊耳移位，损坏刀口和刀承。开关升降枢纽动作要轻缓，通常先半开，若指针移动速度快，两侧明显不平衡，立即关上，增减砝码或药品，直到半开升降枢纽后指针移动慢且平稳时，才逐渐全开。读数时，升降枢纽一定要全部打开。

（10）同一次分析工作或同一供试品测定中的数次称量，必须使用同一台分析天平和同一盒砝码进行称量，以减小误差。

（11）称量的数据应及时记在记录本上，不能记在零星纸片上或其他地方。记录数据要实事求是，有条理、一丝不苟，不能任意涂改。



（12）称量过程中如分析天平出现故障，应立即报告教师，不得擅自处理。

（13）称量完毕，关闭升降枢纽，指数盘全部回转至零位，取下被称物体和砝码，将砝码和镊子放回到砝码盒内。天平盘和天平箱内用软毛刷清扫干净，关好天平门，罩好天平罩，切断电源，填好使用卡，经教师检查后，方可离开天平室。

（14）称量完毕，称量瓶中剩余的药品倒入指定的容器内，将称量瓶洗净、烘干、待用。

*2. 分析天平室规则及分析天平的维护*

分析天平应放在专门的天平室内。天平室和天平的维护应注意下列问题：

（1）天平应放在稳固的水泥平台上，坚固而不受振动。

（2）天平室应不受阳光直射，室温应相对稳定。

（3）天平室应保持干燥，相对湿度一般不大于75%。每台天平箱内放一袋干燥剂，并定期检查和更换，否则会引起称量误差。

（4）天平室内不得存放或转移腐蚀性、挥发性的试剂。

（5）天平室内应清洁无尘，天平底座与天平盘要经常用软毛刷刷净，天平箱应加罩，天平室门窗应经常关闭，防止空气对流和避免水气、腐蚀性气体、粉尘的侵袭。

（6）天平室内应保持肃静，不许大声喧哗。室内尽量少来回走动，走动时脚步要轻，与称量无关的物品不要带入天平室。

（7）定期检查天平的灵敏度和示值变动性是否合格，不合要求的要及时调整修理。

（8）天平不宜经常搬动，若必须搬动时，当移动天平位置后，应对天平的计量性能作一次全面检查。

（9）天平应有专人保管，并负责维护和保养。

## 三、分析天平常见故障及排除

天平的使用人员应掌握对天平的简单检查方法，具备排除一般故障的知识，以保证工作的顺利进行。而检修天平是一项复杂细致的工作，在未掌握一定的技术之前不应乱动，天平的维修，一般由专业人员负责，下面介绍几种天平常见的故障及排除方法。

1. 双盘天平常见故障及排除

表1－2中列出了等臂双盘天平常见故障及排除方法。

**表1－2　等臂双盘天平常见故障及排除方法**

| 天平故障 | 产生原因 | 修理方法 |
|---|---|---|
| 光电天平开启后灯泡不亮 | 1. 插销或灯泡接触不良<br>2. 灯泡损坏<br>3. 由升降枢纽控制的微动开关触点生锈，接触不良或未接触上 | 1. 检查插头、变压器接头、灯座<br>2. 更换灯泡<br>3. 卸下天平梁、挂码等活动零件，横放天平（注意垫好，勿压坏玻璃框），修理微动开关 |
| 光幕上光线暗淡或有黑影缺陷 | 1. 光源与聚光管不在一条直线上<br>2. 第一、二反射镜位置不对 | 1. 使灯常亮（便于调节）取下灯光罩，调整灯座位置使小灯泡射出最亮光，再插上聚光管，调整聚光管前后位置，使40mm处成一最亮圆形光为止<br>2. 调第一反射镜角度使光充满投影屏 |

续表

| 天平故障 | 产生原因 | 修理方法 |
| --- | --- | --- |
| 标尺刻度模糊 | 1. 物镜焦距不对<br>2. 第一、二反射镜角度不对<br>3. 跳针引起开启天平时标尺模糊 | 1. 拧松物镜固定螺丝，把物镜筒推前，再渐渐向后推动至标尺清晰为止，拧紧固定螺丝<br>2. 拧动第一反射镜的调节纽<br>3. 调跳针 |
| 横梁摆动受阻：开启天平后，指针不摆动或摆动不灵活，光电天平的标尺时动时不动，或摆到某一位置突然受阻 | 由天平活动部分和固定部分发生摩擦引起，主要有：<br>1. 水平不对<br>2. 活动阻尼筒与固定阻尼筒之间有纸毛或摩擦<br>3. 吊耳与刀盒或翼子板间相碰<br>4. 指针微分标牌与物镜相碰<br>5. 盘托杆与孔壁摩擦盘托落不下去<br>6. 圈码和加码槽或加码杆及钩相碰，或圈码变形导致相碰 | 1. 检查并调整水平，必要时另取一水平仪放于天平底板上校验天平的水平泡<br>2. ①刷去内外阻尼筒的灰尘杂物；②将内筒旋转180°再挂上试之；③从上部观察两阻尼筒之间的间隙，松开固定外阻尼筒的螺丝，移动外筒位置，使内外筒间隙相等后紧固<br>3. 调动支放吊耳的顶尖<br>4. 移动物镜使其不相碰<br>5. 检查盘托是否左右放错，修整盘托杆使其光滑易下落<br>6. 调整加码杆的高低长短位置，细致纠正加码钩的位置。整复圈码 |
| 加码器失灵 | 1. 加码器指数盘互相摩擦产生连动<br>2. 加码杆起落失灵 | 1. 拧松固定螺丝，略向外移动小指数盘，再拧紧螺丝<br>2. 取下加码装置的外罩，检查是否有螺丝松动或位置不对，调节之，适当上机油 |
| 天平灵敏度过高或过低（即感量过小或过大） | 1. 天平梁的重心过高或过低<br>2. 天平刀刃磨损变钝，使灵敏度降低 | 1. 略微调整重心螺丝的高低，调一次测一次平衡位置及分度值，至合适为止<br>2. 提高重心螺丝无效，更换刀子 |
| 无刀缝（易使天平刀刃损坏及产生变动性） | | 调节翼翅板上支放横梁的螺丝及支放吊耳的顶尖螺丝，使中刀缝为 0.3 ~ 0.25mm，边刀缝为 0.2 ~ 0.15mm |
| 变动性大，检定变动性超出允许误差（1分度），或在称量前后零点变动超过1分度 | 1. 外因引起的变动性包括：天平桌不稳、天平受震动，阳光、暖气等使室内温度改变，开关过猛，称过冷、过热的物体等<br>2. 刀垫不平或光洁度不够，刀刃不平或有严重崩缺<br>3. 刀刃或刀垫上灰尘过多<br>4. 阻尼筒间有脏物，阻尼筒四周间隙不一样大<br>5. 横梁上部件松动，如重心砣、感量砣、指针、微分标牌等松动<br>6. 安装不符合要求，如刀缝不合适，跳针、耳折、带针、盘托过高、二刀刃不平行<br>7. 立柱不正，刀垫安装不水平，立柱松动，翼翅板松动 | 1. 采取相应措施消除<br>2. 更换新刀<br>3. 可用软毛刷刷去灰尘，用鹿皮或酒精棉轻擦刀垫和刀刃<br>4. 清洁阻尼筒并调整位置<br>5. 小心紧固螺丝<br>6. 修理安装上的毛病<br>7. 检查立柱及刀垫，调整紧固翼翅板的螺丝 |



2. 单盘天平常见故障及排除

单盘天平的故障多发生在光学读数系统或机械减码装置上。双盘天平的某些调整方法也可用于单盘天平，但单盘天平又有其自身的特点，需要时请查阅所用天平的说明书。

# 技能实训三 分析天平的使用

## 一、实训目的

1. 熟悉分析天平结构及主要部件的名称和作用。

2. 学会检查、调节天平的水平、零点。

3. 掌握直接称量法和减重称量法的操作技术，能进行正确记录。

4. 称量时能正确运用分析天平的使用规则。

## 二、实训内容

1. 观察天平的结构，说出各主要部件的名称和作用。

2. 检查、调节天平的水平、零点。

3. 用分析天平进行称量，巩固直接称量法，学习减重称量法的操作技术，能进行正确记录。

4. 熟悉分析天平的使用规则。

## 三、实训步骤

1. 观察天平结构

在教师指导下观察，并熟悉各主要部件的名称和作用。

在天平实物上指出：水平仪、水平调节螺丝、升降枢纽、调零杆、指数内外盘、光标尺。

2. 检查、调节天平水平

观察水平仪的气泡是否位于正中，若不处于正中，则天平不水平，可调节天平脚上的两个水平调节螺丝，使水平仪的气泡位于水平仪的正中。

3. 电光天平零点调节

天平空载时，轻轻开启天平，待指针停稳后，观察光幕上的读数标线与微分标尺上的“0”刻线是否重合。若相差较小，可用调零杆进行调节，使之重合；若相差较大，则用平衡调节螺丝进行调节（操作方法为：开启天平，若微分标尺“0”刻线移向光幕读数标线左侧，表明天平左盘重，关闭天平，将天平梁上的平衡调节螺丝向右调；若微分标尺

"0"刻线移向光幕读数标线右侧，表明天平右盘重，关闭天平，将天平梁上的平衡调节螺丝向左调，如此反复调节，接近"0"刻线时用调零杆调节，直至标线与"0"刻线重合）。

4. 称量练习

（1）直接称量法练习　称出称量瓶的质量。

①检查天平环码、电源，调节天平的水平，调节天平零点的最佳位置，记录天平实际零点：________。

②粗称　用托盘天平称出称量瓶的质量，例12.80g。粗称的目的是便于精密称量开始时，能较快地在右盘加上克以上的砝码，调节指数盘外圈的环码。

③精确称量

A. 将称量瓶放在分析天平左盘中央。

B. 右盘放上12g砝码，指数盘外内圈旋至800mg。

C. 半开升降枢纽，观察光标尺移动方向，判断所加砝码、环码的轻重，关闭升降枢纽。采用"由小到大、中间截取、逐级试验"的方法调整环码，重复观察光标，直至光标尺缓缓移动。

例1-6　试称一：放粗称结果的砝码，12.800g。

光标左移，物重，加码至12.900g。

试称二：光标右移，码重，减码至12.800~12.900g的中间数——12.850g。

试称三：光标右移，码重，减码至12.800~12.850g的中间数——12.820g。

……

D. 将升降枢纽全开，当光标尺停止时，由砝码、指数盘、光标尺上直接读出称量瓶的质量。

④记录数据

分析天平实际零点：________。所测数据填于表1-3。



**表1-3　实验数据表**

| 被称物 | 粗称质量（g） | 分析天平称量读数 | 称量结果（分析天平称量读数-分析天平实际零点） |
|---|---|---|---|
| 瓶1 | | | |
| 瓶2 | | | |
| 瓶3 | | | |

（2）减重称量法练习　称量3份氯化钠固体，每份称量范围0.2~0.3g。

①检查天平环码、电源，调节天平的水平、零点（不要求光标尺对零，不要求记实际零点）。

②粗称 用托盘天平称出称量瓶和氯化钠总的粗略质量。

③称出 $m_1$ 将粗称好的称量瓶（已装入氯化钠），放于天平左盘中央，用直接称量法准确称其质量，关闭升降枢纽。假如为12.8962g，在记录本上记录为 $m_1=12.8962$g。

④减码 升降枢纽在关闭状态下，将砝码和指数盘的读数值减去称量范围的低限量（0.2g），这样不易使倒出的药品量大于称量范围的高限量。

⑤减样品 用干净的纸条或塑料条套住称量瓶，从天平盘上取出称量瓶，将称量瓶移到事先准备好的洁净容器上方，打开称量瓶，使称量瓶倾斜，用称量瓶盖轻轻敲击瓶口上部，使药品慢慢落人容器1中，当敲出的药品已接近所需量时，慢慢地将称量瓶直立，用称量瓶盖轻轻敲击瓶口上部，使沾附在瓶口上的药品落回到瓶底或下方盛放药品的容器中，盖好瓶盖。

⑥称出 $m_2$ 将已减重的瓶子放回天平左盘称量，光标左移，表示瓶子减重不足称量范围的低限量（0.2g），重复⑤的操作；光标右移，用直接称量法准确称得瓶子质量 $m_2$。假如为12.6814g，在记录本上记录的 $m_2=12.6814$g。

容器1中第一份药品的质量 $S_1=m_1-m_2=12.8962-12.6814\text{g}=0.2148\text{g}$

⑦重复操作④~⑥，称出 $m_3$、$m_4$，计算 $S_2$、$S_3$，填于表1-4。

第一份药品质量 $S_1=m_1-m_2=12.8962-12.6814=0.2148\text{g}$

第二份药品质量 $S_2=m_2-m_3=12.6814-12.4576=0.2238\text{g}$

第三份药品质量 $S_3=m_3-m_4=12.4576-12.2538=0.2038\text{g}$

**表1-4 数据表**

| | 第一份样品 | 第二份样品 | 第三份样品 |
|---|---|---|---|
| 称量瓶+药品（g） | $m_1=$ | $m_2=$ | $m_3=$ |
| 倒出药品后称量瓶+药品（g） | $m_2=$ | $m_3=$ | $m_4=$ |
| 倒出药品质量（g） | $S_1=m_1-m_2$<br>$=$ | $S_2=m_2-m_3$<br>$=$ | $S_3=m_3-m_4$<br>$=$ |

5. 称量完毕，整理归位

（1）关闭升降枢纽。

（2）取出被称物，砝码归盒，指数盘全部转至“0”位。

（3）清洁天平盘、天平内箱，关好天平门，罩好天平罩，切断电源。

6. 注意事项

（1）在具体的实验中，减重称量法敲倒出的药品不能放于纸上或其他地方，只能敲倒在洁净的容器中，否则，称量的数据与实际质量不吻合。

（2）采用直接称量法，在称量前必须调好零点；采用减重称量法，在称量前可不调零点，但要检查天平是否正常，再称量。

（3）称量前，准备好干净的纸条或塑料条，用于取放称量瓶。

（4）减重称量法敲倒药品时，不能将药品敲倒在容器外，否则，称量的数据与敲倒在容器中的实际质量不吻合。

（5）称量时已敲倒出的药品，不可再倒回原称量瓶，以免污染药品。

## 第六节　电子天平

用电磁力平衡被称物体重力的天平称为电子天平。电子天平具有称量准确可靠、显示快速清晰，使用简便、快速的优点，其应用领域日益扩大，有逐步取代各种机械天平的趋势。

### 一、电子天平及其分类

电子天平常分为以下几类。

（1）超微量电子天平　超微量天平的最大称量是2～5g，其标尺分度值小于（最大）称量的$10^{-6}$。

（2）微量电子天平　微量天平的最大称量一般在3～50g，其分度值小于（最大）称量的$10^{-5}$。

（3）半微量电子天平　半微量天平的最大称量一般在20～100g，其分度值小于（最大）称量的$10^{-5}$。



（4）常量电子天平　此种天平的最大称量一般在100～200g，其分度值小于（最大）称量的$10^{-5}$。

（5）电子分析天平　电子分析天平，是常量天平、半微量天平、微量天平和超微量天平的总称。

### 二、电子天平的基本构造

如图1－21，电子天平主要由以下几个部分组成。

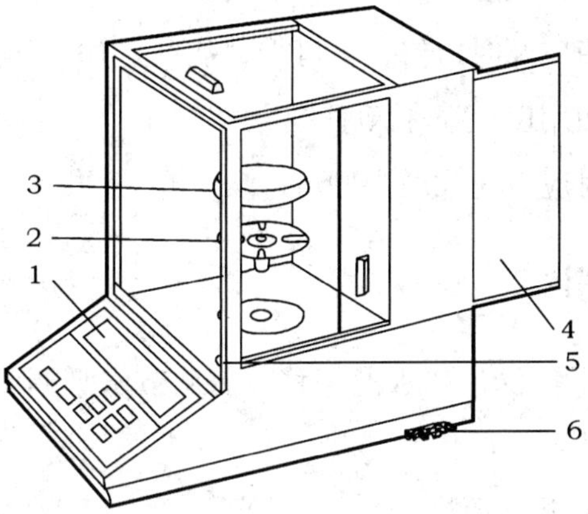


图 1-21 电子天平的构造图

1. 显示器；2. 盘托；3. 秤盘；4. 天平门；5. 水平仪；6. 水平调整脚

（1）秤盘 多为金属材料制成，安装在天平的传感器上，是天平进行称量的承受装置。

（2）传感器 传感器是电子天平的关键部件之一，由外壳、磁钢、极靴和线圈等组成，装在秤盘的下方。

（3）位置检测器 将秤盘上的载荷转变成电信号输出。

（4）模数（A/D）转换器 将输入信号转换成数字信号。

（5）微计算机 电子天平的数据处理部件，它具有记忆、计算和查表等功能。

（6）显示器 将输出的数字信号显示在显示屏幕上。

（7）机壳 其作用是保护电子天平免受到灰尘等物质的侵害，同时也是电子元件的基座等。

（8）底脚 电子天平的支撑部件，同时也是电子天平水平的调节部件，一般均靠后面两个调整脚来调节天平的水平。



## 三、电子天平的维护与保养

将天平置于稳定的工作台上避免振动、气流及阳光照射。

在使用前调整水平仪气泡至中间位置。

电子天平应按说明书的要求进行预热。

称量易挥发和具有腐蚀性的物品时，要盛放在密闭的容器中，以免腐蚀和损坏电子天平。

经常对电子天平进行自校或定期外校，保证其处于最佳状态。

如果电子天平出现故障应及时检修，不可带“病”工作。

操作天平时不可过载使用以免损坏天平。

若长期不用电子天平时应暂时收藏为好。

## 四、电子天平的使用

（1）调节水平　观察水平仪，如水泡偏移，需调节水平调整脚，使水泡位于水平仪中心。

（2）预热　接通天平电源，预热。

（3）开机　轻轻按下ON键，开启显示器。显示器全亮后进行自检，显示天平型号和称量模式。显示器出0.0000g为正常称量状态。如果显示有误差，如0.0013g，则需要按下OFF键关显示器，排除误差。比如重新检查水平、清洁天平盘、关好天平门等。重新按下ON键开启显示器，直到进入正常称量状态。

（4）清零　将称量容器放在秤盘上，关闭天平门，显示出容器的质量，如+18.6573g，此刻轻轻按下去皮键TAR键，显示消隐，随即出现全零状态0.0000g，容器的质量值已去除。（当拿起容器，就出现容器质量的负值-18.6573g。想一想，为什么？）

（5）直接称量　确认容器的质量已清零，将称量物（如3片药片）轻轻放入容器中，关闭天平门，显示器的数字会变化，待稳定下来，出现具体数字，比如+2.9045g，则3片药片的质量 $m_1$ 就等与+2.9045g。

（6）归位　取出容器和样品，清洁天平盘，轻轻按下去皮键TAR键清零，按下OFF键关显示器，断开电源。



# 技能实训四　电子天平的使用

## 一、实训目的

1. 熟悉电子天平结构及主要部件的名称和作用。
2. 学会检查、调节天平的水平、零点。
3. 掌握直接称量法和定量称量法的操作技术，能进行正确记录。

4. 称量时能正确运用电子天平的使用规则。

## 二、实训内容

1. 观察天平的结构，说出各主要部件的名称和作用。

2. 检查、调节天平的水平、零点。

3. 用电子天平进行称量，能进行正确记录。

4. 熟悉电子天平的使用规则。

## 三、实训步骤

1. 观察天平结构

如图1－22电子天平的面板图，熟悉面板按纽。

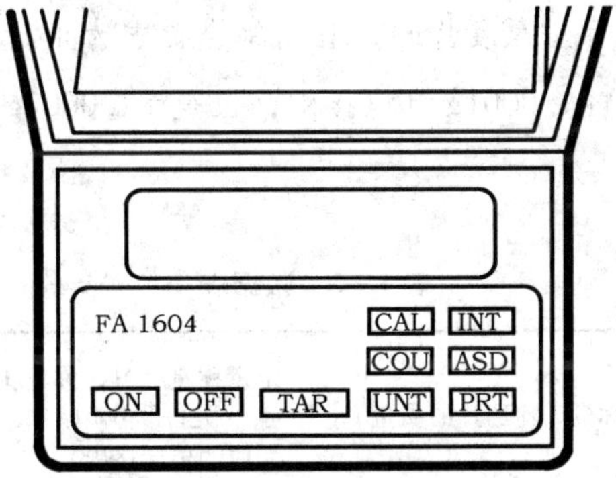


图1－22 电子天平的面板图

2. 直接称量练习（称量3片药片的质量 $m_1$）

（1）调节水平 观察水平仪，如水泡偏移，需调节水平调整脚，使水泡位于水平仪中心。

（2）预热 接通天平电源，预热。

（3）开机 轻轻按下ON键，开启显示器。显示器全亮后进行自检，显示天平型号和称量模式。显示器出0.0000g为正常称量状态。如果显示有误差，如0.0013g，则需要按下OFF键关显示器，排除误差。比如重新检查水平、清洁天平盘、关好天平门等。重新按下ON键开启显示器，直到进入正常称量状态。

（4）清零 将称量容器放在秤盘上，关闭天平门，显示出容器的质量，如＋

18.6573g，此刻轻轻按下去皮键TAR键，显示消隐，随即出现全零状态0.0000g，容器的质量值已去除。(当拿起容器，就出现容器质量的负值-18.6573g。想一想，为什么?)

(5) 直接称量　确认容器的质量已清零，将3片药片轻轻放入容器中，关闭天平门，显示器的数字会变化，待稳定下来，出现具体数字，比如+2.9045g，则3片药片的质量$m_1$就等于+2.9045g。

(6) 归位　取出容器和样品，清洁天平盘，轻轻按下去皮键TAR键清零，按下OFF键关显示器，断开电源。

**3. 定量称量练习（称量1份1.0000g的粉末样品的质量$m_2$）**

方法和直接称量练习大致相同，不同的是，到了第（5）步，用药匙将样品粉末轻轻弹入容器中，少量多次，注意观察显示器上的数字变化，直到非常接近+1.0000g，关上天平门，待数字稳定下来，分析误差，少了，继续加，多了，减样品。如+0.9050g，还差0.0950g，继续加微量样品。反复操作，直到符合要求为止。注意，称量结果的误差不能大于0.0001g。比如说，+1.0001g可以接受，但是+1.0002g就不符合要求了。

**4. 记录数据**

**表1-5　数据表**

| 称量次数 | 直接称量练习，称量3片药片的质量$m_1$ | 定量称量练习，称量1份1.0000g的粉末样品的质量$m_2$（允许0.0001g误差，请将实际称量结果填在下方相应的单元格内） |
|---|---|---|
| 第一次 | | |
| 第二次 | | |
| 第三次 | | |

# 第二章　常用光学仪器

我们用眼睛去感知五光十色的世界，但用眼睛观察事物受到物体大小、远近、颜色等因素的制约。要深入研究物质的微观形态、分子结构等物理化学特性，需借助光学仪器扩大视野，如医院化验室的检验员，借助显微镜可以看见血液中的红细胞，检查出送检标本的寄生虫；药剂师可以借助显微镜看到中药植物的组织特征；用折射仪、旋光仪、分光光度计等测定溶液的各种特征物理量，从而测定物质的比重、纯度、浓度与含量等。本章将介绍几种常用医药光学仪器，通过本单元学习，你将掌握以下的知识与技能：

1. 理解显微镜、折射仪、分光光度计、荧光计、旋光仪的工作原理。
2. 了解上述各种仪器的基本构造，基本操作及仪器的保养常识。
3. 会正确使用折射仪测定溶液的折射率。
4. 会规范使用显微镜观察标本。
5. 会正确使用旋光仪测定物质的旋光度。
6. 会正确使用分光光度计测定溶液吸光度。

## 第一节　阿贝折射仪

### 一、折射率及折射定律



1. 折射率

光线在均匀媒质中是沿直线传播的。当光在前进方向上遇到不同媒质时，光就要分成两部分（图 2－1），其中一部分由媒质分界面反射，返回原来的媒质叫反射光，反射光遵守反射定律；另一部分改变原来的直线传播方向进入另一种媒质的叫折射光。光在两种媒质的界面上将同时发生反射和折射现象。

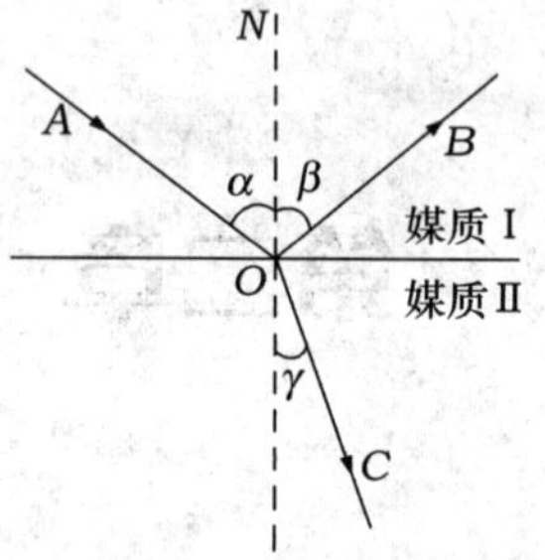


图 2-1　光的反射与折射

ON-法线；AO-入射光线；OB-反射光线；

OC-折射光线；α-入射角；β-反射角；γ-折射角

入射光线 $AO$ 由媒质Ⅰ进入媒质Ⅱ时，光线发生偏折沿 $OC$ 传播，经实验证明：入射角正弦与折射角正弦的比值为一常数，即 $\sin\alpha/\sin\gamma=$ 常数。这个常数与媒质Ⅰ、Ⅱ的种类有关，当两媒质种类不变时，这个常数不改变。

例如：光从空气射入水，不断改变入射角，测出折射角，每一组的入射角正弦跟折射角的正弦之比都是常数 1.33。

光从空气射入玻璃时，不断改变入射角，测出折射角，每一组的入射角正弦跟折射角的正弦之比都是常数 1.5。水和玻璃两个常数的数值不同，可见这个常数是跟媒质有关的一个物理量。

定义：光从真空射入某种媒质发生折射时，入射角 $\alpha$ 的正弦跟折射角 $\gamma$ 的正弦之比，叫做这种媒质的折射率，用 $n$ 表示，$n=\sin\alpha/\sin\gamma$。

折射率是表示光线通过两种媒质分界面时偏折程度的物理量，$n$ 越大，$\gamma$ 比 $\alpha$ 越小，光从真空（或空气）进入该媒质时偏离方向的程度越大；$n$ 越接近于 1，光的偏折程度越小。

表 2-1 列出了一些常见媒质的折射率。

**表 2-1　常见物质的折射率**

| 物　质 | 折射率（$n$） | 物　质 | 折射率（$n$） |
|---|---|---|---|
| 金刚石 | 2.40 | 乙醇 | 1.36 |
| 水晶 | 1.54 | 甘油 | 1.47 |
| 玻　璃 | 1.5~2.0 | 乙　醚 | 1.35 |
| 角　膜 | 1.376 | 冰 | 1.31 |
| 水状液 | 1.336 | 水 | 1.33 |
| 水晶体 | 1.424 | 水蒸气 | 1.026 |
| 玻璃体 | 1.336 | 空气 | 1.0003 |

**表 2-2 各种浓度的氯化钾溶液的折射率（20℃、钠光 589.3nm）**

| 溶液浓度（g/100ml） | 折射率（$n$） | 溶液浓度（g/100ml） | 折射率（$n$） |
|---|---|---|---|
| 1.00 | 1.33419 | 8.00 | 1.34252 |
| 2.00 | 1.33538 | 9.00 | 1.34371 |
| 3.00 | 1.33657 | 10.00 | 1.34490 |
| 4.00 | 1.33776 | 11.00 | 1.34609 |
| 5.00 | 1.33895 | 12.00 | 1.34728 |
| 6.00 | 1.34014 | 13.00 | 1.34847 |
| 7.00 | 1.34133 | 14.00 | 1.34966 |

表 2-2 列出了在 20℃、钠光 589.3nm 入射波长工作条件下，各种浓度的氯化钾溶液的折射率

1. 小周在常温下用仪器测出溶液 A 的折射率是 1.35；B 的折射率是 1.47；参照表 2-1 你是否可以判别 A、B 分别是什么溶液？

2. 检验员小李检测一批标注浓度为 10%（g/ml）的氯化钾溶液，在 20℃、钠光 589.3nm 条件下，用仪器测出溶液折射率是 1.3420，小李检测的产品是否达到标注的浓度，为什么？

3. 运用物质的光学物理参数之一——折射率，可以帮助完成什么样的工作？

1. 各种物质的折射率查《物理手册》。

2. 溶液与浓度之间的关系可由下式表示：$n = n_0 + FC$（式中，$n$ 为待测液的折射率；$n_0$ 为纯水的折射率；$C$ 为溶液浓度；$F$ 为折光因子，与溶液的溶质、工作温度、入射光波长有关，有关药品溶液的折光因子可阅查《中国药典》）

2. 光的折射定律

由于折射率是物质的光学特征物理量之一，化工、制药中常用测定溶液的折射率来判定溶液的种类，分析某种溶液的浓度。测定折射率的理论依据是光的折射定律。

光的折射定律：入射光线、折射光线、法线在同一平面上；入射光线、折射光线分居法线两侧；入射角的正弦与第一种媒质的折射率 $n_1$ 的乘积总等于折射角的正弦与第二种媒质的折射率 $n_2$ 的乘积，即

$$n_1\sin\alpha = n_2\sin\gamma \tag{2-1}$$

例2－1　光线从空气进入某溶液，测得光线的入射角为45°时，折射角为31.33°，该溶液的折射率是多少，是何种物质？

已知：$\alpha=45°$，$\gamma=31.33°$　　查表知 $n_1\approx1$

求：$n_2$

解：由 $n_1\sin\alpha = n_2\sin\gamma$

得　$n_2=\dfrac{n_1\sin\alpha}{\sin\gamma}=\dfrac{1\times\sin45°}{\sin31.33°}=\dfrac{0.7071}{0.5199}=1.36$

查表可知酒精的折射率为1.36，故该溶液为酒精。

## 二、阿贝折射仪的原理及结构

测定折射率常用阿贝折射仪。

阿贝折射仪是能测定透明、半透明液体和固体折射率的仪器，折射率可作为了解物质的光学性能、纯度、浓度等的依据之一，是石油、制药、食品、日用化工工业等的常用设备。

1. 折射仪原理

折射仪的光学原理如图2－2所示。

由 $n_1\sin\alpha = n_2\sin\gamma$ 知，光由介质 $A$ 进入介质 $B$，如果 $n_1<n_2$，折射角 $\gamma$ 必小于入射角 $\alpha$；当入射角 $\alpha_0=90°$时，折射角达到最大值 $\gamma_0$（$\gamma_0$ 称为临界角）。在介质 $B$ 中，大于 $\gamma_0$ 的方向不会有折射光出现。不同物质的临界角 $\gamma_0$ 不同，通过测定 $\gamma_0$，便可求出被测溶液的折射率

$$n_1=\frac{n_2\sin\gamma_0}{\sin90°}=n_2\cdot\sin\gamma_0$$

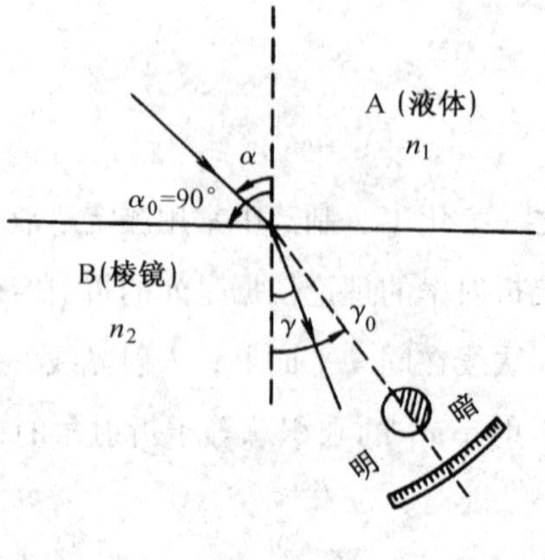


图2－2

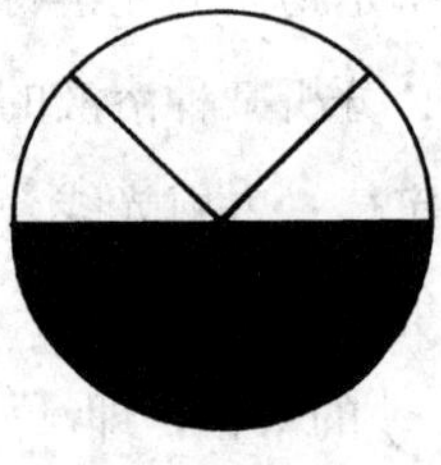

图2－3　半明半暗的图案

阿贝折射仪主要由两块棱镜组成，上面一块是光滑的，下面一块是磨砂的。测定时，将被测液体滴入磨砂棱镜，然后将两块棱镜叠合关紧。光线由反光镜入射到磨砂棱镜，产生漫射，以 0 ~ 90°不同入射角进入液体层，再到达光滑棱镜。光滑棱镜的折射率很高（约 1.85），大于液体的折光率，其折射角小于入射角，这时在临界角以内的区域有光线通过，是明亮的；而临界角以外区域没有光线通过，是暗的，从而形成了半明半暗的图像，见图 2-3。不同化合物的临界角不同，明暗两区的位置也不同。在目镜中刻上“十”字交叉线，改变棱镜与目镜的相对位置，使明、暗分界线正好与十字交叉点重合，通过测定其相对位置并换算，可测得化合物的折射率。阿贝折射仪标尺上的刻度就是经过换算后的折射率。由于阿贝折射仪有消色散装置，可以直接使用日光，测得的数据与使用钠光相同，量程为 1.3000 ~1.7000，精密度为 0.0001。

2. 结构

阿贝折射仪的结构如图 2-4 所示。

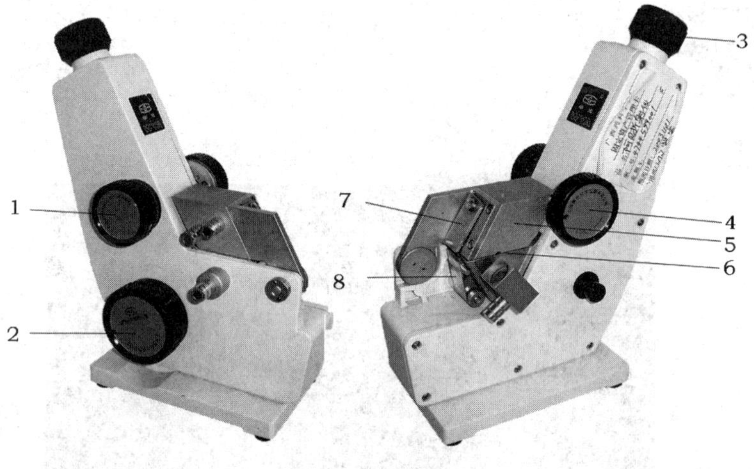


图 2-4　阿贝折射仪结构图

1. 色散调节轮；2. 刻度调节轮；3. 目镜；

4. 锁紧轮；5. 进光棱镜；6. 折射棱镜；7. 遮光板；8. 反光镜



3. 读数

在目镜内可观察到一标尺，从标线对准的主尺上读到小数点后第四位的数值，前三位为准确值，第四位为估计值。例如，图 2-5 所示的折射率为 1.3390。

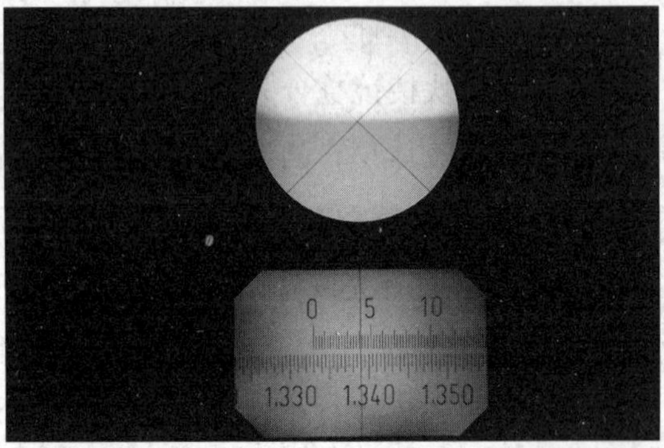


图2－5　阿贝折射仪读数

1. 操作中，若目镜上十字点未对准视野明暗分界线，十字点偏向明亮区，测出的折射率比实际的折射率大，还是小？若十字点偏向暗区，测出的折射率比实际折射率偏大还是偏小？

2. 读出图2－6所示的折射率。

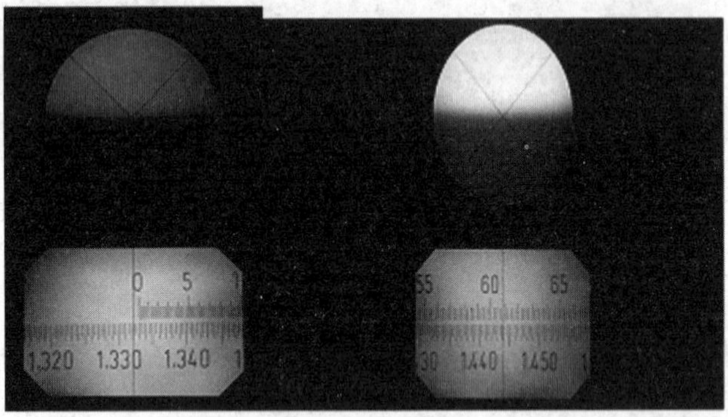


图2－6　阿贝折射仪读数



## 三、阿贝折射仪的使用与维护

1. 操作步骤

（1）对光　打开遮光板，调节反光镜的角度，在目镜中得到灰白亮度的视场。

（2）清洗

①旋开锁紧轮，打开进光棱镜座，用吸管滴1～2滴蒸馏水在折光镜上，合上进光棱镜座，让进光棱镜吸附蒸馏水，然后打开进光棱镜座，用滤纸吸干水分。

②用乙醚清洗棱镜，方法同①，用镜头纸沿一个方向擦干棱镜上的液体。

（3）校正

①滴1～2滴蒸馏水均匀分布在折光镜上，合上进光棱镜，旋紧锁紧轮；

②调节目镜看见清晰“+”字线和刻度尺；

③转动刻度调节轮在刻度尺1.330附近寻找半明半暗的图像，如图2-7a；

④若明暗分界线有彩色，旋动色散调节轮消除彩色，如图2-7b；

⑤转动刻度轮移动明暗分界线与“+”字交叉点重合，如图2-7c；

⑥读出水的折射率$n_{水测}$，记录。

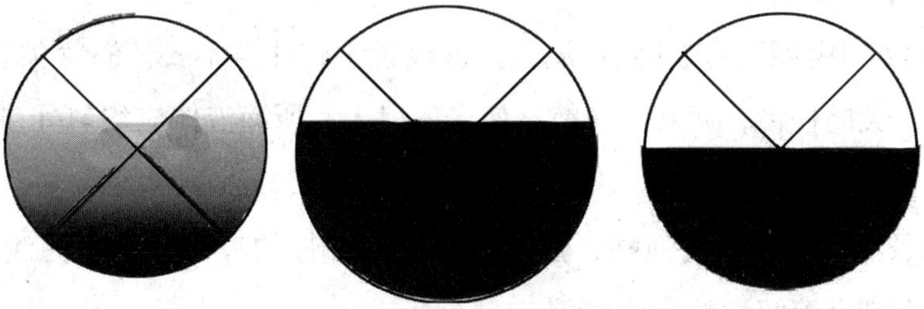

a　　b　　c

图2-7　阿贝折射仪图像

（4）测量　用（2）法将折射仪清洗后，将待测液滴1～2滴均匀分布在折光镜上，用（3）法测出待测液的折射率$n_{液测}$，记录。

（5）归位　用（2）法清洗折射仪，合上反光板、遮光板，将仪器放回原位。

（6）数据处理

①查阅表2-3中同实验温度下水的标准折射率$n_{水标}$，仪器误差为

$$n_{差}=n_{水测}-n_{水标}=$$

②仪器误差存在于测定值中，故待测液的测定结果为

$$n=n_{液测}-n_{差}=$$



**表2-3　不同温度下纯水与乙醇的标准折射率**

| 温度/℃ | 水的折射率/$n_D$ | 乙醇（99.8%）的折射率/$n_D$ |
|---|---|---|
| 14 | 1.3335 | |
| 16 | 1.3333 | 1.3621 |
| 18 | 1.3332 | 1.3613 |
| 20 | 1.3330 | 1.3605 |

续表

| 温度/℃ | 水的折射率/$n_D$ | 乙醇（99.8%）的折射率/$n_D$ |
|---|---|---|
| 22 | 1.3328 | 1.3505 |
| 24 | 1.3326 | 1.3597 |
| 26 | 1.3324 | 1.3585 |
| 28 | 1.3322 | 1.3572 |
| 30 | 1.3319 | 1.3564 |
| 32 | 1.3316 | 1.3556 |
| 34 | 1.3314 | 1.3547 |

2. 阿贝折射仪使用注意事项

（1）恒温后，用滴管将被测液体滴到磨砂棱镜上，注意不要使滴管尖直接接触镜面，以防造成刻痕。关闭棱镜，调好反光镜，使光线射入。所滴液体应均匀分布在两块棱镜之间，不可太少，否则观察不清。

（2）折射仪不能用来测定强酸、强碱以及有腐蚀性的液体，也不能测定对棱镜、保温套之间的黏合剂有溶解性的液体。

（3）使用前应先对仪器进行校正。通常用纯水校正，测得纯水的折射率与标准值比较，求得校正值（一般重复两次，求得平均值）。校正值一般都很小，若此值太大，整个仪器必须重新校正。

（4）仪器不能暴露于日光中，也不能在较高温度下使用。

（5）必须注意保护棱镜，不能在镜面上造成刻痕；使用完毕，用乙醇或丙醇洗净镜面，晾干后再闭上棱镜，妥善保管。

**议一议**

所有的仪器均存在仪器误差，故在使用前都要对仪器进行校正，以使仪器误差对测量结果影响达到最小。同学们想一想、议一议：

1. 折射仪在测待测液前，常以什么物质、什么温度下折射率作为校正的标准值？



2. 你是如何知道你所使用的仪器误差是多少的？

3. 误差是正数表示仪器的测量数值比标准值大，还是比标准值小？误差是负数表示仪器的测量数值比标准值大，还是比标准值小？

4. 如何从待测液的测量数值中消除误差？

# 技能实训五　折射仪的使用

## 一、实训目的

1. 了解折射仪的结构。
2. 会使用折射仪测液体的折射率。

## 二、实训内容

1. 了解折射仪的结构，指出主要操作部件的名称及作用。
2. 测定10%氯化钾药液的折射率。

## 三、实验步骤

清洗→用水校正→清洗→测定待测液→清洗→归位→数据处理。

# 第二节　显微镜

## 一、凸透镜的成像规律

凸透镜是光学仪器的主要光学元件，利用透镜可以使物体成像，是透镜的一个重要应用。一个发光物点发出的光线，经凸透镜折射后相交成像，可利用几何作图法，求得发光点像的位置。

因为所有近轴光线被凸透镜折射后，都会聚在一点，而确定一个点的位置只需两条光线相交即可，所以要求出发光点的像，可以在近轴光线中找到任意两条光线经折射后的交点就行了，图2－8所示的三条光线具有典型意义。这三条光线是：

(1) 平行于主轴的入射光线（$SC$），折射后通过透镜的后焦点 $F_2$。

(2) 通过透镜前焦点 $F_1$ 的入射光线（$SD$），折射后平行于主轴。

(3) 通过光心 $O$ 的光线（$SO$），经透镜后

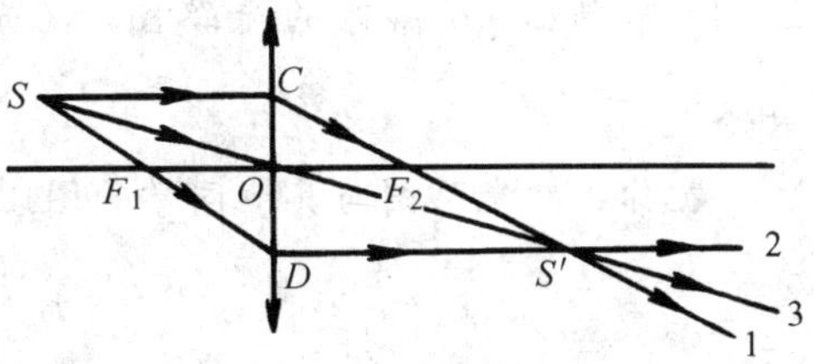

图2－8　发光点通过透镜后所成的像

不偏折。

按照实际情况选用其中的两条光线，求出的交点就是 $S$ 的像（$S'$）。

一个物体可以看作是由许多点组成的，每个点发出的光线经过透镜后都形成一个像点，所有像点合在一起就是整个物体的像。实际作图时，只要求做出物体上下两个端点的像，就可以求出物体的像了，因为物体其他各点的像都在这两个像点之间。

1. 把物体 $AB$ 应放在二倍焦距以内（$F$ 与 $2F$ 之间）的位置，用两条特殊光线在图 2－9 中画出 $AB$ 成像的光路图。

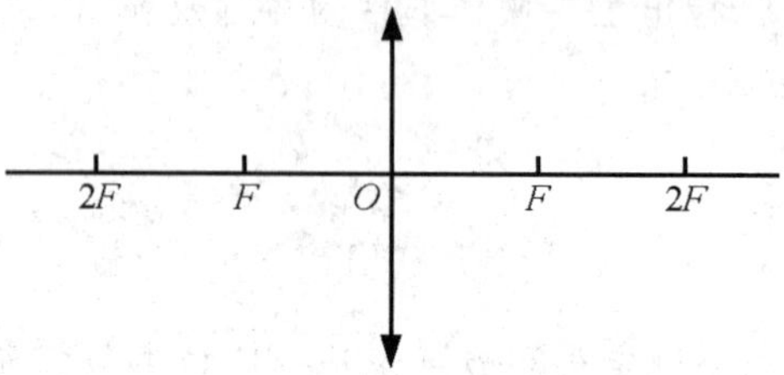


图 2－9

2. 把物体 $AB$ 应放在二倍焦距以外（大于 $2F$）的位置，用二条特殊光线在图 2－10 中画出 $AB$ 成像的光路图。

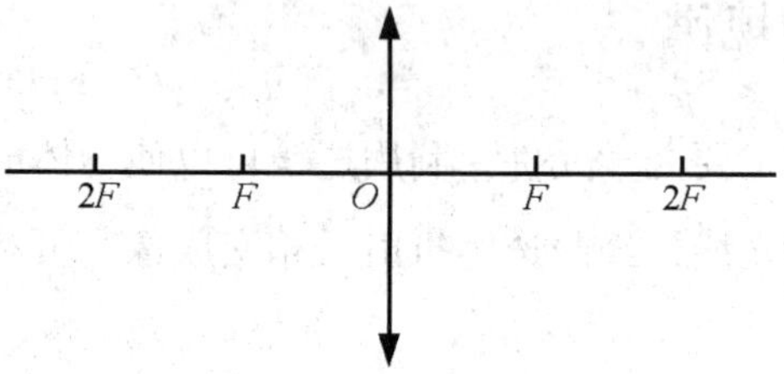


图 2－10



3. 把物体 $AB$ 应放在一倍焦距以内（$O$ 与 $F$ 之间）的位置，用二条特殊光线在图 2－11 中画出 $AB$ 成像的光路图。（光线经透镜折射后不能相交的，将光线反向延长相交）

把你画的光路图与其他同学的图比较一下，能找到什么共性？

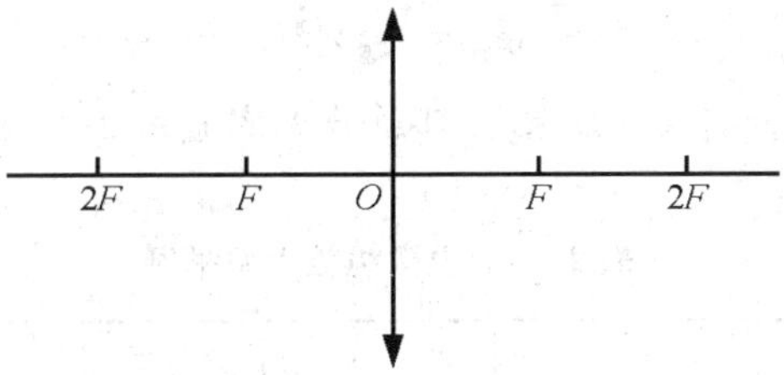


图 2－11

**表 2－4　光路图共性表**

| 物体放置的位置 | 成像特点（在下列列出的特点中打钩） | （在下列列出的特点中打钩） |
| --- | --- | --- |
| 0～F　之间 | 放大　缩小　倒立实像　正立虚像 | 放大　缩小 |
| F～2F　之间 | 放大　缩小　倒立实像　正立虚像 | 放大　缩小 |
| 2F～∞　之间 | 放大　缩小　倒立实像　正立虚像 | 放大　缩小 |

## 二、显微镜的成像原理

将物体放在凸透镜一倍至二倍焦距之间，便得到一放大倒立的实像；放在一倍焦距之内，得到放大正立的虚像。但受到像差、色差等要素的影响，通过凸透镜得到放大的清晰像，其放大率是有限的，要观察非常细微的近物体或物体的精细结构，要用由多个凸透镜构成的显微镜，普通的光学显微镜是由两组透镜所组成，左边小的透镜代表一组焦距很短的透镜组，称为物镜；右边一组焦距较长的透镜组称为目镜。其成像原理如图 2－12 所示。

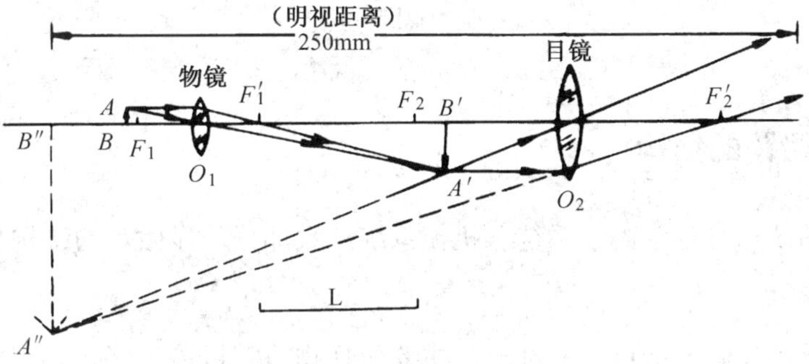


图 2－12　显微镜成像原理

将被观察的物体 $AB$ 置于物镜前的物方前焦点 $F_1$ 稍外的地方，物体 $AB$ 发出的光线经物镜 $O_1$ 放大后得一倒立实像 $A'B'$ 于目镜前焦点附近，再经目镜 $O_2$ 放大后，就可以获得一个经两次放大的倒立虚像 $A''B''$，该虚像呈现在观察者的明视距离处。显微镜的总放大率为：

$$M_{显} = K_{物} \times M_{目} \tag{2-2}$$

例如，一台显微镜配置有 3 个物镜，其总放大率如表 2-5 所示。

**表 2-5　显微镜放大率举例**

| 总放大率 / 物镜 / 目镜 | 10× | 40× | 100× |
|---|---|---|---|
| 10× | 100× | 400× | 1000× |

1. 在图 2-13 中，物体 $AB$ 只要放在 $O_1$ 的 $F \sim 2F$ 之间，经两次放大的立像 $A''B''$，就会呈现在观察者的明视距离处。在图 2-13 中自己试画一个光路图。

2. 显微镜为了使观察者能看到清晰的物像，设置有调焦装置，其主要用于调节什么的距离？

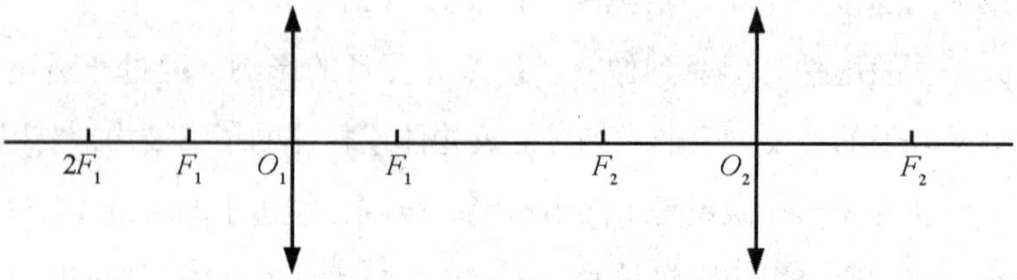


图 2-13

## 三、显微镜的结构

显微镜的结构可分为光学系统和机械系统二大部分。显微镜的结构如图 2-14 所示。



1. 光学系统

光学系统是显微镜最重要的部分，主要包括物镜、目镜、聚光器和反光镜四个部件。

（1）物镜　物镜是显微镜的核心组成部件，它直接决定或影响着显微镜的成像质量和光学性能，人们常将它比喻成显微镜的心脏。

物镜按放大倍数不同，可分为以下几类：

①低倍物镜　它通常由一组双胶合透镜组成，放大率为 10×以下。

②中倍物镜　由两组双胶合物镜组成（称为李斯特物镜），放大率 20×左右。

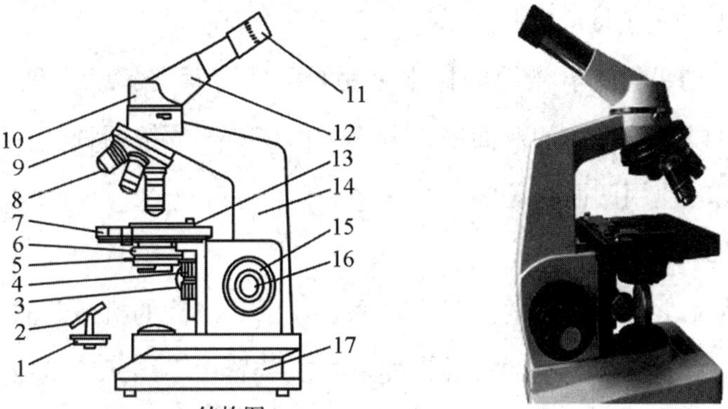


a.结构图　　　　b.实物图

图 2 – 14　显微镜结构

1. 反光镜插座；2. 反光镜；3. 聚光镜升降手轮；4. 载物台移动手轮；5. 光圈把手；6. 聚光器；7. 载物台；8. 物镜；9. 物镜转换器；10. 单目头；11. 目镜；12. 镜筒；13. 压片夹；14. 镜臂；15. 粗调节轮；16. 细调节轮；17. 镜座

③高倍物镜　由一个前片和两组双胶合物镜组成（称为阿米西物镜），放大率为 40 –65。

④浸液（高倍）物镜　其结构更为复杂，在高倍物镜的前片镜和中组镜之间加了一个正弯月形透镜。物镜使用时前片必须浸在油或水里，放大率为 90 ~ 100 ×。

物镜的特征参数通常刻于镜头的外壳，便于物镜的识别。如图 2 – 15 所示。图中，（a）为 10 倍物镜，机械筒长为 160mm，所用盖玻片为 0. 17mm；（b）为 100 倍物镜，盖玻片厚度为 0. 17mm，“油”表示油浸物镜。用户一看镜壳即可知道该物镜性能。

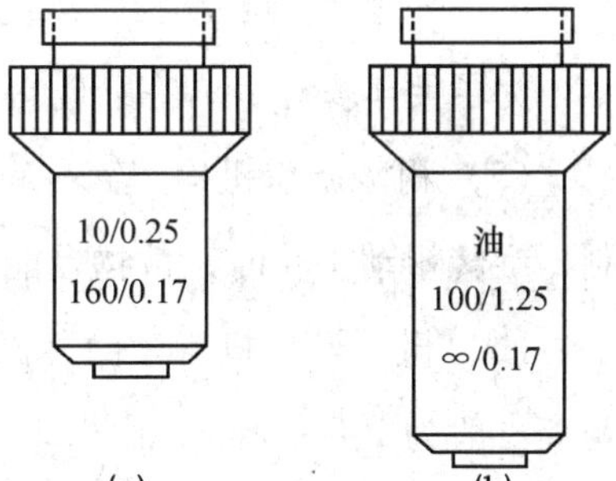


(a)　　(b)

图 2 – 15　物镜参数表示

（2）目镜　显微镜的目镜实质上是一个放大镜，它用来观察被物镜放大了的像（中间像）。目镜上可以安置目镜测微器或目镜指针。

（3）聚光器　聚光器又称集光器，位于载物台下方，主要由聚光镜和虹彩光圈组成。转动聚光器调节螺旋可使其上升或下降。聚光器下降，分辨率增高；聚光器上升，分辨率降低。

聚光镜：由两片或两片以上凸透镜组成，能将反光镜反射来的大量光线汇聚成为一光束，增强标本的照明。

虹彩光圈：位于聚光镜下，由十余片金属薄片组成。拨动光圈把手，可使其中央的圆孔开大、缩小或关闭。光线过强时，可将虹彩光圈缩小，或将聚光器下降；光线过弱时，可将虹彩光圈开大，或将聚光器上升。

（4）反光镜 初级生物显微镜的标本是用自然光经反光镜后照明，反光镜位于聚光器下方，是一个可以随意转动的双面镜，分为平面镜与凹面镜两种，在光线较强时使用平面镜，在光线较弱时使用凹面镜。

2. 显微镜的机械装置

机械装置是为光学系统服务的。只有精密、灵活、准确的机械装置与良好的光学系统密切配合，显微镜才能发挥出它的最佳性能。机械装置由下列元件组成。

（1）镜座与镜臂 镜座是显微镜的基座，多呈马蹄形，用以支持整个镜体。有的显微镜在镜座内装有照明光源。镜臂呈弓形，立于镜座的后端。对直筒显微镜来说，几乎用它来支持整个光学系统和大部分机械零件。其下有一倾斜关节，用以倾斜镜筒。对斜筒显微镜来说，主要用它来支持镜筒和与镜筒连接的光学元件。

（2）镜筒 镜筒是金属制的圆筒。使用时，上端插入目镜，下端连接物镜。为了避免光线反射，其内壁涂有无光黑漆。

（3）物镜转换器 物镜转换器位于镜筒下端，用来安装和转换物镜。按安装物镜的孔数不同，可分为二孔式、三孔式、四孔式等几种，常用的以三孔、四孔居多。旋转转动盘时，可将各个物镜依次地置换在显微镜的光轴位置上。

（4）载物台与移动器 载物台又叫做镜台，用于承放标本玻片。

为了便于操作，常在载物台上增加一个附件——移动器，来帮助移动标本。

（5）粗动调焦机构 简称粗调，是显微镜作快速调焦用的一种装置。由粗动手轮控制，旋转粗动手轮时，载物台能快速移动。

（6）微动调焦机构 简称微调，是显微镜做精细调焦用的一种慢动装置。它的总调距离一般为1.8～3mm，由微动手轮控制。旋转微动手轮时，载物台的移动非常缓慢。

## 四、显微镜的使用和保养



1. 显微镜的使用步骤

（1）取镜 取用显微镜时，右手紧握镜臂，左手托住镜座，保持镜身直立。轻轻放置在离实验桌边缘7cm左右的桌面上，观察者左胸前。放置妥当后，应检查各部分是否完好。

（2）对光 转动粗调节轮，使载物台与物镜距离拉开，然后旋转物镜转换器，将低倍镜对准载物台的通光孔，开大光圈，以左眼向目镜内观察（右眼保持睁开），同时，转动反光镜寻找光源（不可用直射太阳光），注意调节光圈和聚光器，至整个视野亮度适宜、均匀为止。

（3）放片　将标本片置于载物台上，用压片夹固定，调节标本移动旋纽，将所要观察的部分对准通光孔。

（4）低倍接物镜的使用　转动粗调节轮，拉近玻片与物镜的距离，当玻片与接物镜接近时停止转动。然后反向转动粗调节轮，使玻片（载物台）与物镜距离慢慢拉远，寻找至物像出现，再转动细调节轮至物像清晰为止。

（5）中、高倍接物镜的使用　在低（中）倍接物镜下找到清晰物像后，将需要观察的部位移至视野中央，然后直接转换中（高）倍物镜进行观察。如果看不清物像，可转动细调节轮，寻找至物像清晰为止。

（6）还镜　显微镜使用完毕，按“注意事项”中要求擦干净，然后适当降低载物台，将接物镜旋离通光孔，调至空档（或者使两个接物镜跨于通光孔两侧），将虹彩光圈关闭，再把聚光器上升，竖直反光镜，载物台下降与反光镜垂直相接，放回柜内。

2. 注意事项及保养

（1）拿显微镜要做到“一握、一托、镜身直”，取用过程中应避免碰撞。

（2）显微镜下观察的所有标本片应盖上盖玻片。

（3）临时标本片制好后，必须用吸水纸吸净盖玻片和载玻片外面的试液，方可置于载物台上。若标本片需要补充试液，必须将标本片从载物台上取下后，方可滴加试液。严防酸碱等试液腐蚀镜头和载物台。

（4）加热处理的标本片应放冷后，方可置于显微镜下观察。

（5）升高载物台时，宜慢不宜快，一定要注意玻片和物镜之间的距离，防止压破玻片，损坏镜头。

（6）从高倍接物镜下取出标本片时，必须先下降载物台，将高倍接物镜转离通光孔，方可取出。

（7）光学部分不得随便拆卸和互相调换。

（8）显微镜的各部分应保持清洁。机械部分的灰尘污垢，可用清洁的软布擦拭。透镜上的灰尘，可用吹气球吹去或用擦镜纸顺着镜头的直径方向轻轻擦去，禁止用手指、手帕等擦拭。

（9）显微镜使用完毕，各个附件要清点齐全，归还原位。

（10）显微镜应存放于干燥、避光的地方。

# 技能实训六　显微镜的使用

## 一、实训目的

1. 识别显微镜主要部件的名称及作用，熟悉显微镜的结构。

2. 掌握显微镜的正确使用方法，能熟练进行操作。

3. 学会保养显微镜。

## 二、实训内容

1. 观察显微镜的结构。

2. 用显微镜观察植物标本片。

3. 用显微镜观察化学晶体的形状。

## 三、实训步骤

### （一）观察显微镜的结构

对照实物，识别各主要部件的名称及作用。识别图 2－14 所标注部件的名称，并体验各部件的作用。

### （二）用显微镜观察玻片标本

1. 取镜，右握→左托→镜身直，如图 2－16。

图 2－16a　右手握住镜臂，左手托住镜座

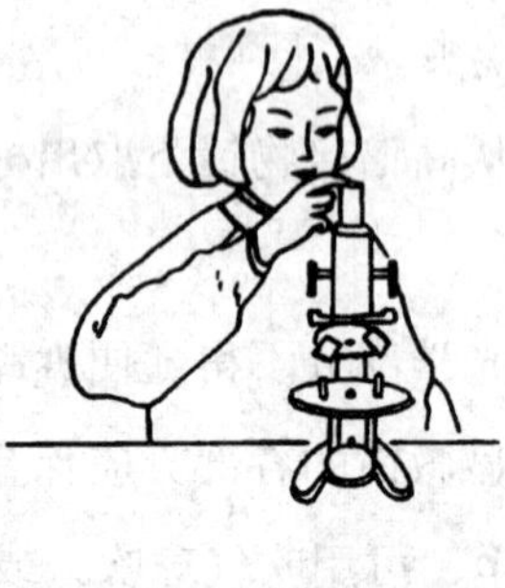

图 2－16b　把显微镜放在实验台上，略偏左，距实验台边缘约 7cm 处

2. 对光，选用低倍镜→开光圈→略升载物台→转反光镜，如图2－16b，2－16c，2－16d。

图2－16c　转动转换器，使低倍物镜对准通光孔（物镜的前端与载物台要保持2cm的距离）

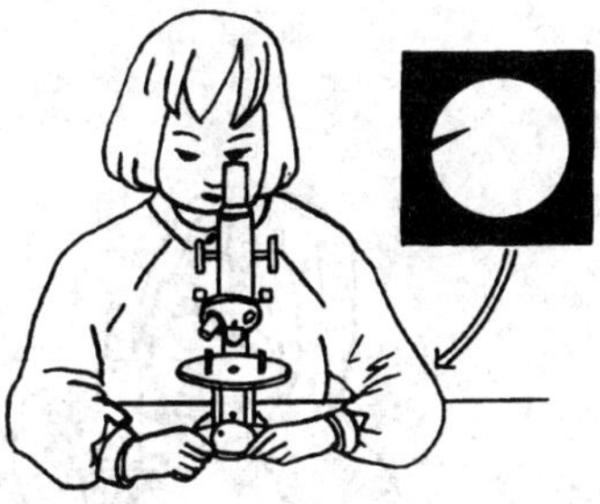

图2－16d　把一个较大的光圈对准通光孔。左眼注视目镜内（右眼睁开，便于以后同时画图）。转动反光镜，使光线通过通光孔反射到镜筒内。通过目镜，可以看到白亮的视野

3. 放片，对空档→夹拿玻片→夹玻片→标本对通光孔中心，如图2－16e。

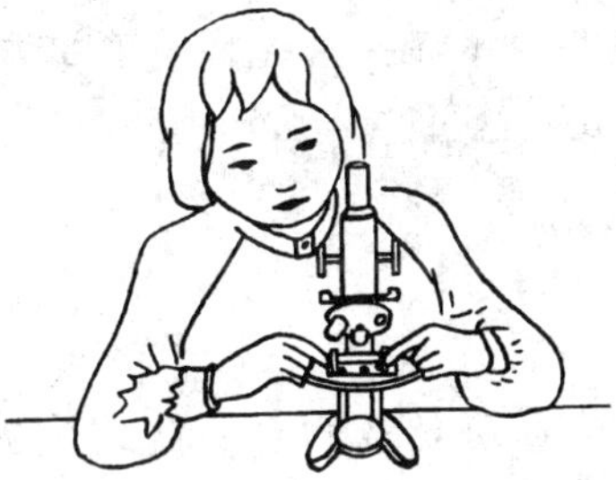

图2－16e　把所要观察的玻片标本放在载物台上，用压片夹压住，标本要正对通光孔的中心

4. 用低倍镜观察标本，选目镜→转动粗调，拉近玻片与目镜的距离→转动粗调使玻片与物镜渐远离，同时寻找图像→转动微调，使图像清晰，如图2－16f。

5. 用中（高）倍镜观察标本，将低（中）倍镜清晰的目标图像移至视野中央→转换中（高）倍镜→转动细调节轮，寻找清晰的物像。

①在低（中）倍镜下观察到标本清晰的像，将需要观察的部位移至视野中央。

②转换中（高）倍镜（不能旋动粗调节轮）。

③转动细调节轮，寻找清晰的物像（不可用粗调）。

6. 取片，对空档→拉开玻片与目镜距离→取下标本玻片。

①旋转物镜至空档。

②旋动粗调，拉开载物台与镜筒的距离。

③取下标本玻片，放到标本架（盒）。

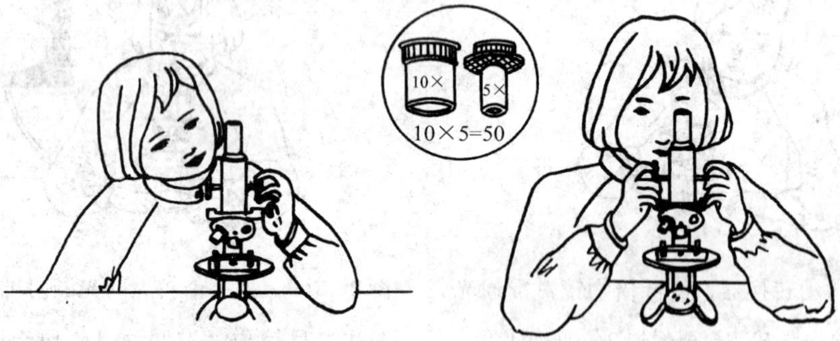


图2－16f　转动粗调焦螺旋，使镜筒缓缓下降（或载物台上升），直到物镜接近玻片标本为止（眼睛看着物镜，以免物镜碰到玻片标本）。②左眼向目镜内看，同时反方向转动粗调焦螺旋，使镜筒缓缓上升（或载物台下降），直到看清物像为止。再略微转动细调焦螺旋，使看到的物像更加清晰。

7. 还镜，升高聚光器与载物台平齐→关光圈→直立反光镜→降低载物台，使聚光器与反光镜相接→显微镜放还原处→清洁工作台。

①升高聚光器与载物台平齐。

②关闭虹彩光圈。

③新型显微镜：直立反光镜、降低载物台。旧式显微镜：水平放置反光镜，降低镜筒。

④将显微镜放还原处。

⑤清洁工作台。



# 第三节　旋光仪

## 一、光的偏振与旋光现象

1. 横波的偏振

机械波分为横波和纵波。波的振动方向与传播方向垂直的叫横波，如水波、沿绳传播的波。波的振动方向与传播方向平行的叫纵波，如声波。横波与纵波的主要区别于波的偏振性。

如图 2－17a 所示，沿绳传播的横波，如果在它的传播方向上放上带有狭缝的木板，只要狭缝的方向跟绳的振动方向相同，绳上的横波就可以毫无障碍地传过去；如果把狭缝的方向旋转 90°，绳上的横波就不能通过了，这种现象叫做横波的偏振。如果把绳子换成一根弹簧丝，使它产生一列纵波，由于纵波的振动方向和波的传播方向是一致的，因此，无论这两个木板的细缝如何取向，纵波波形都能顺利通过细缝。可见，由于纵波是沿着波的传播方向振动的，所以不会发生偏振现象（如图 2－17b 所示），用这种简单的方法可以区别波是纵波还是横波。

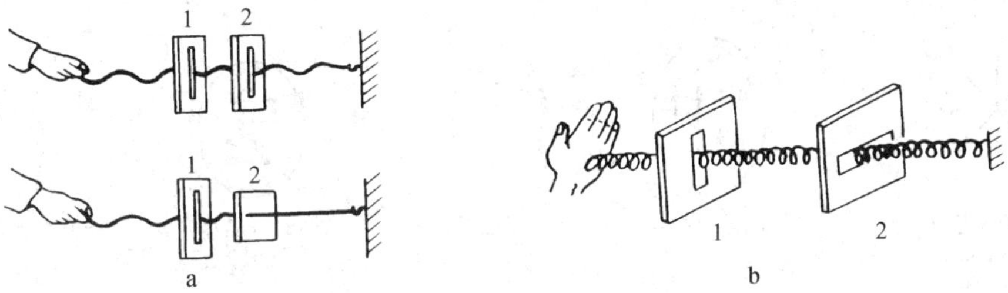


图 2－17　波的偏振

2. 光的偏振性

光的干涉、衍射现象清楚地表明光具有波动性，是一种波。那么，光究竟是横波还是纵波呢？做下面的实验便有答案。取一块电气石晶体薄片 A，通过它去观察一束平行光，可以看到它是透明的，当以入射光线为轴旋转晶片 A 时，透射光的强度未发生变化。如果再取一块同样的晶片 B，并把它放在晶片 A 的后方，通过它去观察从晶片 A 透射过来的光，这时，就会发现从晶片 B 透射出来的光的强度跟两晶片的相对方向有关：固定晶片 A，以入射光线为轴旋转晶片 B 后，从晶片 B 透射出来的光强度发生周期性变化，即晶片 B 转到某一方向时，透射光最强；再旋转 90°转到跟前一方向垂直时，透射光最弱。

把上述光现象跟机械波的偏振现象比较，表明光通过晶片时产生偏振现象，即光是横波。

为什么会出现这种现象呢？原来，普通光源发生的光，包含着在垂直于传播方向的平面上沿一切方向振动的光，并且沿着各个方向振动的光波强度都相同，这种光叫做自然光。自然光通过某晶片后只剩下沿着某一方向振动的光，这种光叫做偏振光。如图 2－18 所示。这里的电气石晶片起着类似上述的细缝的作用。我们把偏振光的振动方向与传播方向组成的平面叫做振动面。上述电气石晶片只容许某一振动方向的光波通过，我们把它叫做偏振片，现在已有许多人工材料的偏振片。因为自然光通过 A 偏振片后，成了偏振光，所以，通常把 A 片叫做起偏器；B 偏振片可以检验一束光是否是偏振光，通常叫检偏器。当起偏器 A 的“狭缝”与检偏器 B 的“狭缝”方向相互垂直时，通过 A 的偏振光不能通过 B，在 B 后不能看到光；当 A、B 的“狭缝”相互平行时，通过 A 的偏振光也能通过 B，在 B 后能看到光。

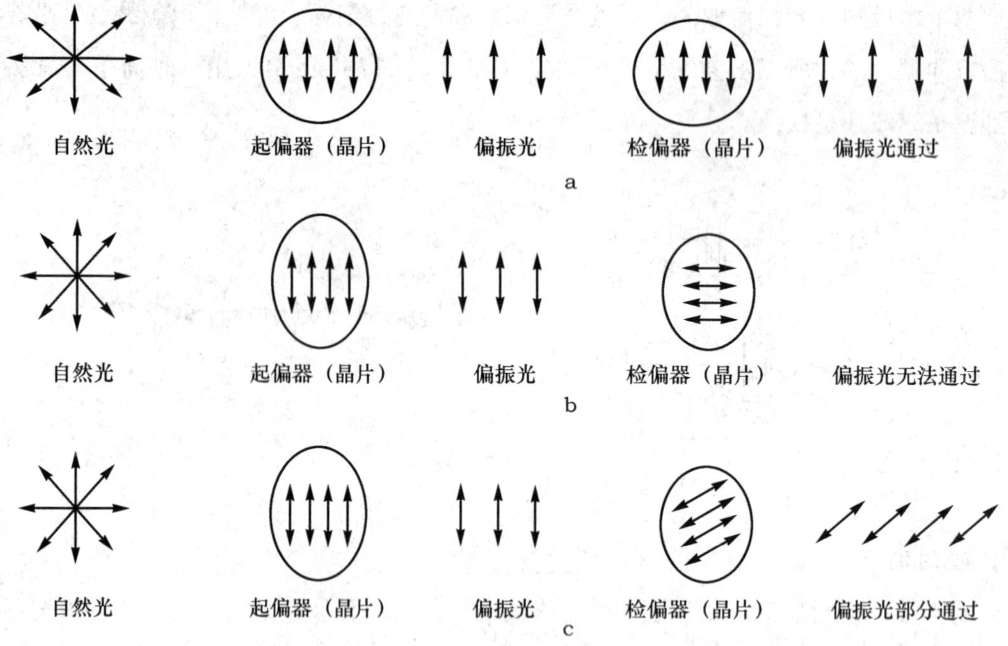


图 2－18　偏振光产生及通过晶片示意图

3. 旋光现象

当两个偏振片“狭缝”的方向互相垂直时，通过第一偏振片的偏振光不能通过第二偏振片，这时就没有光线通过。如果将葡萄糖溶液注入两晶片间，如图 2－19，实验发现，在第二晶片后面可以得到一部分光线；若把第二晶片旋转某一角度后，它后面的光线又变为零。这说明葡萄糖溶液能把偏振光的振动方向旋转一个角度。这种现象叫做旋光现象。能够使偏振光的振动方向旋转的物质，叫做旋光物质。许多有机化合物和它们的溶液如石英、松节油、各种糖和酒石酸溶液等，都是旋光性较强的物质。面对光线入射方向观察，使振动面顺时针方向旋转的物质，叫做右旋物质，反之叫做左旋物质。例如，天然的糖（蔗糖 $C_{12}H_{22}O_{11}$）都是右旋的，组成蛋白质的氨基酸（除甘氨酸），它们都是左旋的，还有的物质像酒石酸铷，在溶液中是右旋的，但在结晶时变成左旋的。右旋葡萄糖是人体新陈代谢中最重要的碳氢化合物。

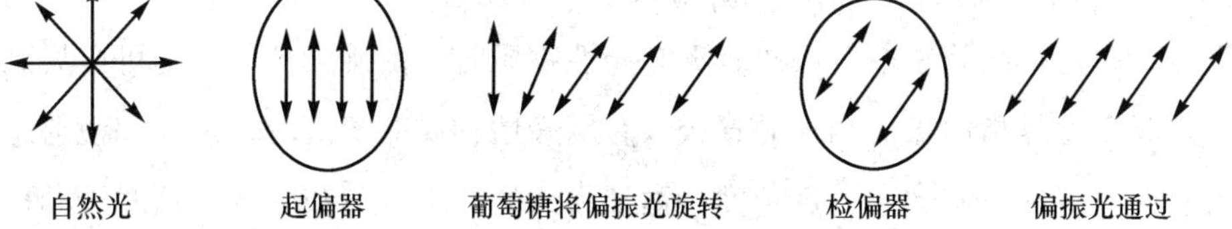


图 2－19　旋光现象示意图

4. 旋光度

旋光物质使偏振光的振动方向旋转的角度，叫做旋光度。测溶液的旋光度，可用于分析药物成分分析和药物产品鉴定。

1. 旋光度与溶液浓度的关系式为：$\Phi=[a]_{\lambda}^{t}CL$　式中，$\Phi$ 表示旋光度；$C$ 表示溶液的浓度；$L$ 表示溶液的厚度；比例常数 $[a]_{\lambda}^{t}$ 叫做该溶液的旋光率（或称旋光系数），并且规定右旋为正，左旋为负。旋光率与温度 $t$ 及光源的波长 $\lambda$ 有关，它可从《中国药典》中查得。

2. 对于已知溶质的溶液，查出该物质的旋光率，用旋光仪测得溶液的旋转角度，由 $C=[a]_{\lambda}^{t}L/\Phi$ 式可计算出溶液的浓度。

3. 测定旋光度的溶液可计算旋光系数 $[a]_{\lambda}^{t}=CL/\Phi$，查表后可作为确定溶液的溶质成分的依据之一。

## 二、旋光仪的原理及结构

旋光仪的工作原理（如图 2－20）是建立在偏振光的基础上，通过测定具有旋光性物质的旋光度，来测定这些物质的比重、纯度、浓度等。

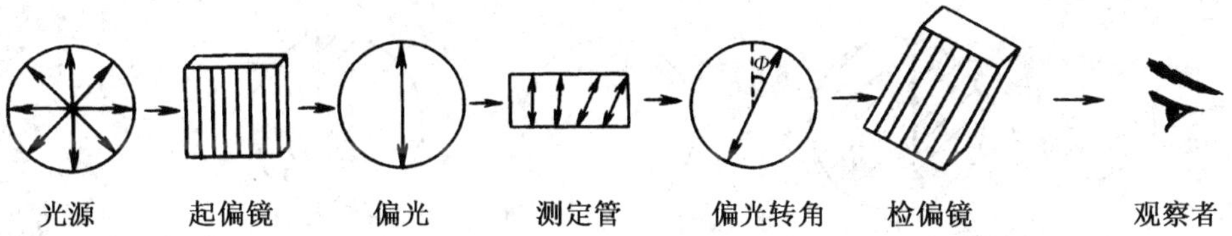


图 2－20　旋光仪原理

图 2－21 是旋光仪的结构图。它由光源（一般测定时用钠灯）、起偏镜、样品管、检偏镜和目镜组成。起偏镜为尼科尔棱镜，它只能使与其镜轴平行的平面振动光通过。检偏

镜是能转动的尼科尔棱镜，它连有一刻度盘。样品管装待测物质液体或溶液，长度有 1dm 和 2dm 等几种。对于旋光度小或很稀的溶液，最好用 2dm 的样品管。当检偏镜和起偏镜的镜轴平行，并且样品管是空着或放有无旋光性物质时，由旋光仪的目镜可以见到最大强度的光，这时刻度盘指向零。当样品管放入有旋光性物质的溶液时，由起偏镜射来的平面偏振光被它向左或向右旋转了一定角度，达到目镜的光强度就被减弱。这时转动检偏镜直至光的亮度最强时为止，由刻度盘上可以读出左旋或右旋的度数。但人的眼睛对最亮点并不是很灵敏。为了准确判断旋光度的大小，在旋光仪的起偏镜后加一石英晶片，使光的偏振方向旋转一个角度 $\varphi$（$\varphi$ 称半暗角）。当检偏镜与通过石英片的光的偏振面平行时，通过目镜可以观察到中间明亮，两旁较暗（见图 2－22a）；若检偏镜的偏振面与起偏镜的偏振面平行时，可观察到中间暗，两旁明亮（见图 2－22b）；只有当检偏镜的偏振面处于 $1/2\varphi$ 的角度时，视场内明暗相同（见图 2－22c），把这一位置定为零点。测定时应调节视场内明暗相同，以使观察结果准确。由于人的眼睛对弱照度的变化比较敏感，一般测较小的半暗角，视野的照度随着半暗角减小而变弱，所以在测定时通常选几度到几十度的结果。

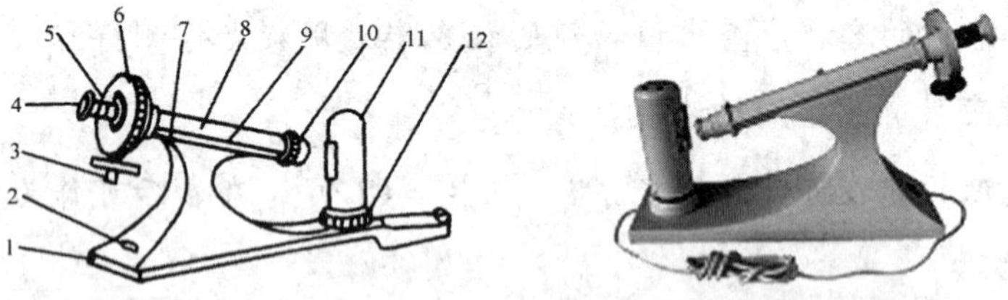


图 2－21　旋光仪结构

1. 镜座；2. 电源开关；3. 度盘转动手轮；4. 放大镜座；5. 视度调节螺旋；6. 度盘游标；7. 镜筒；8. 镜筒盖；9. 镜盖手柄；10. 镜盖连接圈；11. 灯罩；12. 灯座



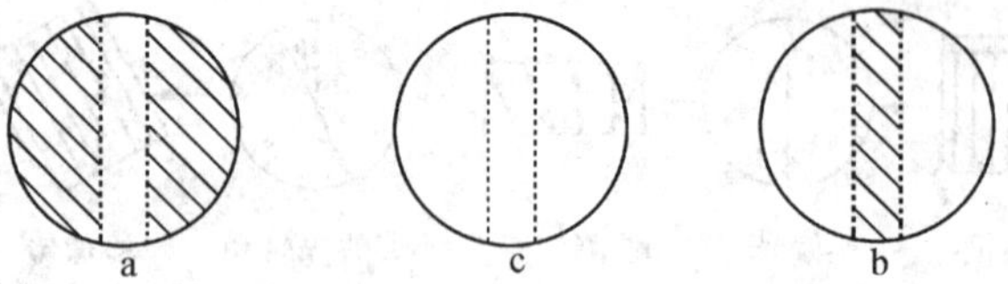


图 2－22　旋光仪的视野

仪器采用双游标读数，以消除度盘偏心差，度盘分 360 格每格 1°；游标分 20 格，每格 0.05°。游标窗前方装有放大镜，供读数时使用。如图 2－23。

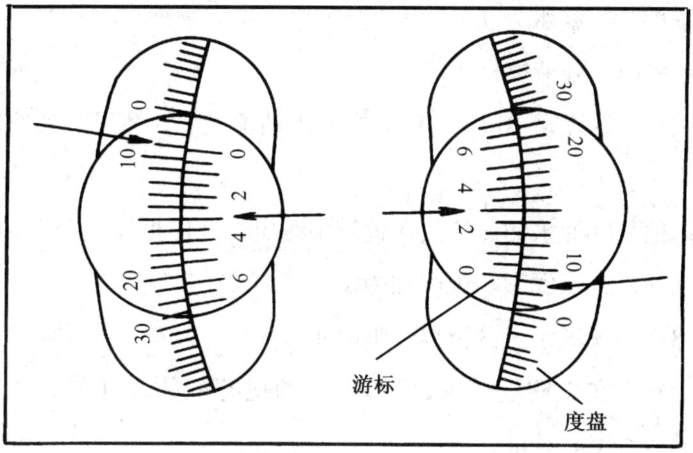


Q=9.30°

图 2-23　旋光度的读取方法

读数方法：以游标为“0”刻度线所对应的度盘刻度读出整度数，如图 2-23 的左游标、右游标都读出 9°；以游标上与度盘对齐的刻度线读数为度以下读数，如图 2-23 左、右游标度以下读数为 0. 30°。取左、右读数的平均值，结果为 9. 30°。

读一读：图 2-24 中 a、b 所示的旋光度。

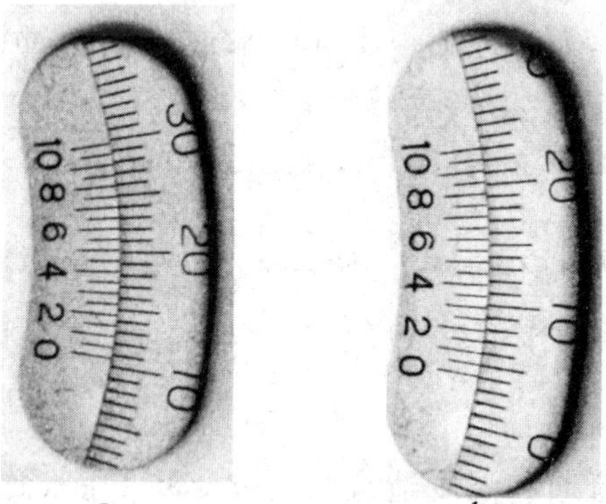

a.　　　　b.

图 2-24　旋光仪读数



## 三、旋光仪的使用与保养

1. 操作步骤

（1）准备工作

①先把待测溶液配好，并加以稳定和沉淀。

②把待测溶液和蒸馏水分别装入同规格的试管待测。但应注意试管两端螺旋不能旋得

太紧（一般以随手旋紧不漏水为止），以免护玻片产生应力而引起视场亮度发生变化，影响测定准确度，并将两端残液擦拭干净。

③接通电源预热，约点燃10min，待完全发出钠黄光后，才可观察使用。

（2）校正

①打开镜盖，把装蒸馏水的试管放入镜筒中测定，并应把镜盖盖上和试管有圆泡一端朝上，以便把气泡存入，不致影响观察和测定。

②调节视度螺旋至视场中三分视界清晰时止。

③转动度盘手轮，在0°附近寻找如图2－22的视场a、b，再在a、b之间寻找至视场照度相一致的（暗现场）c时止。

④从放大镜中读出度盘所旋转的角度为水的旋光度$\Phi_0$。（因蒸馏水的旋光度为零，从旋光仪测出水的旋光度为仪器误差）

（3）测定

①打开镜盖，把待测液试管气泡存入圆泡一端朝上，放入镜筒中测定；

②转动度盘手轮，在0°附近寻找如图2－22的视场a、b，再在a、b之间寻找至视场照度相一致的（暗现场）c时止；

③从放大镜中读出度盘所旋转的角度，为待测液的旋光度测定值$\Phi_{测}$。

（4）归位　将试管内液体倒出，及时用水或蒸馏水冲洗干净，揩干藏好；关闭电源。

（5）数据处理

①待测液的旋光度为$\Phi = \Phi_{测} - \Phi_0$。

②利用公式，求出物质的比重、浓度、纯度与含量。

2. 仪器保养

（1）仪器应放在空气流通和温度适宜的地方，并不宜低放，以免光学零部件、偏振片受潮发霉及性能衰退。



（2）钠光灯管使用时间不宜超过4h，长时使用应用电风扇吹风或关熄10～15min，待冷却后再使用。灯管如遇有只发红光不能发荧光时，往往是因输入电压过低（不到200V）所致，这时应设法升高电压到220V左右。

（3）试管使用后，应及时用水或蒸馏水冲洗干净，擦干收好。

（4）镜片不能用不洁或硬质布、纸去擦，以免镜片表面产生擦痕等。

（5）仪器不用时，应将仪器放入箱内或用塑料罩罩上，以防灰尘侵入。

(6) 仪器、钠光灯管、试管等装箱时，应按规定位置放置，以免压碎。

(7) 不懂装校方法，切勿随便拆动，以免由于不懂校正方法而无法装校好。遇有故障或损坏，应及时送制造厂或修理厂整修，以保持仪器的使用寿命和测定准确度。

## 技能实训七　旋光仪的使用

### 一、实训目的

1. 了解旋光仪的结构。
2. 会使用旋光仪测定液体的旋光度。
3. 了解在药品检验中，用旋光仪检验药品的原理及过程。

### 二、实训内容

1. 了解旋光仪的结构，指出主要操作部件的名称和作用。
2. 测定5%葡萄糖液的旋光度。

### 三、实训步骤

通电装液——用水校正——测待测液——归位——数据处理。

## 第四节　分光光度计

分光光度计是依据分光光度法原理设计的仪器，分光光度法是根据物质对光具有选择吸收的特性而建立起来的分析方法，包括比色法、可见－紫外分光光度法、红外分光光度法、原子吸收分光光度法等，本节重点讨论可见－紫外分光光度法的原理及可见－紫外分光光度计的使用。

### 一、光学基础知识

1. 光的颜色

电磁波的范围非常广，波长从$10^4$m 到$10^{-10}$m（如图 2－25)，波长为 400～760nm

(1nm = $10^{-9}$m) 的电磁波能引起我们的视觉，这一段电磁波称为光波，其中红光波长最长，紫光波长最短（如表2－6）。比红光波长稍长的电磁波称红外线，比紫光波长稍短的电磁波称紫外线。红外线、紫外线都不能引起人的视觉。

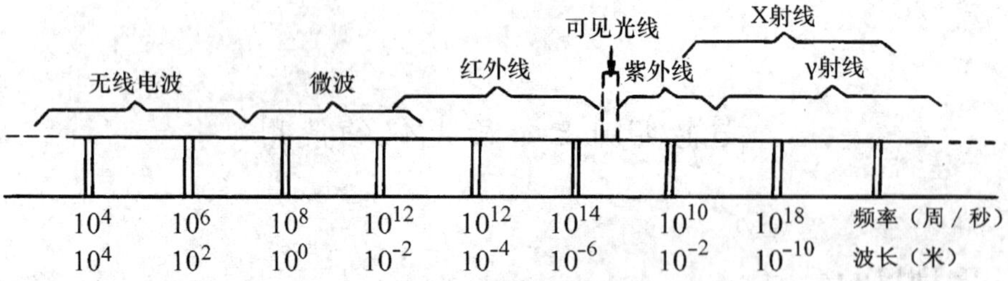


图2－25　各种色光的波长

**表2－6　各种色光的波长**

| 光的颜色 | 红 | 橙 | 黄 | 绿 | 蓝 | 紫 |
|---|---|---|---|---|---|---|
| 波长（nm） | 760～620 | 620～600 | 600～580 | 580～490 | 490～450 | 450～400 |

由表2－6可知光的颜色与光的波长有关，如光的波长为700nm时，视觉便反应该种光为红光。

2. 光的显色原理

若把两种颜色光按一定强度比例混合，可以得到白光，人们称这两种颜色为互补色。如绿色光和紫色光可混合成白色，则称绿光和紫光为互补色。

图2－26是光互补色示意图，处于直线关系的两种色为互补色。我们日常所见的白光（如日光灯、白炽灯等），实际上是波长400～760nm连续光谱的混合光，它是由红、橙、黄、绿、青、蓝、紫等色按一定强度比例混合而成。



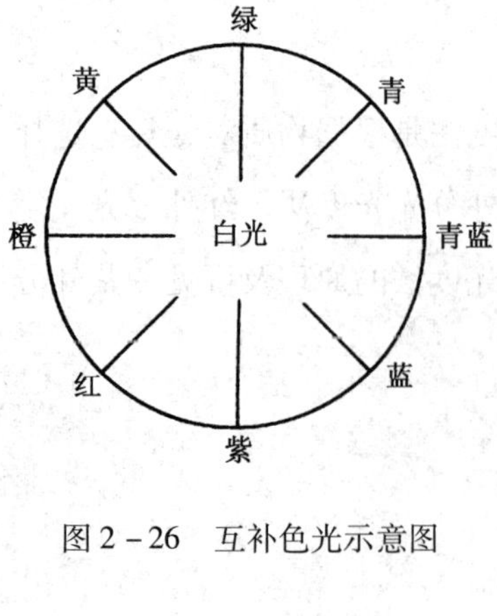


图2－26　互补色光示意图

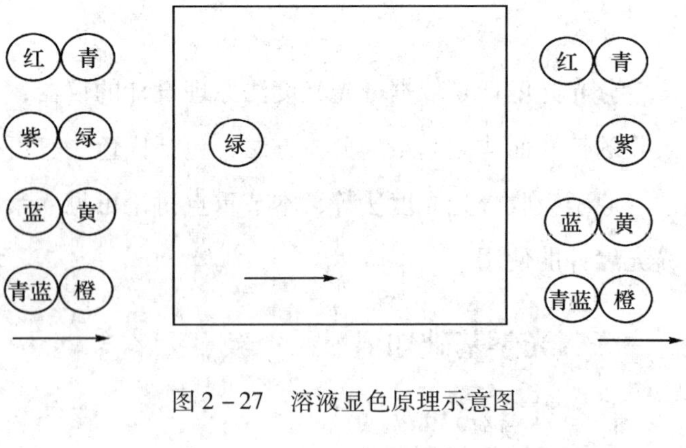


图2－27　溶液显色原理示意图

3. 溶液颜色与光吸收的关系

在图 2－27 中，白色的入射光经过溶液后，溶液吸收了绿光后，出射光会显示什么颜色？

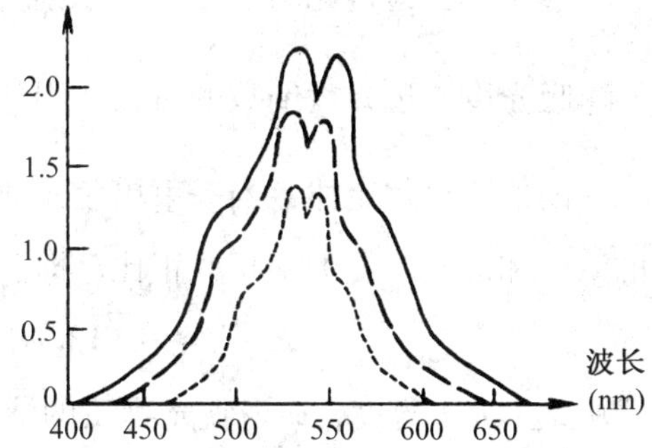


图 2－28　高锰酸钾吸收曲线

溶液呈现不同的颜色，是由于该溶液对光具有选择吸收的缘故，如果溶液吸收了全部可见光，则该溶液呈黑色；如果溶液只吸收紫外线，对可见光吸收很少，即入射的可见光全部透过，则该溶液呈无色透明状；如果溶液有颜色，则该溶液吸收了所显颜色的互补色光。例如，当白光通过高锰酸钾溶液时，溶液有选择性地吸收了其中的绿光，其他光透过溶液，从互补色示意图可以看出，透过光中除紫色外，其他颜色的光两两互补，透过光中只剩下紫色光未互补，所以高锰酸钾溶液呈紫色。

4. 光的吸收曲线

光的显色原理，说明有色透光物质对光有选择性吸收的特点，为了更准确说明物质具有选择性吸收不同波长范围光的性能，通常用吸光曲线来描述。其方法是将不同波长的光依次通过一定浓度的有色溶液，分别测出它们对各种波长光的吸收程度，用吸光度 A 为纵坐标，以波长为横坐标，画出曲线，所得曲线称为光的吸收光谱。图 2－28 是高锰酸钾可见吸收光谱。吸收光谱中吸收峰最高处对应的波长称最大吸收波长 $\lambda_{max}$，最大吸收波长 $\lambda_{max}$对应的颜色就是物质吸收光的颜色，高锰酸钾溶液 $\lambda_{max} = 525$nm，为绿光波长。因此，高锰酸钾溶液吸收绿光，透过紫光，呈紫红色。



不同的物质，具有不同的吸收光谱，这是因为分子和原子一样，存在各自的特征能级。分子具有电子能级、振动能级和转动能级，当分子的能级差与某一频率的光子能量相当时，分子就吸收这部分光子的能量，从原来的基态能级跃迁到激发态能级而产生吸收峰。由吸收峰组成的吸收光谱反映了物质分子结构的特征，成为对物质进行定性分析与结构分析的依据。常用于物质的定性分析、纯度鉴定、结构分析。

5. 朗伯 - 比尔定律

图 2 - 28 中虚线是对不同浓度的高锰酸钾溶液测定的吸收光谱。从图 2 - 28 中可以看到，对于同一物质，不同浓度时，具有相同的吸收峰位置，吸收峰的强度与物质浓度成正比。溶液的吸光度与溶液浓度的关系，由朗伯 - 比尔总结的光吸收定律描述。

设入射光的强度为 $I_0$，透光的强度为 $I_t$。

透光率：透过光的强度 $I_t$ 与入射光强度之比，用 $T$ 表示，即 $T=I_t/I$。

吸光度：透光度倒数的对数，用 $A$ 表示，即 $A=\lg\frac{1}{T}=\lg\frac{I_0}{I_t}$

朗伯 - 比尔定律：当一束单色光通过均匀溶液时，其溶液的吸光度与溶液中吸光物质的浓度和液层厚度的乘积成正比。即

$$A=KLC \tag{2-3}$$

式中，$A$ 为吸光度，$C$ 为吸光物质的溶液浓度，$L$ 为透光液层厚度，$K$ 为比例系数，它与吸光物质、入射光波长、温度等因素有关。$K$ 可查有关手册得出。

利用同一物质，其吸收曲线的特征形状相似，但其吸收峰与溶液浓度成正比的特点，在已知溶液溶质的前提下，选用该物质的最大吸收波长 $\lambda_{max}$，测定吸光度 $A$，根据朗伯 - 比尔定律 $A=KLC$，计算出溶液浓度 $C$，测定物质的含量。

**$K$ 有三种不同单位表示**

知识链接

（1）式中，$L$ 单位为（cm），$C$ 单位为 g/L 时，$K$ 以 L/g · cm 为单位，$K$ 称为吸光系数，用 $a$ 表示。

（2）式中，$L$ 单位为 cm，$C$ 单位为 mol/L 时，$K$ 以 L/mol · cm 为单位，$K$ 称摩尔吸光系数，用 $\varepsilon$ 表示。

（3）式中，$L$ 单位为 cm，$C$ 单位为百分率时，$K$ 称比吸光系数，用 $E_{1cm}^{1\%}$ 表示。各种药品的 $E_{1cm}^{1\%}$ 可查《中国药典》获得。



## 二、分光光度计的原理和结构

1. 分光光度计的工作原理

分光光度计是根据溶液有选择吸收单色光的特性和朗伯 - 比尔定律原理而设计的。分光光度计用分光能力强的棱镜或光栅分光，棱镜或光栅将入射光色散成光谱带，从而获得纯度高、波长范围较窄的各波段的单色光。若棱镜分光的光谱只是可见光时，这种分光光度计称为可见光分光光度计；若棱镜分光的光谱包含可见光和紫外线，这种分光光度计称

可见－紫外分光光度计。

经棱镜分光后，选择某一单色光照射溶液，没被吸收的光从溶液中透射出来，投射到光电管上产生光电流，其光电流大小与透射光的强度成正比，即光电流与溶液浓度成反比，从而求出被测溶液的浓度，图2－29显示了分光光度计的工作原理。

卤钨灯（光源）→ 单色器（光的色散，选择入射单色光）→ 盛有样品有吸收池（吸收部分入射光）→ 检测器（用光电管检测透过光的强度）→ 信号显示系统（把光信号转化为电信号，在仪表上显示吸光度）

图2－29　分光光度计原理

2. 分光光度计的基本结构

分光光度计通常由光源、单色器、比色皿、检测器及测量结果显示与记录器组成。

（1）光源　可在仪器操作的光谱区内，发射足够强度和稳定的连续光谱。在可见光区常采用钨丝灯或卤钨灯为光源。在紫外光区常采用氘灯或氢灯为光源。

（2）单色器　单色器又称分光器，其作用是把光源中的连续光谱分成单色光。单色器通常由入口狭缝、准直元件、色散元件、聚焦元件和出口狭缝组成。入射狭缝限制杂散光进入单色器内，准直元件（镜）将入射光变成平行光。色散元件将复合光色散分光为单色光，聚焦元件是将色散后的单色光聚焦于出口狭缝上。通过转动色散元件，可以把单色器色散的光谱中各种波长的光，顺序地从出口狭缝射出。色散元件的转动与波长刻度盘相连接，从刻度盘即可读出出射光的波长。

**知识链接**

光的色散：让一束白光射向玻璃棱镜，白光通过棱镜后被分解成各种颜色的光，在光屏上形成一条彩色光带，这一现象叫色散，在光学仪器中，常利用三棱镜、光栅的色散来分光，从而获取单一波长的光作为入射光源。

（3）比色皿　比色皿（槽池）又称吸收池、液槽。比色皿种类很多，从形状上看有长形的、方形的、圆形的。厚度上有0.5、1、2、5cm等多种。有用于少量试样的微型池或超微量的毛细管池，另外还有高低温或恒温比色皿。

在波长350nm以下测定吸光度，应该用石英或熔凝砖石材料制成的比色皿。在350nm以上则应用玻璃制成的比色皿。测定吸光度的准确度与比色皿的匹配有很大关系，匹配是指参比比色皿与试样比色皿两者的匹配。匹配方法是在两个干净的比色皿内注入测定用的溶剂，选择测定时所用的波长，以其中一个比色皿为参比，测定另一比色皿的吸光度，若吸光度为零，则为匹配的比色皿。匹配好的比色皿使用时要注意以下几点：①要保持它们的匹配，测量时需用匹配的两个比色皿。②要注意保持比色皿的清洁，不能沾有指纹、油腻或其他沉积物。③比色皿不能置于烘箱内烘干。④比色皿一般先用自来水洗，再用蒸馏水洗。如比色皿被有机物沾污，可用（1+2）盐酸-乙醇混合液浸泡后，再用水冲洗。不能用碱溶液或氧化性强的洗涤液洗，更不能用毛刷刷洗，以免擦伤比色皿透光面。⑤拿取比色皿时，不能接触透光面，否则指纹、油污会弄脏窗口，改变透光性能。比色皿外壁的水和溶液，可先用吸水纸擦干，再用镜头纸或绸布擦拭，不能在电炉上或火焰上加热干燥比色皿，含有能腐蚀玻璃物质的溶液，不能长久放在比色皿中。

（4）检测器　在分光光度计中，常用光电池、光电管、光电倍增管做检测器。检测器的功能是接收光信号，并将光信号转变为电信号，电信号经放大电路和控制电路，成为反映测量结果的信号。

光电效应：在光（包括不可见光）的照射下，金属表面的电子被激发出来的现象叫光电效应，被激发出来的电子叫光电子，发射的光电子数与入射光强成正比。光电效应把光能转化成电能，成为一种环保能源，亦能将光信号变成电信号，用作光电检测元件。光电管就是应用光电效应原理制成检测元件之一。

（5）测量结果显示器与记录器　测量结果通常可用表头显示、数字显示、荧光屏显示，以及函数记录仪记录，打印机打印等方式记录、显示测量结果。

## 三、分光光度计的使用

1. 721 型分光光度计

721 型分光光度计的分光范围在可见光区，常用于有色溶液的测定。该仪器的使用分为测定前准备、吸光度校正、测试吸光度、清洁几个环节。



（1）测定前准备　检查仪器各部件、接线及电源电压、从吸收池室取出干燥剂，并检查吸收池室内是否有遮光物，接通电源，预热 20min。

（2）吸光度校正　调节入射光为所需波长，将装有空白溶液（溶剂）的吸收池放入暗盒 1 号“参考”槽内，置于光路中；打开暗箱盖，调节“0”旋纽，使仪表指针指示透光率 $T$ 为 0；关闭暗箱盖，调节“100%”旋纽，使透光率 $T$ 为 100%。反复校正二、三次，仪器稳定后开始测试溶液的吸光度。

（3）测试溶液吸光度　选用与装空白液相匹配的吸收池，洗净后注入待测溶液，置于暗盒的2、3、4号槽内，拉动试样槽拉杆，分别将2、3、4槽内样品置于光路中测试，测出每份样品的吸光度A，求出平均值，即是待测溶液的吸光度。

（4）清洁　仪器使用完毕，关闭电源，取出吸收池，用水洗净晾干备用，推动试样槽拉杆，将1号“参考”槽置于光路中，吸收池室放入干燥剂，罩好保护罩。

2. UV－754型分光光度计

UV－754型分光光度计分光范围在可见光区和紫外光区，称可见—紫外分光光度计，可用于测定有色溶液或无色溶液的吸光度。

UV－754型分光光度计采用DD2.5A氘灯、12V30W钨卤素灯为光源，适用波长范围为200～850nm，波长移动时自动切换光源。单色光器为单光束衍光栅，以G1031光电管为接收元件。具有微处理控制的打印输出功能和自动调零功能。

## 四、仪器使用方法

（1）测定前准备

①检查仪器各部件、接线及电源电压，将所有的开关置在“关”位，从吸收池室取出干燥剂，并检查吸收池室内是否有遮光物。

②将装有空白溶液的石英吸收池放入“参考”槽内，置于光路中，盖好盖子。

③打开稳压器，调电压于220V处，打开电源开关，按氘灯触发按纽（如果波长工作在200～360nm时需按氘灯触发按纽）。此时，显示器显示“754”后，数显为“100.0”，表明仪器已通过自检程序。然后仪器自动进入“0～100%”“连续”“自动”状态。

④仪器预热30min后可开始测试。

（2）测试

①转动波长手轮至所需波长处。

②按A/C键设置在0～1A状态。

③将装有供试品溶液的石英吸收池放入“样品”槽内，移动试样槽拉杆，将“样品”槽置于光路中，进行测试。仪器显示的数据为供试品溶液的吸收度值。



④打印测定值。

⑤重复上述3、4操作，取3次测定的平均值为结果。

⑥仪器使用完毕，关闭电源和氘灯触发按纽，取出吸收池（用水冲洗干净，晾干备用），推动试样槽拉杆，将“参考”槽置于光路中，吸收池室中放入干燥剂，罩好保护罩，填写好仪器使用记录。

（3）注意事项

①仪器应安装在整洁、干燥的房间内，放置在平稳的工作台上，使用温度为5～35℃，且避免强烈震动或持续震动，避免直射日光照射，避免在有腐蚀性气体的场所使用。

②为保证仪器稳定工作，应使用稳压器稳定电压，且仪器必须装有接地线。

③打印机必须使用热敏纸。

④对仪器使用的干燥剂应经常检查，发现硅胶变色应及时更换。

# 技能实训八　721型分光光度计的使用

## 一、实训目的

1. 了解分光光度计的基本结构及工作原理。
2. 能正确使用分光光度计测定溶液吸光度。

## 二、实训内容

1. 了解721型分光光度计的结构，熟悉各调节旋组的功能。
2. 测定高锰酸钾溶液的吸光曲线。

## 三、实训步骤

### （一）了解分光光度计的基本结构及工作原理

1. 对照仪器，了解仪器的基本结构及工作原理。
2. 熟悉各调节旋组的功能，并体验各旋组的作用。

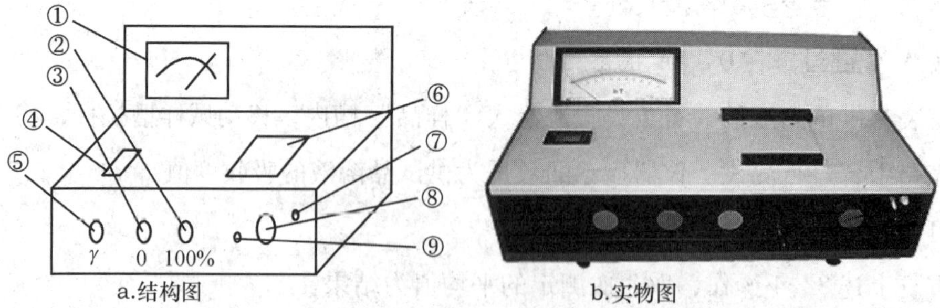


图2－30　721型分光光度计

1. A/T指数盘；2. 100%旋组；3. 0旋组；4. 波长指示器；5. 波长选择器；

6. 暗箱盖；7. 电源开关；8. 灵敏度旋组；9. 供试槽拉杆

### （二）测定高锰酸钾溶液的吸光曲线

1. 准备

（1）检查仪器各部件、接线及电源，从吸收池取出干燥剂，并检查吸收池内是否有遮光物，接通电源，通热 20min。

（2）选择一组匹配的吸收池 4 个，用蒸馏水荡洗二、三次，在其中一个池内注入蒸馏水至 3/4 池高，另三个池注入待测液至池高 3/4 处，用吸水纸吸干池外壁液体，再用镜头纸从上至下擦拭吸收池透光面。手持吸收池磨砂面，将蒸馏水放入暗盒 1 号格，待测液放入二、三、四号格，吸收池透光面对暗盒格的光路窗口。如图 2－31。

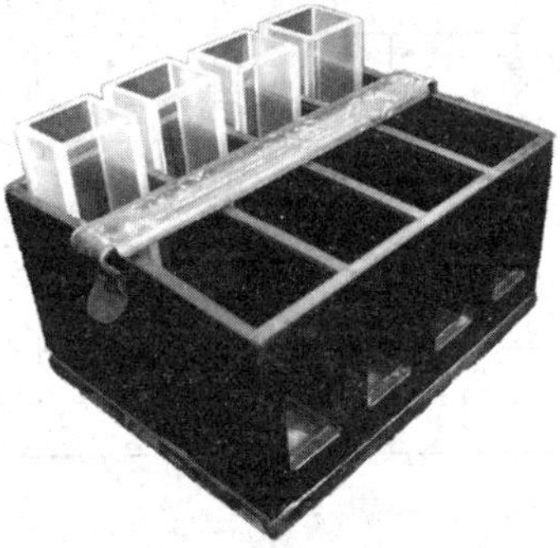

图 2－31　比色皿

图 2－32　波长选择器

2. 吸光度校正

（1）调节入射光至所需波长（如图 2－32）。

（2）调节试样槽拉杆，使 1 号池置于光路中。

$A_{c_1}$ = ________________　$A_{c_2}$ = ________________　$A_{c_3}$ = ________________

（3）打开暗箱盖，调节“0”旋纽，使仪表指针指示透光率 $T$ 为 0（如图 2－33）。

图 2－33　指数盘调 0

（4）关闭暗箱盖，调节“100%”旋纽，使仪表指针指示透光率 $T$ 为100%。连续校正二、三次，仪器处于稳定后开始测试。

3. 测试

拉动试样槽拉杆，分别置2、3、4号槽内的样品于光路中，测出每份样品的吸光度 $A$，填入表2-5。

**表2-5　实验数据表**

| 入射光波长（nm） | 420 | 450 | 480 | 500 | 525 | 550 | 570 | 600 | 630 |
|---|---|---|---|---|---|---|---|---|---|
| 吸光度 $A_1$ | | | | | | | | | |
| $A_2$ | | | | | | | | | |
| $A_3$ | | | | | | | | | |
| $\bar{A}$ | | | | | | | | | |

4. 操作

清洁2、3、4号吸收池，在2、3、4号池内分别注入三种浓度不同的高锰酸钾溶液，按溶液浓度从小到大的次序，将吸收池依次放入暗盒二、三、四号格内。设定入射波长为525nm，调节试样槽拉杆，使1号池置于光路中，校正仪器透光率；拉动试样槽拉杆，分别置2、3、4号槽内的样品于光路中，测出每份样品的吸光度，记录数据于表2-6。

5. 清洁

测量完毕，关闭电源，取出吸收池，用水洗净晾干备用，推动试样槽拉杆，将1号槽置于光路中，吸收池室放入干燥剂，罩好保护罩。

### （三）数据处理及讨论

1. 数据处理



以入射光波长为横坐标，吸光度 $A$ 为纵坐标，将每组（$\lambda$、$\bar{A}$）值描点，作出测试液高锰酸钾的吸光曲线。

2. 讨论

（1）吸收曲线的形状有什么特点？

（2）溶液是否对入射光有选择性吸收，吸收最大波长 $\lambda_{max}$ 是多少？

（3）对于同一波长的光，溶液的吸光度与溶液浓度有什么关系？

（4）解释高锰酸钾溶液为什么呈紫红色，为什么高锰酸钾溶液的浓度越大，溶液的颜色越深？

小资料

## 分光光度计的发展趋势

紫外－可见光分光光度法是一种灵敏、快速、准确、简单的分析方法，它在分析领域中的应用已有三十多年的历史。虽然在这段期间内各种分析方法有较大的发展，然而紫外－可见光分光光度法仍然是目前分析领域中应用最广泛的分析方法之一。随看科学技术和分光光度法的发展，分光光度计也处在迅速发展与改善之中。分光光度计的发展趋势可分为以下两个方面。

1. 分光光度计的组件的改善与发展

（1）全息光栅正在迅速取代机刻光栅。

（2）电视式显示和电子计算机绘图初露锋芒。

（3）电视型检测器已开始采用。

2. 分光光度计的结构的发展

（1）电子计算机控制的分光光度计日见增多。

（2）双波长分光光度计迅速发展。

（3）快速扫描分光光度计陆续问世。

# 第五节 荧光分光光度计

## 一、荧光分析基本原理

1. 荧光的产生

某些物质被入射光（通常是紫外光）照射后，吸收了入射光的能量，从而发射出比入射光波长长的光，这种光线称之为荧光。能够发射荧光的物质称做荧光物质。



荧光的产生是由于物质的基态分子在光线照射下，吸收能量跃迁至较高能级的激发分子，在很短暂的时间内（约 $10^{-8}$s），它们首先因分子碰撞以热的形式损失一部分能量，从所处的激发能级跃迁至第一激发态的最低振动能级（在这一过程中不发光）；然后再由最低振动能级跃迁至基态的振动能级，在这一过程中，激发分子以光的形式放出它所吸收的能量，这时所发出的光称为分子荧光。按荧光产生时荧光物质能级的跃迁情况分：分子荧光、原子荧光和 X－荧光等。

荧光物质发射荧光，必须具备两个必要的条件：一是物质分子必须具备与入射光（激发光）相同的频率吸收；二是物质吸收了特征频率之后的分子，必须具有高的荧光效率。许多能吸光的物质并不一定能发射荧光，就是由于物质的吸光分子的荧光效率不高，而将所吸收的能量，消耗于与溶剂分子或其他溶质分子之间的相互碰撞的缘故。

2. 荧光强度与荧光物质浓度间的关系

某一物质所放出的荧光波长与强度和它的化学结构有关，所发出荧光的波长和强度，可作为物质定性的依据。荧光强度，在一定条件下，与该物质浓度成正比。测量在入射光照射下物质所产生的荧光的强度，以测定该物质浓度的方法称为荧光分析法。

荧光强度和物质浓度之间的关系可用式（2－4）表示。

$$F = \varphi \times 2.303 I_0 \varepsilon C L \tag{2-4}$$

式中，$F$ 为荧光强度；$\varphi$ 为荧光效率；$I_0$ 为入射光强度，$s^{-1} \cdot cm^{-2}$；$\varepsilon$ 为荧光物质的摩尔吸光系数；$C$ 为荧光物质的浓度；$L$ 为液槽厚度。

由式（2－4）可知，对于某一荧光物质的稀溶液，在一定频率和一定强度入射光的照射下，液槽厚度 $L$ 不变，被吸收的分数不太大，且溶液的浓度很小时，则它所发射的荧光强度和该溶液的浓度成正比，这就是荧光定量分析的理论依据。

3. 荧光定量分析

荧光定量分析最简单的方法是标准系列法。即将荧光标准物质配成不同含量的标准系列，让试样溶液与标准系列置于同一紫外光下，比较其荧光强度，求出其近似含量。

荧光分析法最常采用的方法是标准曲线法（即工作曲线法）。先将一系列浓度的荧光标准物质的标准溶液，置于荧光计中测量其荧光强度，以荧光强度读数对标准溶液的浓度做标准曲线。然后由测得试样的荧光强度和标准曲线，求出试样的浓度。



## 二、荧光分光光度计的结构

荧光分光光度计的结构如图 2－33 所示。

（1）光源　因为荧光体的荧光强度与激发光的强度成正比，因此要求激发光源应在紫外可见光区内有强度高、稳定性好的连续光源。通常采用氙灯作光源。

（2）单色器　荧光分光计中大多采用光栅单色器。荧光分光计通常具有两个单色器：激发光单色器和发射光单色器。激发光单色器所分出的单色光用于激发荧光体产生荧光，用以选择激发光的波长；发射光单色器用以选择投射到检测器上的荧光波长，滤去各种杂散光。因此双单色器系统可测出荧光物质的激发光谱和荧光光谱。

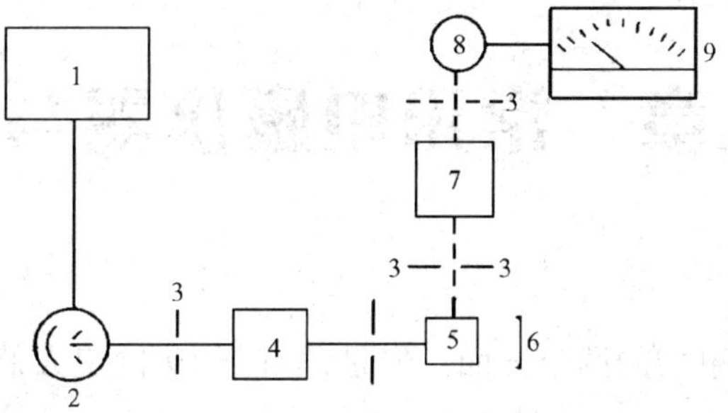


图 2－33　荧光分光光度计示意图

1. 电源；2. 光源；3. 狭缝；4. 激发单色器；5. 样品池；

6. 光阱；7. 发射单色器；8. 检测器；9. 光度表

（3）样品池（液槽）　荧光分光光度计是一种高灵敏度的仪器，其荧光样品池应选用不发荧光和透紫外光的石英材料制成。样品池内外壁要求洁净，若有一点点污垢，可能给测量带来不利的影响。另外，切忌把装有试样的样品池长时间地放置。

（4）检测器　荧光的强度通常很弱，因此要用高灵敏度的光电倍增管进行检测，选择光电倍增管应注意波长响应、灵敏度和噪声水平三个重要指标。

（5）记录器　荧光仪器的记录装置有数字电压表、记录仪和阴极示波器或图像显示器等几种。

## 三、荧光分光光度计的使用

荧光分光光度计的操作步骤较为复杂，操作程序可综合归纳为如图 2－34 中的流程。

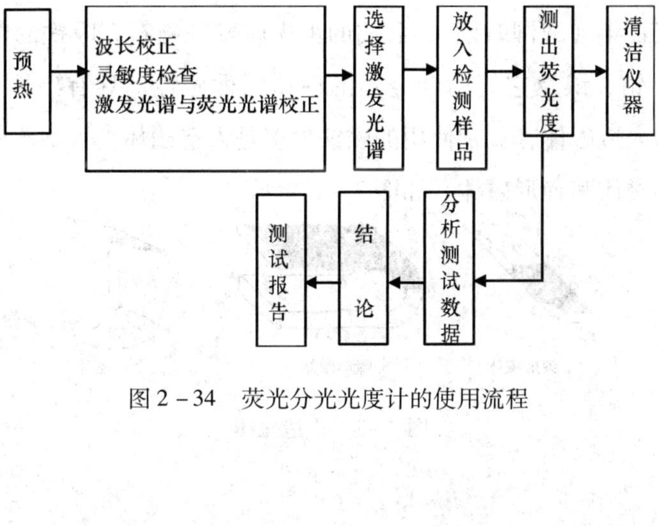


图 2－34　荧光分光光度计的使用流程

# 第三章　常用电磁仪器与设备

电与磁本来是一个事物的两个方面。但是，直到19世纪人们发现了电流的磁效应之后，才开始认识磁现象与电现象的联系。随着对磁现象的深入研究，加深了人类对电磁的认识，推动了电磁技术的应用。现在，在工农业以及日常生活中所使用的很多电气设备，如电磁铁、电工仪表、继电器、变压器、电机等，其工作原理都和电磁有关。通过本章学习，你将获得以下知识与技能：

1. 了解电磁的基本知识。
2. 理解常用电磁仪器与设备的工作原理。
3. 了解常用电磁仪器与设备的基本构造。
4. 会正确安全使用常用电磁仪器与设备。
5. 掌握安全用电的技能。

## 第一节　电磁基本知识

### 一、磁场

1. *磁体与磁极*

早在公元前三百年（战国时期），我们的祖先就发现磁石有吸铁的能力。物体这种吸引铁类物体（铁、钴、镍及它们的合金）的性质叫做磁性。具有磁性的物体叫做磁体。磁体分天然磁体和人造磁体，日常使用的磁铁大多是人造磁体。人造磁体按其形状又可分为条形磁体、针形磁体和蹄形磁体，如图3-1所示。



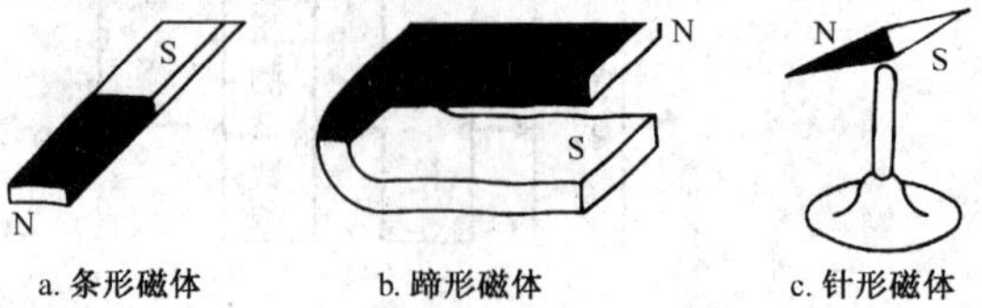


a. 条形磁体　　b. 蹄形磁体　　c. 针形磁体

图3-1　人造磁体

用一根条形磁铁去吸引铁屑时，我们发现磁铁两端吸引的铁屑最多，可见两端的磁性最强，我们把磁性最强的两端叫做磁极。如果将条形磁铁悬挂起来，还发现它的一端指南，一端指北。人们把指北的一端叫北极（用N表示），指南的一端叫南极（用S表示）。任何磁体都有不可分割的南北两极。将条形磁铁的N极，去靠近小磁针的N极时，它们将互相排斥；而去靠近小磁针的S极时，它们将互相吸引，可见同性磁极相斥，异性磁极相吸。

小资料

把一个原来没有磁性的铁制或钢制物体，接触磁体后，发现它也能吸引铁屑，就是说它也有磁性。这种使原来没有磁性的物体得到磁性的现象称为磁化。物体被磁化后，其磁性将有不同程度的保留，这种磁化后保留下来的磁性叫剩磁。不同的材料，剩磁大小不同。剩磁大的材料叫硬磁材料，如钨钢，铝镍钴合金等，适用于制造永久磁体。剩磁小的材料叫软磁材料，如硅钢片、铸钢和铸铁等，适用于制造电机、变压器和电磁铁的铁心。

2. *磁场和磁力线*

磁铁之间相互吸引或排斥的力称为“磁力”。进一步研究发现，磁体之间相互吸引或排斥是通过磁体产生的磁场进行的，磁场对磁体不但有力的作用，同时磁场也具有能量（磁场能）。

将小磁针放在磁场中某一位置时，它总是受磁力的作用，转动到一定的方向上而静止，这说明磁场在每一点都有确定的方向。人们规定：小磁针停止转动后，它的N极所指的方向就是该点的磁场方向。

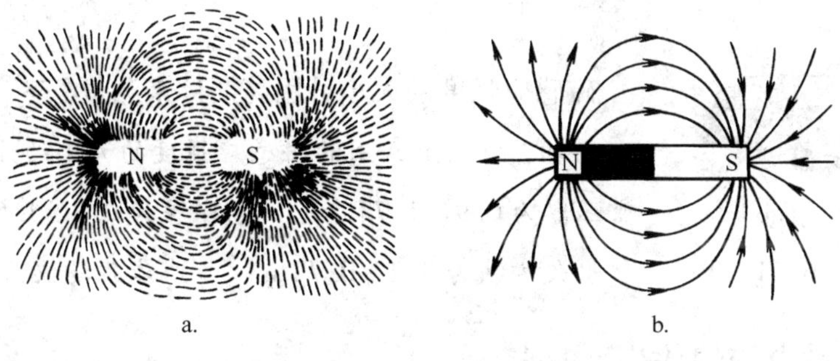


图3－2　条形磁铁的磁力线



为了形象地用图线描绘磁场，我们引入磁力线的概念。先做一个实验，在条形磁铁的上面平行地放置一块玻璃板，在玻璃板上撒一层铁屑，当我们轻轻地敲动玻璃板时，铁屑在磁场的作用下，排列成一根根从磁铁一极到另一极的有规则的线条，如图 3－2a 所示。为了描绘清晰，将图 3－2a 画成图 3－2b，则图中一条条曲线就叫做磁力线，图 3－2b 就是条形磁铁的磁力线图。它形象地表示了条形磁铁磁场的分布。

磁力线具有如下性质：

（1）磁力线是互不交叉的封闭曲线，在磁体外部由 N 极出发回到 S 极，而在磁体内部则由 S 极指向 N 极。

（2）磁力线任一点的切线方向，就是该点磁场方向，即小磁针 N 极的指向。

（3）磁力线的疏密程度表示磁场的强弱，磁力线密则磁场强，磁力线疏则磁场弱。若在磁场中某一区域，磁力线疏密一致，且方向相同，则称该区域为匀强磁场。蹄形磁铁两极中空间的磁场，可近似的看为是匀强磁场，仪器、设备中使用的磁场多为匀强磁场。

3. 磁场的基本物理量

（1）磁通　正如垂直穿过窗户光线的多少，反映了窗户透光的强弱一样，垂直穿过磁场中某一截面的磁力线条数，反映了磁场中这一截面上磁场的强弱。我们把垂直穿过磁场中某一截面的磁力线条数叫做磁通，用字母 $\Phi$ 表示，单位为韦伯（Wb）。

（2）磁感应强度　磁通反映了磁场中某一区域磁场的强弱，为了反映磁场中某一点的磁场强弱，我们引入磁感应强度的概念。单位面积上垂直穿过的磁通，即磁通密度叫做磁感应强度，用字母 $B$ 表示，单位为特斯拉，简称“特”（T），当磁力线与截面垂直时，磁感应强度和磁通的关系为

$$B=\frac{\phi}{S} \tag{3-1}$$

由式（3－1）可得：$1T=1Wb/m^2$

小资料

磁感应强度的大小可用高斯计来测量。

电机、电器上常用的磁感应强度的大小约为：

电机为 0.5～1.8T；　变压器为 0.9～1.7T；　电磁铁为 0.2～1.5T；

继电器为 0.6～1.5T；　永久磁铁为 0.2～0.7T；　地球磁场仅为 $0.5\times10^{-4}$T

## 二、磁场对电流的作用

1. 磁场对通电直导体的作用

（1）磁场对通电直导体有力的作用　如图 3－3a 所示，在一个马蹄形磁铁的两个磁极中间，水平悬挂一根直导线，导线两端分别联接于电源的两个电极上。当导线中没有电流通过

时，直导线在磁场中不动，当导线中通入电流后，导线就向一边运动。若改变电流的方向，导线运动方向亦改变。这说明磁场对通电直导线有力的作用，这种作用力叫电磁力。

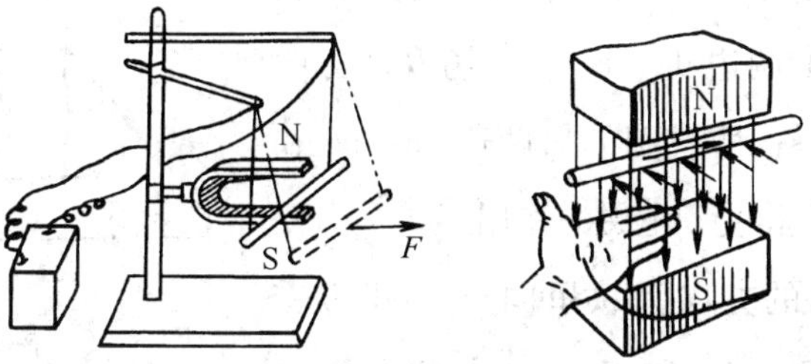


a. 磁场对通电导体的作用　　b. 左手定则

图 3－3　磁场对电流的作用

（2）电磁力的大小　电磁力的大小与磁感应强度、导体中的电流强度、磁场中导线长度有关。当导线和磁场垂直时。电磁力大小为

$$F = BIL \tag{3-2}$$

式中，$B$，匀强磁场的磁感应强度，$Wb/m^2$；$I$，导体中的电流强度，A；$L$，导体垂直磁力线的长度 m；$F$，导体受到的电磁力，N。

当通电导体和磁场平行时，导体受到的电磁力为零。

（3）电磁力的方向　电磁力的方向垂直于磁场方向和电流方向。可用左手定则判断，如图 3－3b 所示。平摊左手，使大拇指和其余四指垂直，让磁力线垂直进入手心，若四指指向电流方向，那么大拇指所指的方向就是电磁力的方向。左手定则又叫做电动定则，常用来判断电动机的运动方向。

1. 通电直导线在磁场中受到电磁力的作用，若想改变电磁力的大小，有几种方法？

2. 请判断图 3－4 中导线所受电磁力的方向。



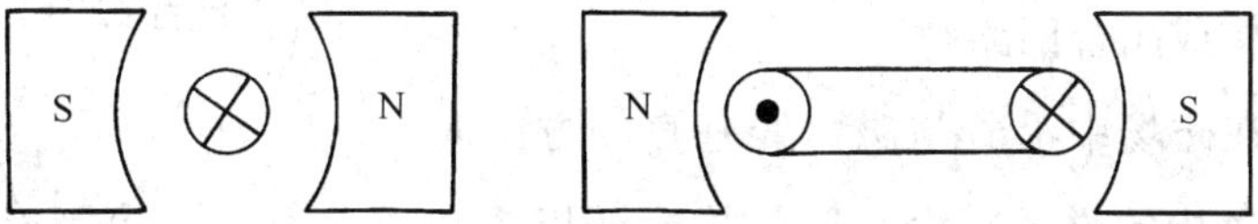


a. 直线　　　　　　b. 线圈

图 3－4

2. 磁场对通电线圈的作用

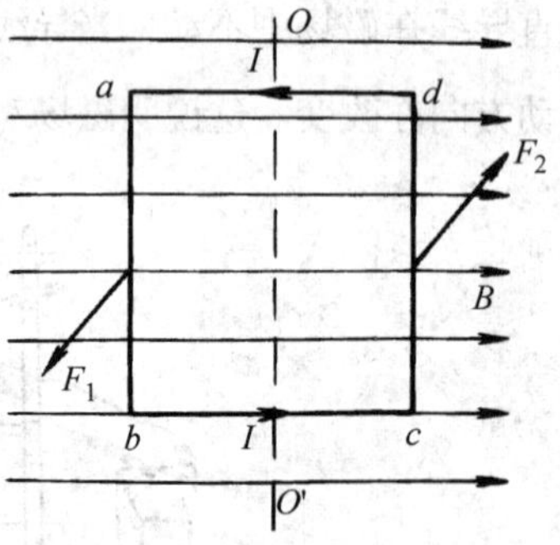

图 3－5　磁场对通电线圈的作用

如图 3－5 所示，abcd 是放在匀强磁场中的矩形通电线圈，它的平面跟磁力线平行，当线圈中电流沿 abcda 方向流动时，因线圈的两边 da、bc 和磁场 $B$ 的方向平行，所受的电磁力为零；而线圈的另两边 da、bc 和磁场 $B$ 的方向垂直，它们将受到电磁力作用。

其中 ab 边受边 $F_1$ 的方向为从里向外，cd 边受力 $F_2$ 的方向为从外向里，$F_1$ 和 $F_2$ 大小相等，方向相反，但由于它们不在一条直线，线圈对竖直轴 $OO'$产生电磁转动力矩，使线圈逆时针转动（犹如驾驶员两手作用于方向盘上的两力，使方向盘转动一样）。当线圈平面转到跟磁力线垂直时，线圈受到的力矩变为零。

试一试：双手拿一本书呈水平状，左手推书脊向上，右手使书脊的对边向下，书将如何运动？

## 三、电磁感应

我们知道，电流能够产生磁场，即“电能生磁”，反过来磁是否能生电呢？英国物理学家法拉第通过实验给出了肯定的回答，即变化的磁场能够在导体中产生感应电动势。这种现象就叫做电磁感应。

下面我们分两种情况来研究电磁感应现象。



1. 直导体中的感应电动势

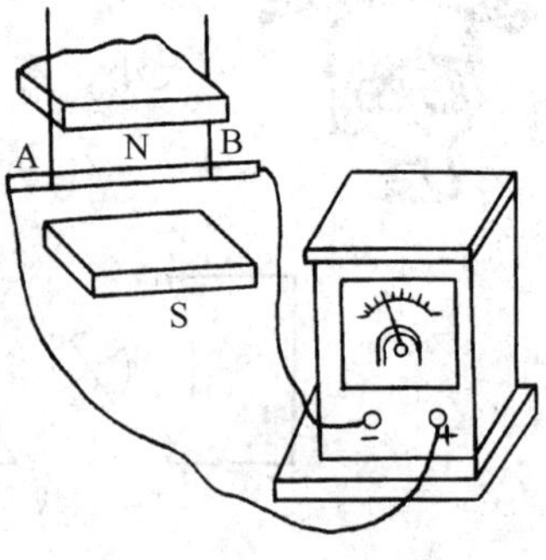

图 3－6　电磁场感应实验一

图 3－6 是一根直导体 AB 放在匀强磁场中，用导线联接和检流计构成闭合回路。

当导体 AB 在磁场中沿着与磁力线垂直的方向向前运动（闭合回路中的磁通减少）时，检流计指针发生偏转；向后运动（闭合回路中的磁通增加）时，检流计指针反向偏转。并且导体运动速度越快，指针偏转越大。

当导体 AB 不动或在磁场中沿着与磁力线平行的方向上下运动（闭合回路中的磁通不变）时，检流计指针不动。

从上面的实验可看出，当导体作切割磁力线运动时，导体中就有电流产生，这个电流称为感应电流；闭合电路中有电流通过，说明电路中有电动势，这个电动势称为感应电动势。实验证明：导体在匀强磁场中作切割磁力线运动，所产生的感应电动势的大小和磁感应强度、导体的有效长度、导体的运动速度有关。当导体运动方向与磁力线垂直时，其关系式为

$$e = Blv \tag{3-3}$$

式中，$B$ 为匀强磁场的磁感应强度，T；$l$ 为导体垂直磁力线的长度，m；$v$ 为导体的运动速度，m/s；$e$ 为导体的感应电动势，V。

当导体运动方向和磁力线平行时，导体两端感应电动势为零。

2. 线圈中的感应电动势

我们仍通过实验来研究这个问题。图 3－7 所示为空心螺线管，在它的两端接入检流计 P。

用一条形磁铁迅速插入线圈（即通过线圈的磁通增加）时，检流计指针偏转。当将磁铁迅速从线圈中抽出（即通过线圈的磁通减小）时，检流计指针反偏。而且磁铁插入或抽出的速度越快，指针偏转越大。磁铁进入线圈后静止不动（即通过线圈的磁通不变）时，检流计指针不动。

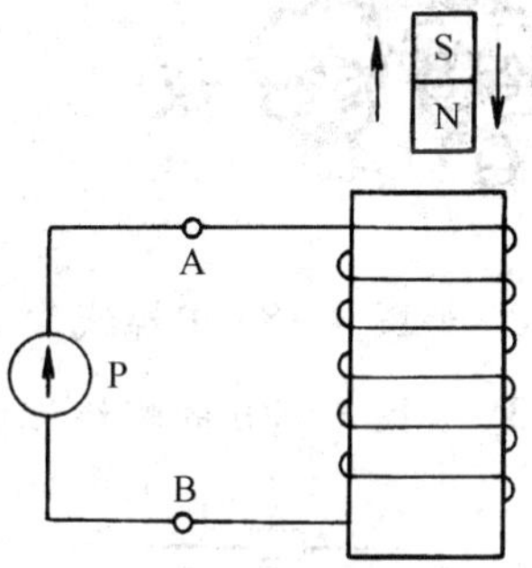

图 3－7　电磁感应实验二

实验证明：线圈两端感应电动势的大小等于磁通量的变化率。即

$$e = \left| N\frac{\Delta\phi}{\Delta t} \right| \tag{3-4}$$

式中，$\Delta\Phi = \Phi_2 - \Phi_1$，即磁通的变化量，Wb；$\Delta t$，磁通变化 $\Delta\Phi$ 所需时间，s；$N$，线圈匝数；$e$，感应电动势，V。

3. 电磁感应发生的条件与作用

以上实验说明：当穿过闭合回路的磁通量发生变化时，闭合回路中将产生感应电动势和感应电流，电磁感应电流产生的磁通总是阻碍原磁通的变化，也就是说，当线圈中的磁通增加时，感应电流产生的磁通与原磁通方向相反，而当线圈中磁通减少时，感应电流产

生的磁通与原磁通方向相同。

4. 自感、互感

（1）自感　当闭合回路中的电流发生变化时，则由这电流所产生的穿过回路本身磁通也发生变化，因此在回路中也将感应电动势，这现象称为自感现象，这种感应电动势叫自感电动势。

自感载流线圈的电流变化在线圈自身引起感应电动势自感现象在电工无线电技术中应用广泛。自感线圈是交流电路或无线电设备中的基本元件，它和电容器的组合可以构成谐振电路或滤波器，利用线圈具有阻碍电流变化的特性可以稳定电路的电流。自感现象有时非常有害，例如具有大自感线圈的电路断开时，因电流变化很快，会产生很大的自感电动势，导致击穿线圈的绝缘保护，或在电闸断开的间隙产生强烈电弧，可能烧坏电闸开关，若周围空气中有大量可燃性尘粒或气体还可引起爆炸。这些都应设法避免。

（2）互感　由于流过线路 A 的电流变化，引起线路周围磁场变化，使线路 B 的磁通量发生变化，线路 B 便产生电磁感应的现象叫互感现象。

1. 如图 3－8a 放置的螺线管，当螺线管 1 的电流增大时，螺线管 1 周围的磁场________（增大、减小），通过螺线管 2 的磁力线________（增加、减小），螺线管 2 产生________现象。

2. 如图 3－8a 中螺线管 1 的电流变小时，螺线管 2 会产生什么现象？

3. 如图 3－8b 的螺线管电流变小时，线圈自身有电磁感应现象吗？

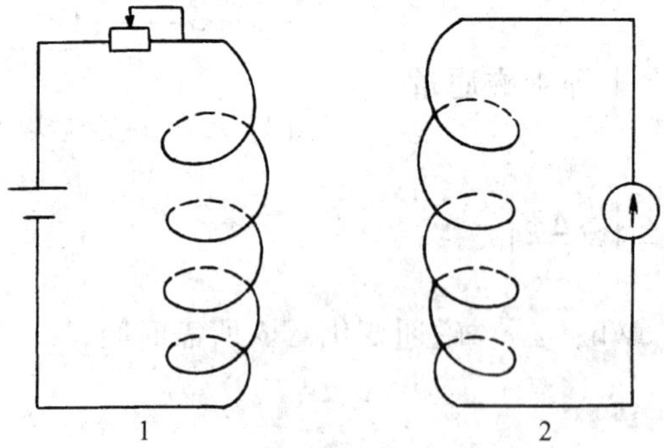


图 3－8a

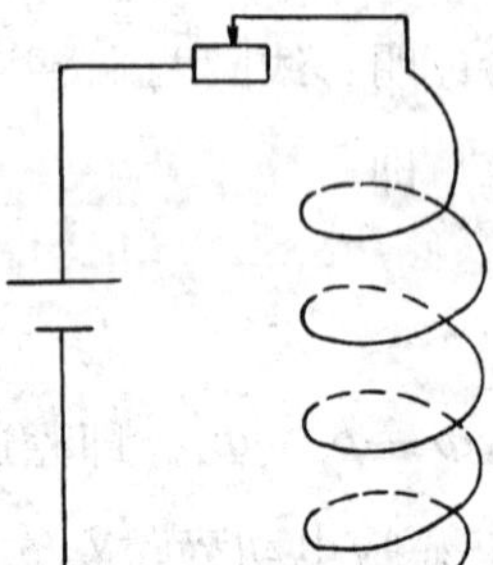

图 3－8b

4. 请用电磁感应原理解释照明用电线路（强电线路）与电话线、电视线线路（弱电线路）在布线时，为何要分隔 10cm？

5. 请用电磁感应原理解释在电视机傍使用电吹风，电视机的图像为何有雪花点？

6. 请用电磁感应原理解释电子产品为何在开启、关闭的瞬间损坏的机率最大？

小资料

## 自感、互感在生活中的应用

电磁感应现象的应用有很多，生活中有很多东西都是利用电磁感应原理制成的。

### 一、磁悬浮列车

磁悬浮列车，在其悬浮系统、推进系统、导向系统上都要应用电磁感应原理。要想使沉重的列车悬浮起来，利用超导技术的帮助才能实现。超导磁悬浮列车的概念最先是由美国人提出，其基本原理是：在列车的底部安装超导磁体，在轨道的两旁则铺设有一系列的闭合铝环，当列车运行起来时，由于超导磁体产生的磁场相对于铝环有运动，根据电磁感应原理，在铝环内就会产生感应电流，而超导体和感应电流之间会有相互作用，产生向上的排斥力。当排斥力大于列车的自身重力时，列车就会悬浮起来（离地上的轨道平面约1cm）。当然，当列车减速时，随着磁场的减小，相应的排斥力也变小，因此，悬浮列车也要配车轮，但它的车轮像飞机一样在高速运行时可以及时地收起来。当悬浮列车悬浮起来以后，由于没有了车轮和它的轨道之间的摩擦力，只需不大的牵引力功率（几千千瓦）就可以让列车达到500km/h的速度。（只需克服空气的阻力，而且噪音小，运行平稳）与现有的列车相比，磁悬浮列车有高速、安全（无翻车或脱轨危险）、噪音低（约60dB）和占地小等优点，是理想的交通工具。

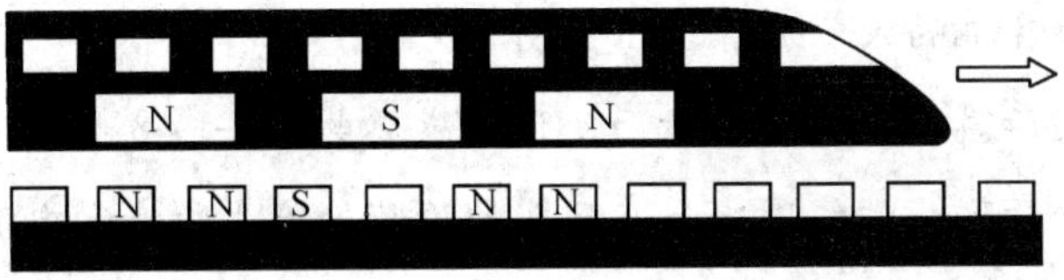


图3－9　磁悬浮列车

### 二、话筒

在剧场里，为了使观众能听清演员的声音，常常需要把声音放大，放大声音的装置主要包括话筒、扩音器和扬声器三部分。

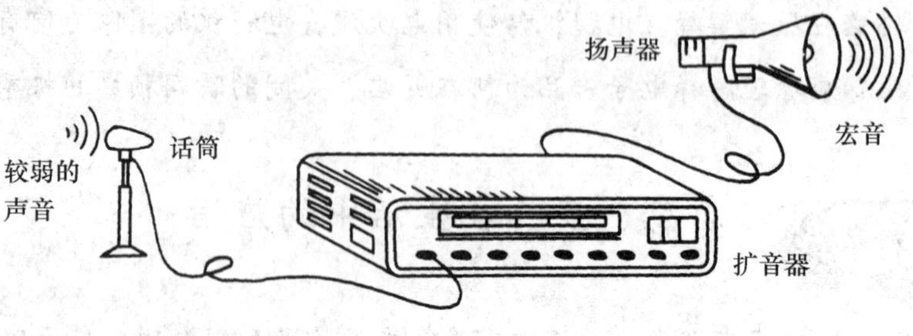


图3-10 话筒、扩音器和扬声器

话筒是将声音转变为电信号的装置。图3-11是动圈式话筒的构造原理图，它是利用电磁感应现象制成的。当声波使金属膜片振动时，连接在膜片上的线圈（叫做音圈）随着一起振动。音圈在永磁铁的磁场里振动，其中就产生感应电流（电信号）。感应电流的大小和方向都变化，振幅和频率的变化由声波决定。这个信号电流经扩音器放大后传给扬声器，从扬声器中就发出放大的声音。

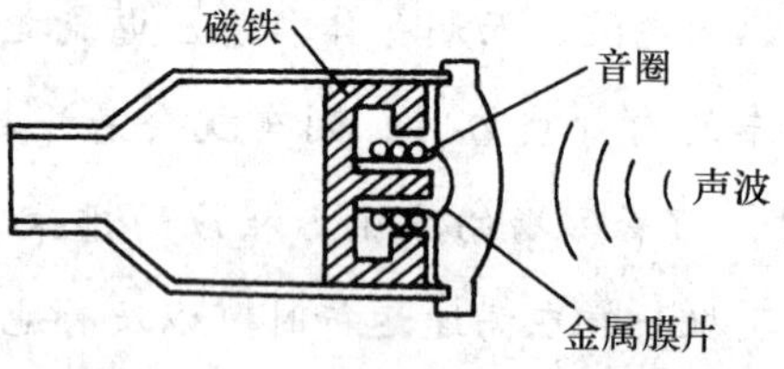


图3-11 话筒的构造原理

## 三、磁带录音机

磁带录音机主要由机内话筒、磁带、录放磁头、放大电路、扬声器、传动机构等部分组成。图3-12为录音机的录、放原理示意图。

录音时，声音使话筒中产生随声音而变化的感应电流——音频电流。音频电流经放大电路放大后，进入录音磁头的线圈中，在磁头的缝隙处产生随音频电流变化的磁场。磁带紧贴着磁头的缝隙移动，磁带上的磁粉层被磁化，在磁带上就记录下声音的磁信号。

放音是录音的逆过程。放音时，磁带紧贴着放音磁头的缝隙通过，磁带上变化的磁场使放音磁头线圈中产生感应电流，感应电流的变化跟记录下的磁信号相同，所以线圈中产生的是音频电流。这个电流经放大电路放大后，送到扬声器，扬声器把音频电流还原成声音。

在录音机里，录放两种功能是合用一个磁头完成的，录音时磁头与话筒相连；放音时磁头与扬声器相连。

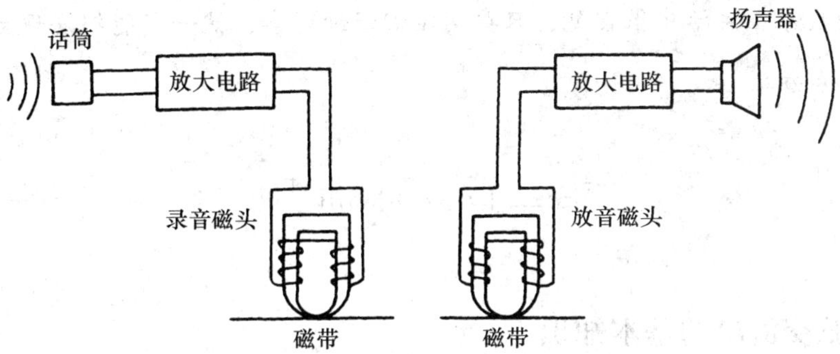


图 3－12　录音机的原理

## 四、磁卡

磁卡是在 PVC 材料表面附加上磁条，它的基本原理与磁带一样，是利用磁化来改变磁条磁性的强弱，从而记录和修改信息的。读卡时，当磁卡以一定的速度通过装有线圈的工作磁头时，线圈会切割磁卡外部的磁感线，在线圈中产生感应电流，从而传输了被记录的信号。它的应用非常广泛，如银行卡等。

## 五、电磁炉

电磁炉是现代家庭烹饪食物的一种新型灶具。电磁炉是利用电磁感应引起涡流加热的原理工作的，它主要是由感应加热线圈、灶台板和烹饪锅等组成，如图 3－13。

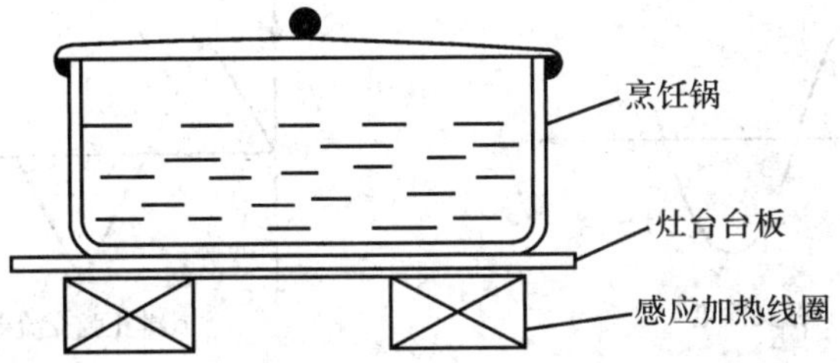


图 3－13　电磁炉



电磁炉的台面下布满了线圈，当通上了高频交流电时，在台板与铁锅之间产生交变磁场，磁感线穿过锅体，产生感应电流——涡流。这种感应电流在金属锅体中产生热效应，从而达到加热和烹饪食物的目的。

电磁炉产生的交变磁场，不但会产生涡流热效应，而且会促使金属锅体的分子运动并互相碰撞，造成分子间的摩擦生热，这两种热效应是直接发生在锅体本身，其热能的损耗很小，所以电磁炉的热效率可达 80%，约比煤气灶高一倍，而且加热均匀，烹调迅速，节省电能。

电磁感应现象在生活中很常见，只要同学们仔细观察，就一定能够发现更多与电磁感应现象有关的应用。

# 第二节 交流电

## 一、正弦交流电的基本知识

1. 交流电

交流电和直流电相比较，交流电具有许多优点，所以在生产和生活中使用的电能几乎都是交流电，即使需要直流电能的设备，一般也是通过整流装置把交流电能变成直流电能。直流电是指方向不随时间变化的电流。其大小不随时间变化的直流电称为恒定直流电，而大小随时间变化的直流电称为脉动直流电，如图 3－14a、b 所示。

交流电是指大小和方向随时间作周期变化的电流。按正弦规律变化的称正弦交流电，不按正弦变化的称非正弦交流电，如图 3－14c、d 所示。现在应用最普遍是正弦交流电。

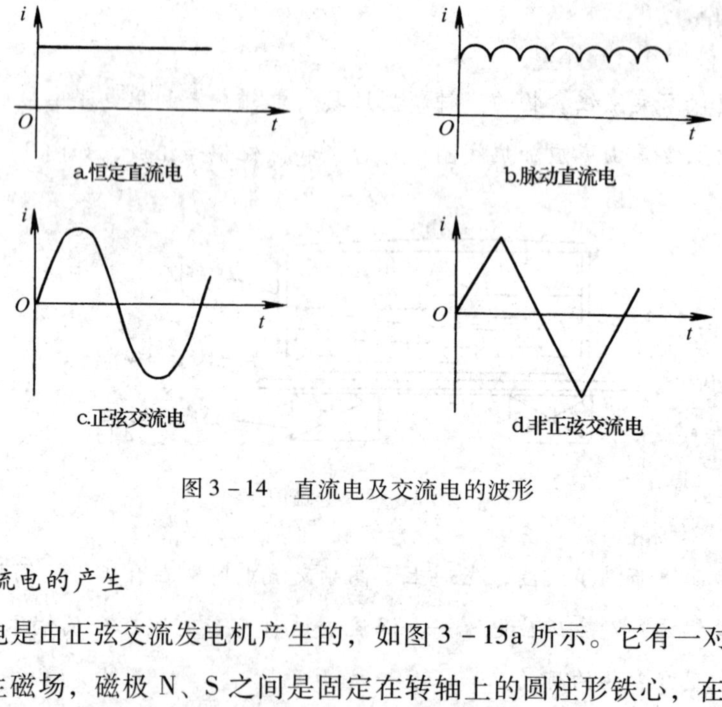


图 3－14 直流电及交流电的波形



2. 正弦交流电的产生

正弦交流电是由正弦交流发电机产生的，如图 3－15a 所示。它有一对磁极，在磁极 N 和 S 之间产生磁场，磁极 N、S 之间是固定在转轴上的圆柱形铁心，在它上面绕有线圈，其中 $\varphi$ 角是线圈平面与中心面 $OO'$ 的夹角。当转轴以角频率 $\omega$ 反时针方向匀速转动时，线圈切割磁力线产生的感应电动势按正弦规律变化，即

$$e = E_m \sin（\omega t + \varphi） \tag{3-5}$$

图 3－16 给出了式（3－5）正弦电动势 $e$ 的波形图。

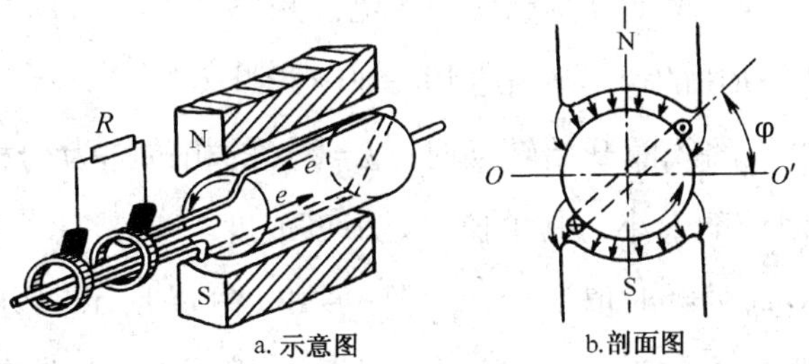


a. 示意图　　b. 剖面图

图 3－15　交流发电机

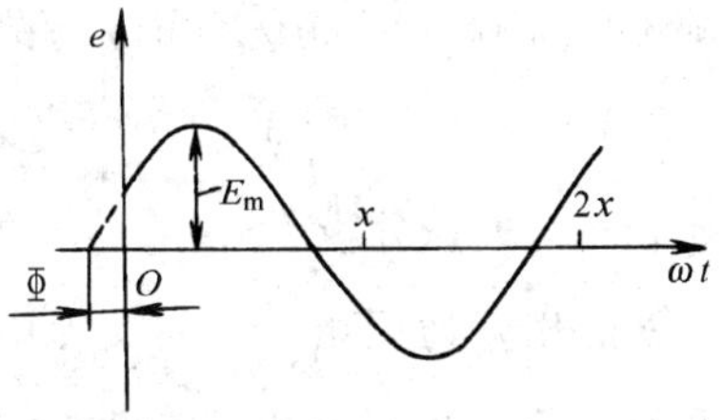


图 3－16　正弦电动势的波形图

3. 正弦交流电的三要素

由式（3－5）可见，正弦交流电包含三个要素：最大值 $E_m$、角频率 $\omega$、初相位 $\varphi$

（1）最大值

①最大值　正弦交流电随时间按正弦规律变化，每一时刻的值都是不同的，交流电任意时刻的值称为瞬时值。用英文小写字母 $e$、$u$、$i$ 分别表示电动势、电压、电流的瞬时值。

瞬时值中的最大值称为最大值。用带脚标 m 的大写英文字母表示，如 $E_m$、$U_m$、$I_m$ 等。

②有效值　交流电每一时刻的值不同，难以取某一瞬时值作为大小标准，所以用交流电在一定时间内整体做功多少来衡量交流电量的大小。

当交流电流和直流电流分别通过阻值相同的电阻时，如果在相同时间内，两个电阻产生的热量相等，我们把这个直流电流的值称为交流电的有效值。电动势、电压和电流的有效值分别用英文大写字母 $E$、$U$、$I$ 表示。

根据数学分析，正弦量的有效值与最大值间的关系为

$$\begin{cases} E = 0.707E_m \\ U = 0.70U_m \\ I = 0.707I_m \end{cases} \tag{3-6}$$

我们平时所说的交流电的大小、交流电压表、电流表的读数等都是有效值。例如电气设备铭牌上标有交流电压 220V，指的是有效值。

（2）角频率　为交流电单位时间内变化的弧度数。单位为弧度/秒，用 $\omega$ 表示。角频率表示交流电变化的快慢，但交流电变化的快慢通常用频率 $f$ 表示，频率指每秒钟交流电重复变化的次数，单位为赫兹 Hz。角频率与频率的关系：$f = \frac{2\pi}{\omega}$。

我国和许多国家的供电频率为50Hz，英、美、日等国的频率为60Hz。频率习惯上称为工频。

在不同技术领域中，使用的频率也不一样。例如高频感应炉的电源频率为200～300kHz，中频电炉为500～8000Hz，而在无线电工程中所用的频率则高达$10^4$～$30\times10^{10}$Hz。

（3）初相位　图3－17所示交流发电机的线圈开始转动时（$t=0$）的相位称为初相，用$\varphi$表示。它决定交流电在$t=0$时的瞬时值的大小，其单位也是弧度或度。

①初相可为正角，这时交流电在$t=0$时的瞬时值为正，如图3－17a中$e_1$所示。初相也可为负角，在$t=0$时的瞬时值为负，如图3－17a中$e_2$所示。习惯上规定初相的绝对值不超过180°，如初相为240°时，可化成240°－360°＝－120°表示。

②相位差　由图3－17可见，两个同频率的交流电初相不同时，在变化过程中总是一先一后，并永远保持这个差距。我们把同频率交流电的初相之差称为相位差，即

$$\triangle\varphi=\varphi_1-\varphi_2$$

习惯上规定相位差的绝对值不超过180°。例如相位差为－240°时，化可成－240°＋360°＝120°表示。

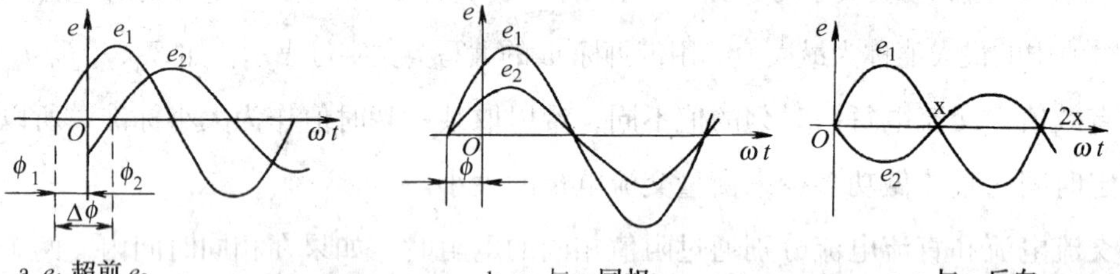

a. $e_1$ 超前 $e_2$　　b. $e_1$ 与 $e_2$ 同相　　c. $e_1$ 与 $e_2$ 反向

图3－17　交流电的初相和相位差

## 二、三相交流电路

在电力系统中，电能的生产、输送和分配一般都采用对称三相制。单相交流电路实质上是三相交流电路中的一相。三相交流电与单相交流电相比，有以下优点。

（1）在电能输送时，当输送功率、电压、距离和线路损耗相同情况下，用三相制输电比单相制输电可大大节省输电线的有色金属，即输电成本降低。

（2）三相交流发电机比同容量的单相交流发电机体积小、重量轻、成本低。

（3）三相异步电动机和同容量单相异步电动机相比较，具有结构简单、价格低廉、性能良好、工作可靠等优点。

1. 三相对称电动势的产生

三相对称电动势是由三相发电机产生的，三相发电机主要由定子和转子组成，如图 3－18a 所示。定子的铁心内嵌放三个结构完全相同的三相绕组 $U_1U_2$、$V_1V_2$、$W_1W_2$。其中 $U_1$、$V_1$、$W_1$ 称三相绕相的首端；$U_2$、$V_2$、$W_2$ 称三相绕相的末端。其中每一相绕组如图 3－18b 所示。这三相绕组的空间位置互成 120°，分别称第一相，第二相、第三相。磁极是旋转的，称转子。

当磁极匀速旋转时，三相绕组依次切割磁力线，产生频率相同、振幅相等、位相差互成 120°的三相对称正弦电动势。相应的波形图如图 3－19 所示。由波形图可见，三相电动势到达最大值的先后次序是不同的，这种到达最大值的先后次序，称三相的相序，图中的相序为 1→2→3→1。在工厂或企业的配电站的三相电源裸铜排上，刷有黄漆的是第一相，绿漆的是第二相，红漆的是第三相。

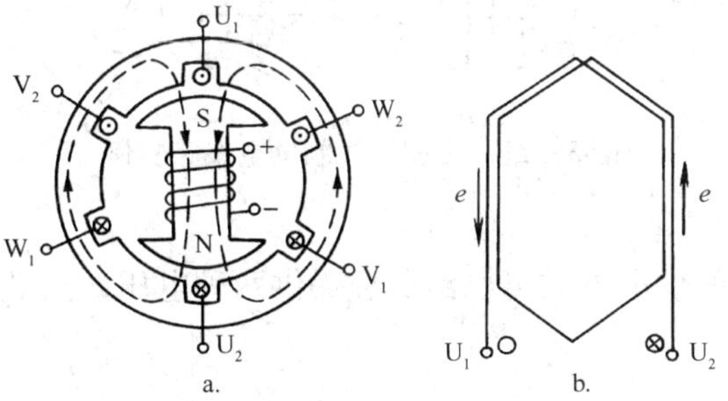


图 3－18 三相发动机

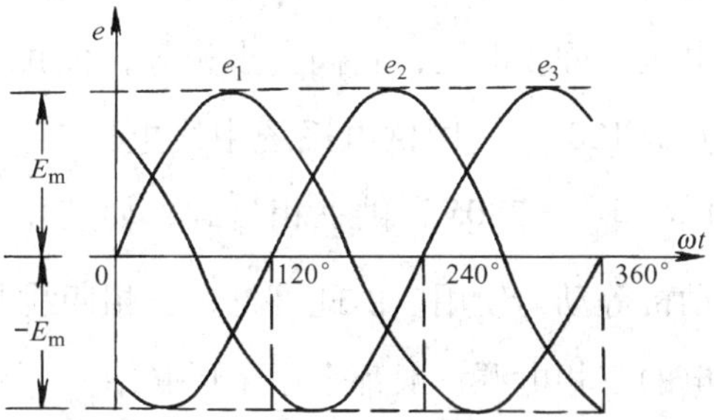


图 3－19 三相对称电动势

2. 三相电源

三相交流电源由三相交流发电机产生，通常三相交流发电机的三相交流电动势还必须经过变压器变压后才能给用户供电，因此这里讨论的三相电源既可指三相交流发电机，也可指三相变压器。三相电源对外供电时，其绕组可以有星形联结和三角形联结，连接方法不同，提供的电压大小也不同。



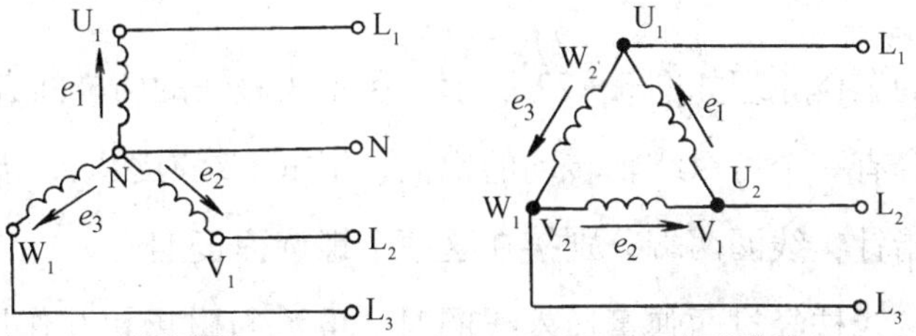


a. 星形联结　　b. 三角形联结

图 3－20 三相电源的联结

图 3－20a 所示为绕组的星形联结。将三相电源的三个绕组的末端 $U_2$、$V_2$、$W_2$ 联结在一起，用 N 表示，称为电源的中点或零点。从中点引出的线称为中线或零线，由于中线一般与大地相接，又称地线。从三个绕组首端 $U_1$、$V_1$、$W_1$ 引出的三根线称端线，俗称火线。所以，星形联结有四线，称三相四线制，通常在低压配电系统中采用，见图 3－21。有时省略中线，只由三根相线所组成的输电方式称为三相三线制，在高压输电或负载对称时采用。

星形联结时，有两种电压，火线与中线的电压称相电压，它们大小相等，位相差互成 120°。我国供电系统中，相电压 $U_{L_1N}=U_{L_2N}=U_{L_3N}=220V$，可供照明、家用电器使用。另一种电压是火线与火线间的电压，称线电压，它们大小相等，位相差互成 120°。我国供电系统中线电压 $U_{12}=U_{23}=U_{31}=380V$，供三相负载，如三相电动机等动力使用。由此可见，三相四线制的供电方式可以给负载提供两种电压，给低压配电的三相电源一般都采用星形联结。

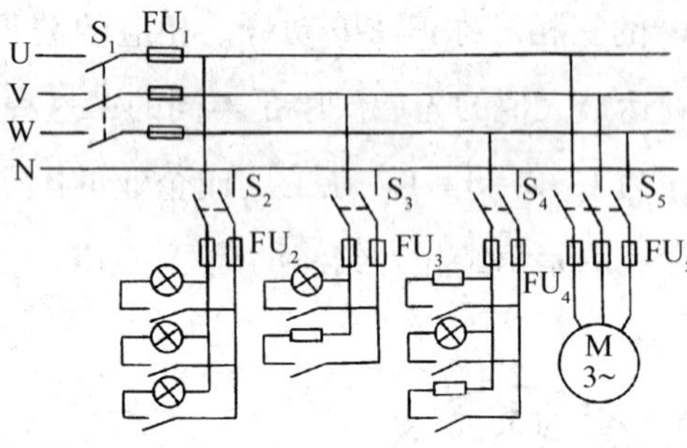

图 3－21　三相四线制供电线路实例

三相电源也可用三角形联结，如图 3－21b 所示，将一相绕组的末端与另一相绕组的首端依次相联，构成闭合回路，在三个联结点上引出三根端线。由图可见，三角形联结时，线电压等于相电压，等于 380V。

# 第三节　常用电磁仪器

## 一、磁电式电流计的工作原理



磁电式电流计的工作原理如图 3－22 所示。在永久磁铁的两极间有一个固定的圆柱形软铁心，铁心外面套有一个可以绕轴转动的铝框，铝框上绕有线圈，铝框的转轴上装有两个螺旋弹簧和一个指针，线圈两端分别接在这两个螺旋弹簧上。

当被测电流由接线柱经过两弹簧通入线圈时，电流与磁场相互作用而产生电磁转矩，使线圈偏转，并带动轴上指针和两个螺旋弹簧偏转，当电磁转矩与弹簧偏转时产生的阻力转矩相等时，指针就稳定在某一位置。由于电磁转矩的大小和导线通过的电流强度成正比，从指示指针转动的角度大小的分度尺便可读出被测电流值。

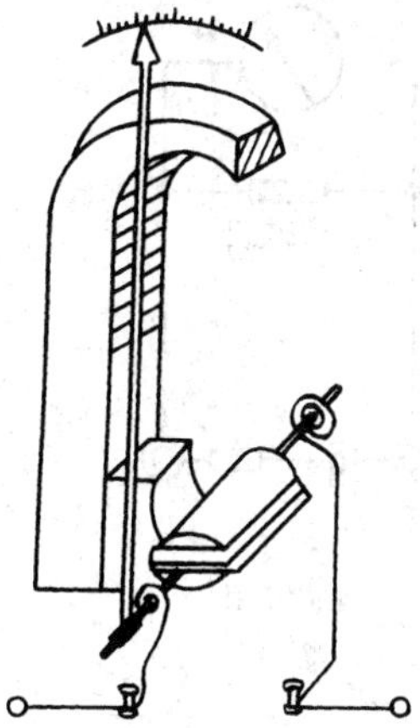

图3－22　磁电式电流计工作原理

## 二、指针式磁电仪表的原理及应用

1. 指针式仪表

仪器上安装的仪表，有相当部分是将仪器接收到的测量信号转换成电流号输出，用电流的大小间接表示所测量值的大小。如分光光度计中用于表示吸光度大小的度盘，实际上是将接收到透过吸收样品的光信号转化为电信号输出到电流表，电流的大小间接表示了吸光度的大小，故将电流表度盘上的刻度换算成吸光度，使用者从度盘上直接读出吸光度的大小。在各种设备、仪器上类似的指针式磁电仪表均可用磁电式电流计改装而成。

2. 万用表

将电流表、电压表、欧姆表等多种电表组合在一起，形成一个多用途的电表称为万用表。它的基本原理是利用一只灵敏的磁电式直流电流表改装而成。当微小电流通过表头，就会有电流指示。但表头不能通过大电流，所以，必须在表头上并联与串联一些电阻进行分流或降压改装成电流表、电压表、欧姆表，从而测出电路中的电流、电压和电阻。

（1）测直流电流原理　在表头上并联一个适当的电阻（叫分流电阻）进行分流（如图3－23a），就可以扩展电流量程。改变分流电阻的阻值，就能改变电流测量范围。

（2）测直流电压原理　在表头上串联一个适当的电阻（叫倍增电阻）进行降压，就可以扩展电压量程（如图3－23b）。改变倍增电阻的阻值，就能改变电压的测量范围。

（3）测交流电压原理　因为表头是直流表，所以测量交流时，需加装一个并、串式半波整流电路，将交流进行整流变成直流后再通过表头，这样就可以根据直流电的大小来测量交流电压（如图3－23c）。扩展交流电压量程的方法与直流电压量程相似。

（4）测电阻原理　在表头上并联和串联适当的电阻，同时串接一节电池，使电流通过被测电阻，根据电流的大小，就可测量出电阻值。改变分流电阻的阻值，就能改变电阻的量程（如图3－23d）。

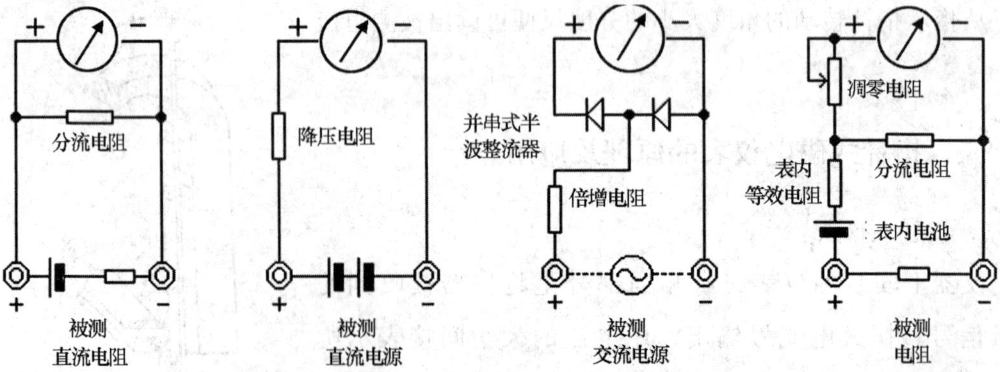


图 3－23　万用表的使用

## 三、电磁铁、继电器的原理及应用

1. 电磁铁

科学家研究发现螺线管的电磁效应有如下规律：

（1）螺线管通电时，管两端有磁性；断电时无磁性。

（2）通入螺线管线圈的电流越大，磁性越强。

（3）在电流一定时，外形相同的螺线管，线圈的匝数越多，磁性越强。

（4）在线圈的匝数、外形、电流相同的条件下，在螺线管内紧密套上一个磁性铁心，可大大强化螺线管的磁场。

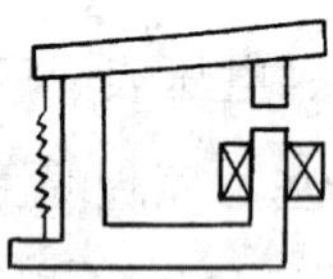


图 3－24　电磁铁结构示意图

人们利用这些规律，制造出用电流控制磁性的设备——电磁铁，其结构示意图如图 3－24。

电磁铁在生产中应用极为广泛。尤其是自动化和半自动化装置，经常用它来实现各种控制保护。例如，各种液压电磁铁、电磁离合器、电磁夹具、电磁卡盘和起重电磁铁、电铃、自动控制系统等。

1. 图 3－25S 是电铃的电路图，请你分析电铃的工作原理。

2. 图 3－26 是一种温度自动报警器的原理图，在水银温度计里封入一段金属丝，当温度达到金属丝下端所指的温度时，电铃就响起来，发出报警信号，试说明它的工作原理。

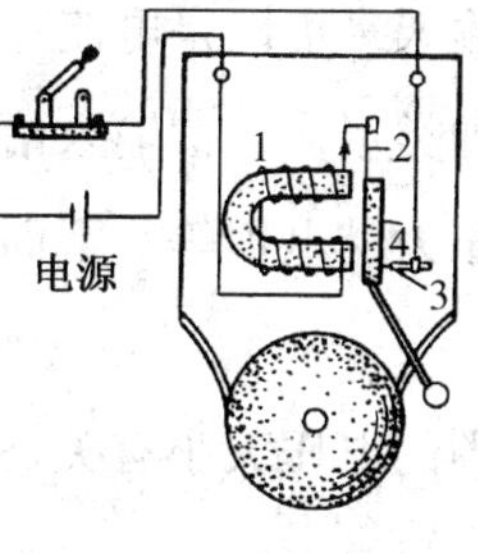


图 3－25　电铃图

1. 电磁铁；2. 弹簧片；3. 螺钉；4. 衔铁

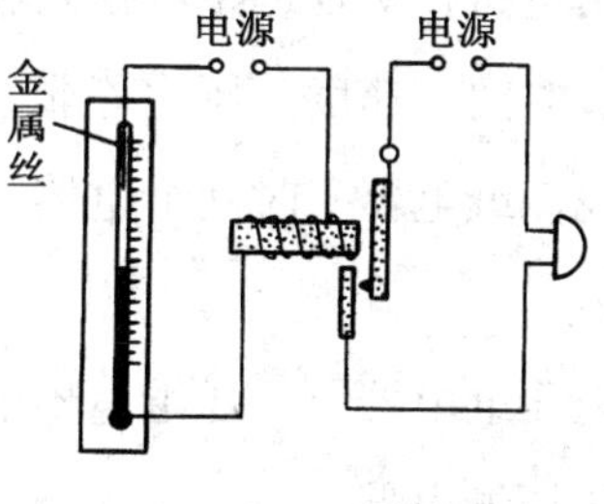


3－26　温度自动报警器

2. 继电器

继电器在自动控制电路中经常用到，它是利用电磁原理使触点闭合或断开来控制相关电路，实现用较小电流来控制较大电流的一种自动开关。

典型的电磁式继电器结构如图 3－27。它主要由铁心、线圈、动静接点、返回弹簧等构成。

（1）电磁继电器的工作过程

a. 继电器线圈没有通电时，簧片和触点 1 闭合，形成常闭触点。簧片和触点 2 断开，形成常开触点。

b. 当继电器线圈有电流通过后，铁心产生电磁力，便吸合衔铁，使常闭触点 1 断开，使常开触点 2 闭合，此时外电路接通，电灯就会发亮。

c. 当线圈断电后，线圈中没有电流通过，铁心磁力消失，衔铁在弹簧的作用下复位，使簧片离开触点 2，回到触点 1 的位置，故触点 1 闭合，触点 2 断开，此时外电路开路。

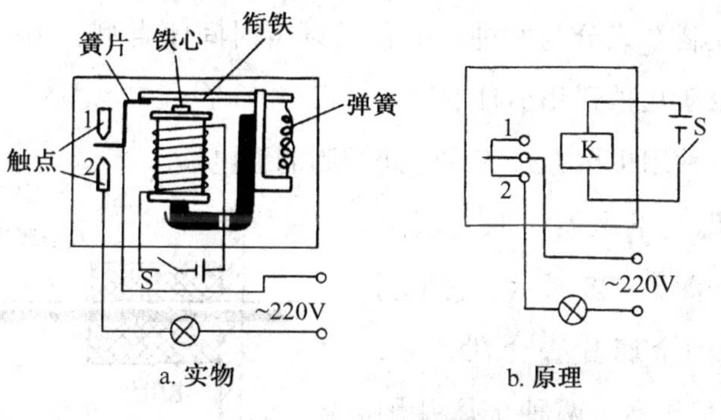


图 3－27　电磁继电器的工作过程

（2）常用的继电器　在使用中，继电器根据某种输入信号来接通或断开线圈输入的电流控制电路，实现远距离控制和保护电器，其输入量可以是电流、电压等电量，也可以是温度、时间、速度、压力等非电量。继电器的种类很多，按输入信号的性质分为电压继电器、电流继电器、时间继电器、温度继电器、压力继电器等。下面介绍几种常用的继电器。

①电压继电器　电压继电器的触点动作与线圈的电压大小有关。按吸合电压大小分为过压和欠压继电器。

a. 过压继电器　当线圈为额定电压时，衔铁不产生吸合动作，只有当线圈电压高于额定电压某一值时，衔铁才产生吸合动作。在电路中起电压保护作用。

b. 欠压继电器　当线圈的承受电压低于其额定电压时，衔铁就产生释放动作，它的特点是释放低电压，在电路中做低压保护。

②电流继电器　触点的动作与线圈电流大小有关的继电器叫电流继电器。按吸合电流的大小可分为过电流和低（欠）电流继电器。

a. 过电流继电器　正常工作时，线圈中有负载电流，但不产生吸合动作；当出现负载工作电流大于吸合电流时，衔铁产生吸合动作，从而切断电路。在电力拖动系统中，冲击性的过电流故障时有发生，采用过电流继电器做电路的过电流保护。

b. 低电流继电器　在正常工作时，由于电路的负载电流大于吸合电流而使衔铁处于吸合状态，当电路的负载电流降低至释放电流时，则衔铁释放，断开电路。

（3）时间继电器　时间继电器广泛用于各种电子产品的自动控制系统，以及各种家用电器的定时电路。定时继电器的特点是衔铁在线圈接到信号后不能立即吸合或释放，而需经一段时间后才能动作。

这种继电器的控制方式分为两种：一种是设定时间闭合型，另一种是设定时间断开型。设定的时间可以从几秒到几小时不等。



时间继电器是一种用机械方式实现时间控制的继电器。

（4）双金属片温度继电器　双金属片温度继电器的结构如图 3－28 所示。它是利用热膨胀系数不同的金属片叠合在一起，当电阻丝通电，温度升高，两种金属片因热膨胀系数不同，其双金属片就会发生弯曲，使继电器的触点接通，完成外接电路

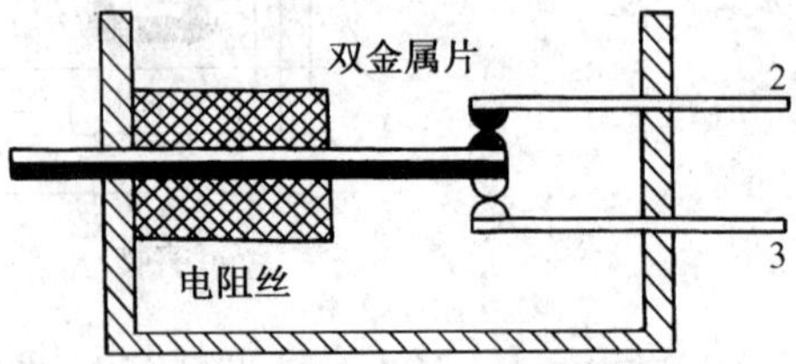


图 3－28　双金属片温度继电器结构

的控制。这种继电器多用于需要进行温度控制的电路。

## 第四节　常用电磁设备

### 一、变压器

变压器是一种将交流电压升高或降低而频率不变的电气设备。

在生产生活中，经常会用到各种高低不同的电压，如工厂中常用的三相异步电动机，它的额定电压是380V；照明电路用220V；机床照明、低压电钻、行灯等，只需要36、24、12、6V电压；在线路中还需要多种电压供电，如电子管的灯丝电压为6.3V，而整流电源的电压却为几百伏；在高压输电系统中需要110kV、220kV、330kV，甚至更高电压。而交流发电机的额定电压只有3.15kV、6.3kV、10.5kV等几种，要满足上述多种电压的要求，事实上是不可能的。因此就要用变压器把同一种交流电压变换成频率相同的不同等级电压，以满足多种用途的要求。

1. 变压器的基本结构

铁心和绕组是变压器的两个基本部分，二者装配在一起称为变压器的器身。图3－29所示为最常见的三相油浸式电力变压器外形图。

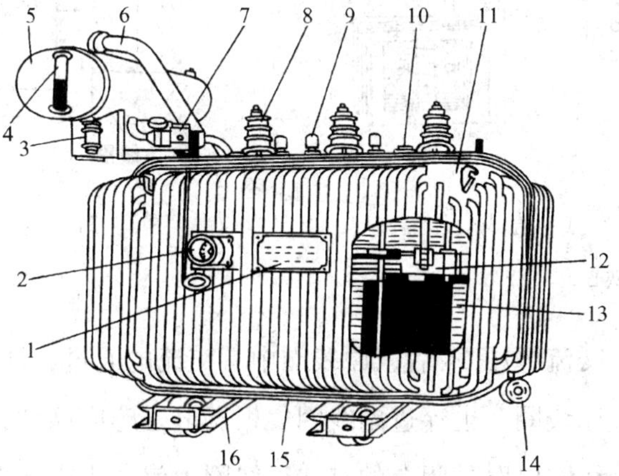


图3－29　三相油浸式电力变压器

1. 铭牌；2. 信号式温度计；3. 吸湿器；4. 油表；5. 储油柜；6. 安全气道；7. 气体继电器；8. 高压套管；9. 低压套管；10. 分接开关；11. 油箱；12. 铁心；13. 绕组及绝缘；14. 放油阀门；15. 地线；16. 小车

（1）铁心　铁心是变压器的主磁路，又起支撑绕组的作用。为了提高磁路的导磁性能和减小涡流滞损耗，变压器铁心通常用0.35mm或0.5mm厚的硅钢片叠成，硅钢片两表面涂有漆，片间彼此绝缘。按照铁心的构造，变压器可分为心式和壳式两种，如图3－30所示。

心式变压器绕组包围着铁心，结构较简单，装配较容易。容量较大、电压较高的变压器常用心式结构。

壳式变压器铁心包围着绕组，这种结构的机械强度好，不需要专用的外壳。小功率变压器多采用壳式结构。

（2）绕组　变压器的绕组是变压器的电路部分，用来输入和输出电能。大多用涂有绝缘漆的铜导线绕制而成；中、小型变压器也有用绝缘铝线绕制而成的。

2. 变压器的工作原理

图3－31是变压器原理示意图。与交流电源连接的线圈叫原线圈（又叫初级线圈、一次绕组），原线圈的两端叫变压器的输入端；与负载（用电器）连接的线圈叫副线圈（又叫次级线圈、二次绕组），副线圈的两端叫做变压器的输出端。

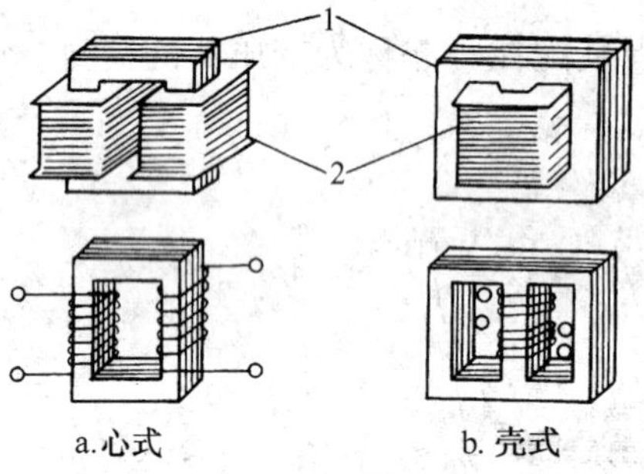


图3－30　心式、壳式变压器

1. 铁心；2. 绕组

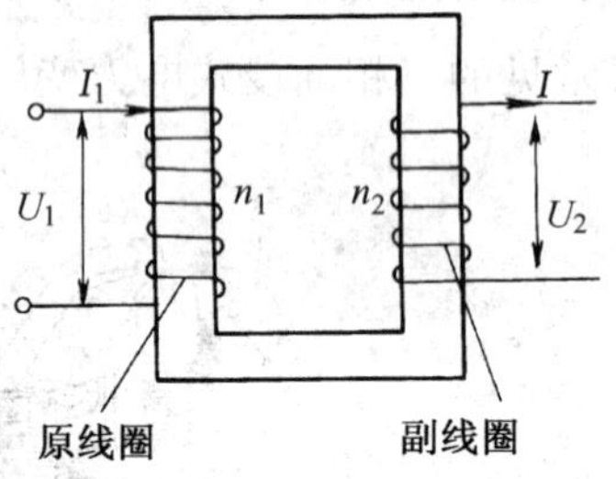


图3－31　变压器原理示意图



在原线圈两端加上交流电压$U_1$后，原线圈中有交流电通过，铁心会产生交变的磁通，这个交变磁通不仅穿过原线圈，也穿过副线圈。根据电磁感应原理，在原、副线圈中都要引起感生电动势。若副线圈电路是闭合的，在副线圈中就产生交流电。副线圈中的交流电也在铁心中产生交变磁通，这个交变磁通不仅穿过副线圈本身，也穿过原线圈，在原、副线圈中同样要引起感生电动势。在原、副线圈中互感是变压器工作的物质基础。

3. 变压器的工作规律

（1）电压变换　当用电器连接在副线圈两端时，副线圈电路中会有电流通过，这时加在用电器上的电压即是副线圈的端电压 $U_2$。由实验知，变压器原线圈两端的电压 $U_1$ 和副线圈两端的电压 $U_2$ 之比，等于原、副线圈匝数 $n_1$、$n_2$ 之比，比值称变压比 $K$。是变压器的重要参数之一。

$$\frac{U_1}{U_2}=\frac{n_1}{n_2}=K \tag{3-7}$$

1. 如果 $n_2>n_1$，$K<1$，$U_2$ ____________（大于、小于）$U_1$，变压器使输出电压____________（升高、降低），这种变压器叫____________（升压、降压）变压器。

2. 如果 $n_2<n_1$，$K>1$，$U_2$ ____________（大于、小于）$U_1$，变压器使输出电压____________（升高、降低），这种变压器叫____________（升压、降压）变压器。

（2）变压器的电流变换　如果变压器中的损耗可以略去不计，变压器的电流变换与线圈匝数的关系为

$$\frac{I_1}{I_2}=\frac{n_2}{n_1} \tag{3-8}$$

即变压器工作时，原、副线圈中的电流跟它们的匝数成反比。

式（3-7）、（3-8）表明了变压器工作过程中电流、电压和线圈匝数之间的关系，反映在变压器的构造上，高压线圈的匝数多，通过的电流小，常用较细的导线来绕制，低压线圈的匝数少，通过的电流大，应用较粗的导线来绕制。

4. 变压器的铭牌

变压器铭牌是变压器的简单说明书，上面写着变压器的常用技术数据。必须遵照铭牌上的规定去使用变压器。图 3-32 是变压器铭牌的实例，现将其主要项目解释如下。

（1）型号

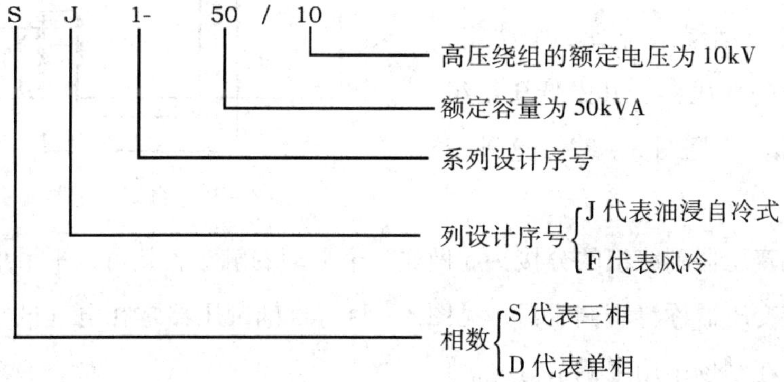

**变压器**

型　号 $SJ_1$-50/10　　设备种类 户外式　　序号 1833

标准 EOT·517·000　　冷却方式 油浸自冷　　频率 50 赫兹

接线组别 Y/Y0-12　　相　数 3

| 容量 | 高压 | | 低压 | | 阻抗电压 |
|---|---|---|---|---|---|
| 千伏安 | 伏 | 安 | 伏 | 安 | % |
| 50 | 10500<br>10000<br>9500 | 2.89 | 400 | 72.2 | 4.50 |

图 3－32　变压器的铭牌

（2）额定容量　表示变压器可能传递的最大功率，用视在功率表示，单位为千伏安或伏安。

三相变压器额定容量 $=\sqrt{3}\times$ 额定电压 × 额定电流

单相变压器额定容量 = 额定电压 × 额定电流

（3）额定电压　原线圈额定电压是指正常工作时，在原线圈上应加的电压值；副线圈额定电压是指变压器在空载时，原线圈加上额定电压后副线圈两端的电压值。单位为伏（V）或千伏（kV）。

三相变压器中，额定电压是指线电压。

（4）额定电流　变压器绕组允许长时间连续通过的工作电流。单位为安（A）。在三相变压器中是指线电流。

5. 几种特殊用途的变压器

（1）自耦变压器　普通变压器的原、副绕组是分开的。若把原、副绕组合成一个绕组，就成为只有一个绕组的变压器。其中低压绕组就是高压绕组的一部分，见图 3－33。这种变压器称为自耦变压器。

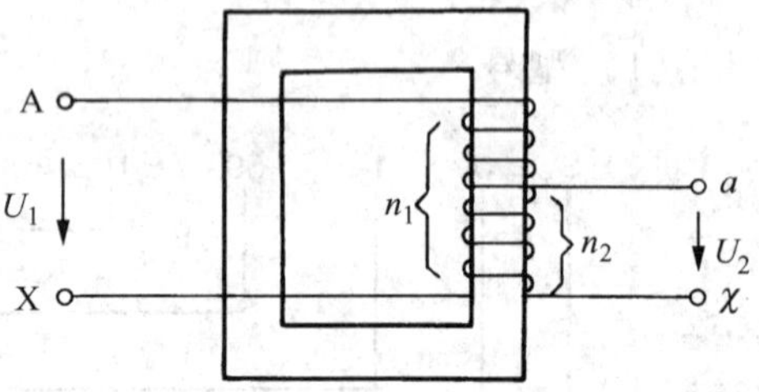


图 3－33　自耦变压器

如果我们把自耦变压器副绕组的分接头 a 做成一个滑动的触头，就可以平滑地调节副绕组电压，这种自耦变压器称自耦调压器，见图 3－34。自耦调压器常在电气试验及实验室中用来调节电压，在剧场中用来调节灯光。

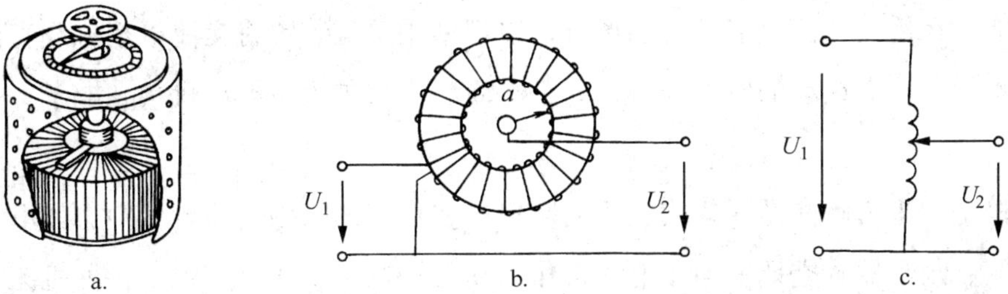


图 3－34　单相自耦调压器

自耦变压器仅有一个线圈是它的优点，但它也有缺点，由图 3－33 或图 3－34 则可看出，如果低压绕组线断了，原绕组的高压就直接加到副绕组，这就容易发生事故。因此，自耦变压器绝不能作为安全变压器使用。

此外，还有三相自耦变压器，见图 3－35。其工作原理与单相自耦变压器相同。三相自耦变压器常接成星形，可用做三相异步电动机的降压起动设备。

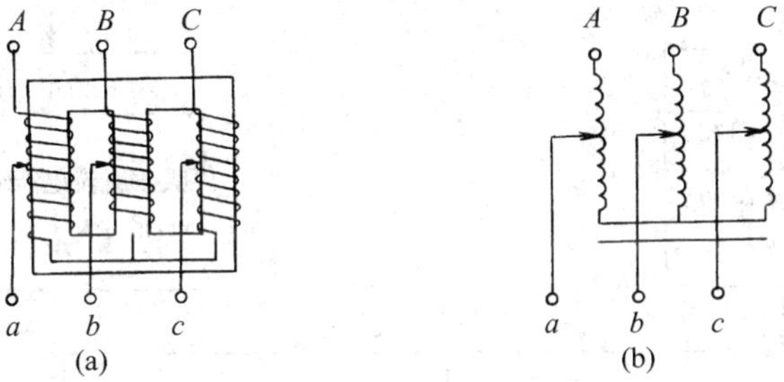


图 3－35　三相自耦变压器

（2）多绕组变压器　多绕组变压器，见图 3－36，原绕组只有一个，但副绕组可以有好几个，当原绕组接上电源后，副绕组就能输出几种不同的电压。这样，一只多绕组变压器可代替好几只双绕组变压器。这种变压器在电子线路中得到广泛应用。



## 二、电动机

### 1. 概述

电机通常是指用来实现电能和机械能之间相互转换的设备，包括发电机和电动机两大类。

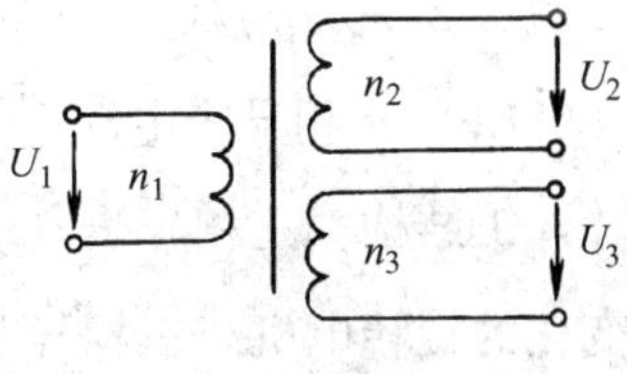


图 3－36　多绕组变压器

发电机是将机械能转变为电能的设备。目前所用的电能，基本上是由交流发电机发出的交流电能，在需要直流电能供电的场合，也都采用整流装置将交流电整流成直流电。只有在功率不大，又需运动的电气设备，如手电筒、小收录机、电动玩具、电子钟等才用电池供电。

电动机是用来将电能转换成机械能的装置。在目前的家用电器设备中，如电扇、洗衣机、电冰箱、吸尘器、空调等均用电动机作为动力；在工农业生产中，各种机床、起重设备、鼓风机、水泵、传输带等都广泛采用电动机作为动力，随着工业化程度的提高，电动机的用途越来越广泛。

电动机的分类如图 3－37，目前应用最广泛的依次为三相异步电动机、单机异步电动机、直流电动机，习惯上把这几类电动机称为通用电动机，以与其他各种电动机的区别。

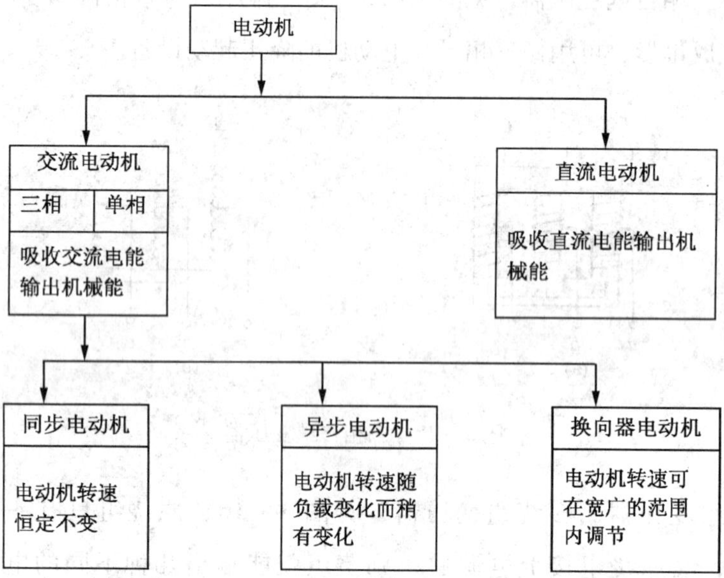


图 3－37　电动机分类



2. 交流电动机

（1）三相异步电动机

①结构　三相异步电动机是指由三相交流电源供电，电动机的转速随负载变化而稍有变化的旋转电机。三相异步电动机的种类繁多，但基本结构均由定子、转子两大部分构成，定子与转子之间有空隙，其结构如图 3－38。

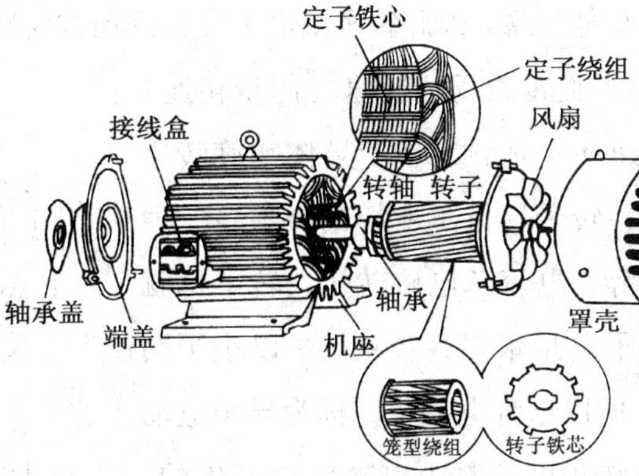


图 3-38　三相笼型异步电动机的组成部件图

a. 定子　定子是指电动机中静止不动的部分，主要包括定子铁心、定子绕组、机座、端盖等部件。在定子铁心槽中按一定规则绕有多组漆包线，绕组接入三相电流后产生旋转磁场，磁场的转速与绕组数成反比，三绕组的二极电机可产生 3000 转/分的旋转磁场，六绕组的四极电机可产生 1500 转/分的旋转磁场。

b. 转子　转子指电动机的旋转部分，包括转子铁心、转子绕组、风扇、转轴等。转子绕组有笼型和绕线型二种。如图 3-38、图 3-39。

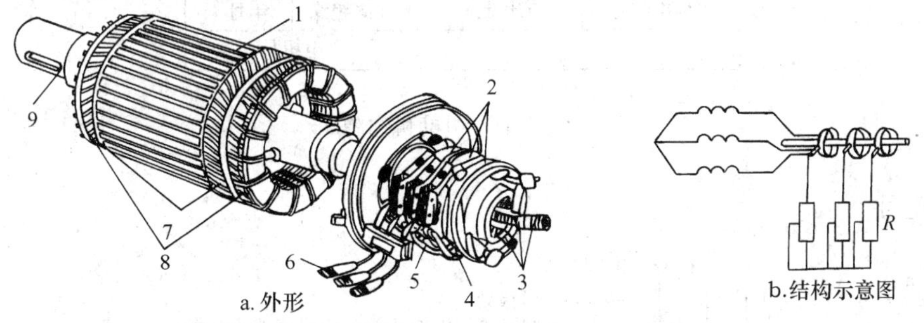


图 3-39　绕线式异步电动机转子外型与结构示意图

1. 转子铁心；2. 滑环；3. 转子绕组出线头；4. 电刷；5. 刷架；6. 电刷外接线；7. 三相转子绕组；8. 镀锌钢丝箍；9. 转轴

②三相异步电动机的工作原理　当异步电动机的定子绕组接通三相电源后，在定子内的空间便产生旋转磁场。假定磁场按顺时针方向旋转，转速为 $n_1$，转子与旋转磁场之间就有相对运动，见图 3-40，转子导体将因切割磁力线而产生感应电动势。由于磁场顺时针方向旋转，相当于转子导体以逆时针方向切割磁力线，转子导体内有感应电流通过，称转子电流。该电流在旋转磁场中受到电磁力的作用，电磁力对转轴形成转矩，称为电磁转

矩。其方向与旋转磁场的方向一致，因此转子就沿着旋转磁场方向转动起来，转速为 $n_2$。

转子的转速 $n_2$ 永远小于旋转磁场的转速（同步转速）$n_1$。因为，如果转子的转速 $n_2 = n_1$，则转子导体与旋转磁场之间就不存在相对运动，转子导体不能切割磁力线，因而也就不会产生感应电动势、电流和电磁转矩，转子也就不能转动。由此可见，转子总是跟着旋转磁场，以小于同步转速 $n_1$ 的转速而旋转。所以这种电动机，称为异步电动机。又因为这种电动机的转子电流是由电磁感应产生的，所以又称为感应电动机。

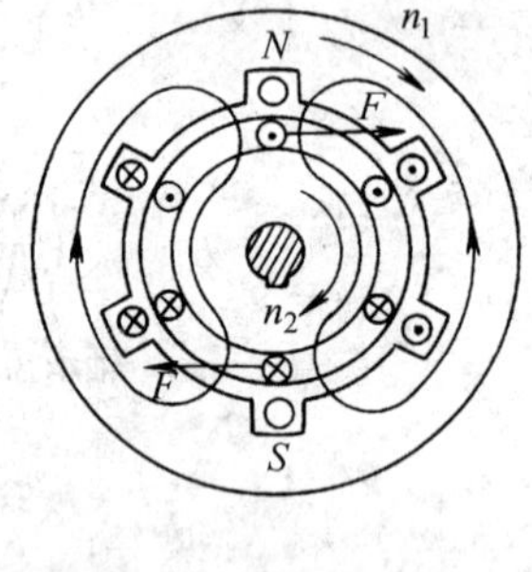


图 3－40　异步电动机工作原理

③三相异步电动机的铭牌　在三相异步电动机的机座上均有一块铭牌，如图 3－41，铭牌上标出了该电动机的型号及主要技术参数，供正确使用电动机参考。

| 三相异步电动机 | | | |
|---|---|---|---|
| 型号 Y-112M-4 | | 编号 | |
| 功率 4.0kW | | 电流 8.8A | |
| 电压 380V | 转速 1440n/min | LW82Db | |
| △联结 | 防护等级 IP144 | 50HZ | 45kg |
| 标准编号 | 工作制 $S_1$ | B 级绝缘 | 年月 |
| | | 电机厂 | |

图 3－41　电动机铭牌

a. 型号

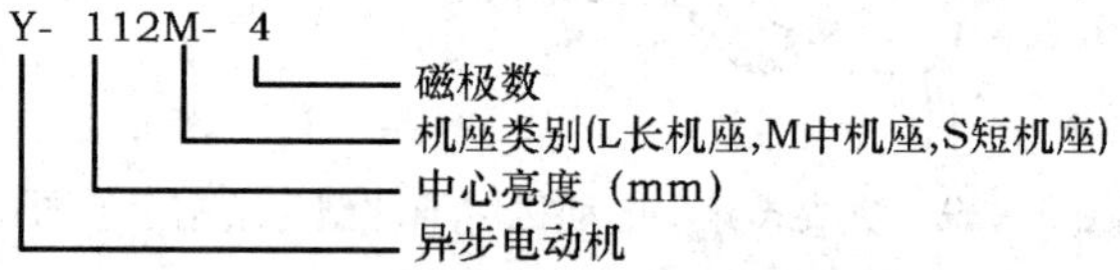




b. 额定功率　表示电动机在额定工作状态下运行时，允许输出的机械功率。

c. 额定电流　表示电动机在额定工作状态下运行时，定子电路输入的线电流。

d. 额定电压　表示电动机在额定工作状态下运行时，定子电路所加的线电压。

e. 额定转速　表示电动机在额定工作状态下运行时的转速。

f. 接法　表示电动机定子三相绕组交流电源的连接方法。对 $Jo_2$ 系列及 Y 系列电动机，国家标准规定凡 3kW 以下均采用星形联结，4kW 及以上者均采用三角形联结。如图

3－42。

g. 频率　表示电动机使用交流电源的频率。

④三相异步电动机使用注意事项

a. 电动机在通电试运行时必须提醒在场的人员注意，不应站在电动机及被拖动设备两侧，以免旋转物切向飞出造成伤害事故。

b. 在接通电源之前就应作好切断电源的准备，以防万一接通电源后电动机出现不正常的情况（如电动机不能起动、转速很慢、出现异常声音等）时能立即切断电源。切不可接通电源后马上离开操作位置。

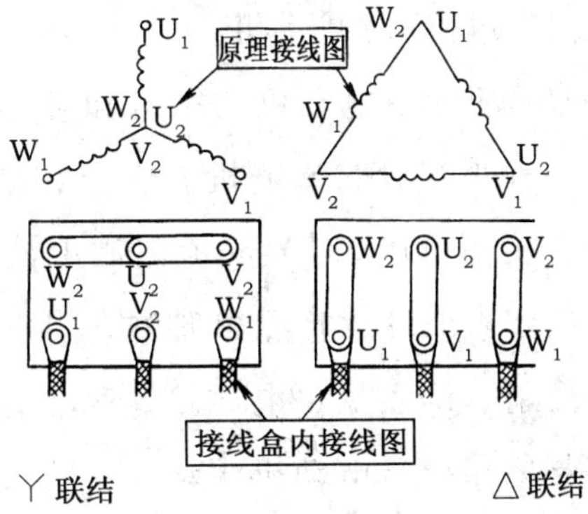


图 3－42　三相电动机的接线

c. 操作者在操作各种开关时必须注意操作到位，如按纽要一按到底，动作要快；闸刀开关在合闸时要向上推到位，分闸时要向下拉到底；断路器操作时动作不宜太快，用力不要过猛，以免折断操作手柄；组合开关手柄必须按顺时针方向旋，每旋转一次，手柄位置变换 90°，在 360°旋转位置内分合闸各两次。

d. 笼型异步电动机采用全压起动时，起动次数不宜过于频繁，尤其是电动机的功率较大时要随时注意电动机的温升情况。

e. 三相异步电动机在运行时，要通过听、看、闻等及时监视电动机，以期当电动机在运行中出现不正常的现象时能及时切断电动机的电源，以免故障扩大，具体监视项目如下：

听电动机在运行时发出的声音是否正常。电动机正常运行时，发出的声音应该是平稳、轻快、均匀、有节奏的。如果出现尖叫、沉闷、摩擦、拦击、振动等异音，应立即停机检查。

经常检查、监视电动机的温度，观察电动机的通风是否良好。

注意电动机在运行中是否发出焦臭味，如有，说明电动机温度过高，应立即停机检查，必须找出原因后才能再通电使用。

要保持电动机的清洁，特别是接线端和绕组表面的清洁。不允许水滴、油污及杂物落到电动机上，更不能让杂物和水滴进入电机内部。要定期检修电动机，清扫内部，更换润滑油等。

要定期测量电动机的绝缘电阻，特别是电动机受潮时，如发现绝缘电阻过低，要及时进行干燥处理。

（2）单相异步电动机

①单相异步电动机的结构和工作原理　单相异步电动机是利用单相交流电源供电的一种小容量交流电机。由于它结构简单、成本低廉、运行可靠、维修方便，并可以直接在单相220V交流电源上使用，因此被广泛用于办公场所、家用电器等方面，在工、农业生产及其他领域中，单相异步电动机的应用也越来越广泛。如台扇、吊扇、洗衣机、电冰箱、吸尘器、电钻、小型鼓风机、小型机床、医疗器械等均需要单相异步电动机驱动。

单相电动机可分为两大类，如图3－43所示。一类是由单相交流电源供电，即称为单相异步电动机，这是目前使用最广的单相电动机。另一类是串励电动机，它可在相同电压的单相交流电源上或直流电源上使用，因此又称交直流两用电动机。它的结构与直流电动机相似，它的最大特点是：转速高，可高达20000～25000r/min；机械特性软，随着负载转矩增加，其转速下降显著，因此特别适用于手电钻、电动吸尘器、小型机床等方面。

单相异步电动机的结构原理和三相异步电动机大体相似，即它的转子为笼型结构转子，定子采用在定子铁心槽内嵌放单相定子绕组的结构，如图3－44所示。

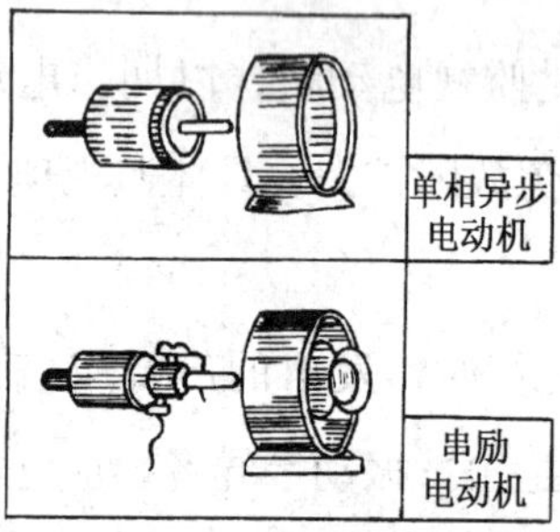


图3－43　单相异步电动机

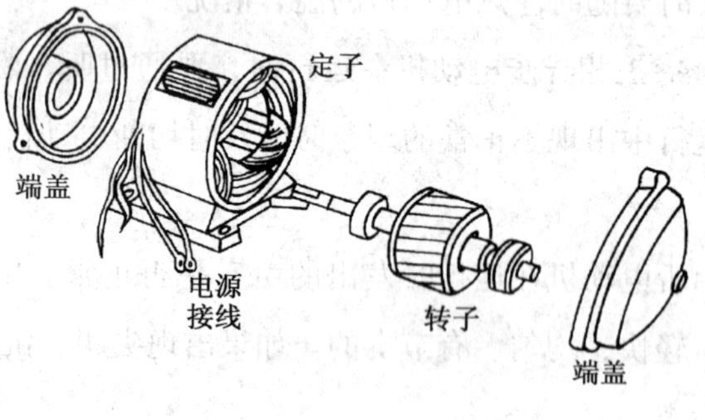


图3－44　单相异步电动机的结构



在单相异步电动机定子绕组通入单相交流电后，产生的磁场大小不断变化，但磁场极向是只沿同一轴向变化的脉动磁场。由于磁场只是脉动而不是旋转，因此单相异步电动机的转子如果原来静止不动的话，则在脉动磁场作用下，转子导体因与磁场没有相对运动，而不产生感应电动势和电流，也不存在电磁力的作用，因此转子仍然静止不动，即单相异步电动机没有起动转矩，不能自行起动。采用电容分相、电阻分相、罩极方式，可解决单相异步电动机的起动问题。

电容电动机起动力矩大、用电节省、转动平稳、噪音小，所以在电风扇、洗衣机、电冰箱及医疗器械中，大都采用这种电动机。

罩极式电机起动转矩小，效率低，一般制成几十瓦以下的小容量电动机。由于罩极电机结构简单、工作可靠、价格低廉，在自动化装置、电子仪器、电唱机中都得到广泛的应用。

3. 直流电动机

（1）直流电动机的工作原理　直流电动机是依据载流导体在磁场中受力而旋转的原理制造的。通常将磁场固定不动（该磁场可以由永久磁铁产生，也可由带铁心的通电线圈产生），而导体做成可以在磁场内绕中心轴 $OO'$ 旋转，如图 3－45 中的线圈 abcd（称为电枢绕组）。为了能把直流电源引入到旋转的线圈中去，采用了电刷与换向器的结构，即线圈的 ab 边和 cd 边分别与两个互相绝缘的半圆形铜环（图中分别用黑色和白色表示）相连，而电刷 A 和 B 用弹簧压在铜环上。电刷 A、B 固定不动，并分别与外电源的正极和负极相接。对应于图 3－45 中的位置 1，导体 cd 通过铜环与电刷 A（＋）接触，而导体 ab 则通过铜环与电刷 B（－）接触。导体中的电流方向如图中的箭头所示，根据左手定则，可以判断出导体将受力的作用，而使整个线圈 abcd 绕轴 $OO'$ 以顺时针方向旋转。当转过 90°到达图中的位置 2 时，电刷 A、B 分别与两个半圆环的接合处（为绝缘体）接触，线圈中没有电流流过，但线圈由于惯性作用，仍能继续旋转一定的位置，当到达图中的位置 3 时，导体 ab 处于 S 极下，而导体 cd 处于 N 极下（正好与位置 1 相反），与导体 ab 相接的铜环与电刷 A（＋）接触，与导体 cd 相连的铜环与电刷 B（－）接触。对照位置 1 及位置 3 可以看出，位于相同磁极下的导体虽然发生了变化，但由于电刷及铜环（通称换向器）的作用使磁极下导体中的电流方向保持不变，即作用力的方向不变，因此线圈将继续沿顺时针方向旋转，故电动机能连续运转，由此可以归纳出直流电动机的工作原理：直流电动机在外加直流电源的作用下，在可绕轴转动的导体中形成电流、载流导体在磁场中将受到电磁力的作用而旋转，借助于电刷和换向器的作用，使电动机能连续运转，从而将直流电能转换为机械能。

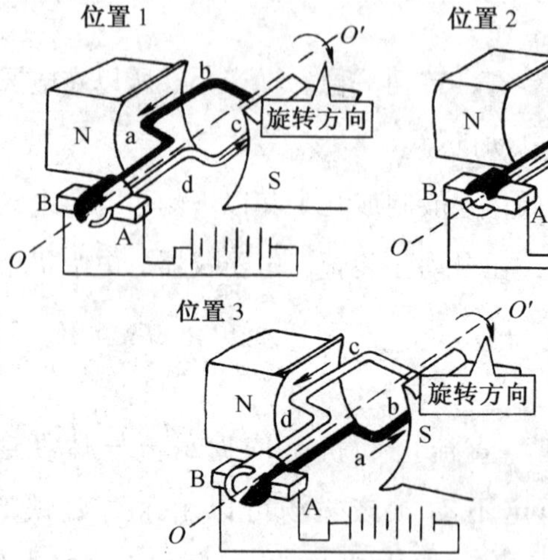


图 3－45　直流电动机工作原理

（2）直流电机的结构　直流电机由固定不动的定子和旋转的转子（电枢）两部分组成，见图 3－46。

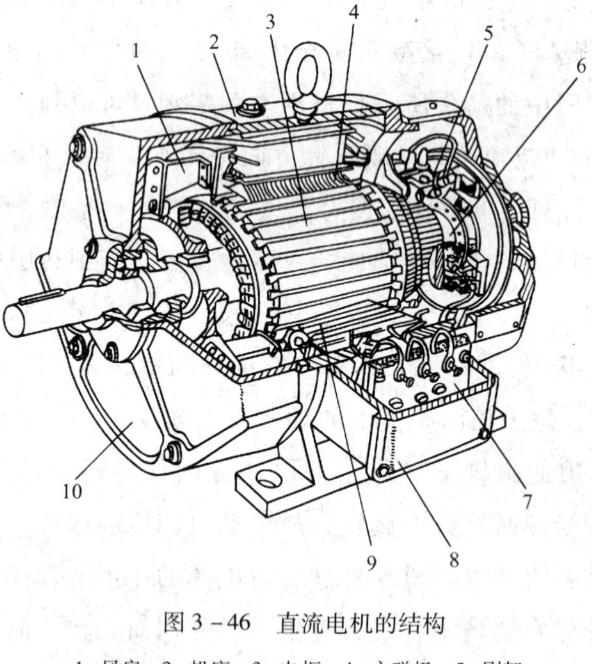


图 3－46　直流电机的结构

1. 风扇；2. 机座；3. 电枢；4. 主磁极；5. 刷架；

6. 换向器；7. 接线板；8. 出线盒；9. 换向极；10. 端盖

①定子　定子是由主磁极、换向磁极、机座、端盖和电刷装置等组成的。

a. 主磁极　主磁极的作用是产生磁场。它由主磁极铁心和励磁绕组构成。励磁绕组套在铁心上，而铁心是由0.5～1mm厚的钢板叠成。当励磁绕组中通过直流电流时，主磁极便产生一个固定的磁场。主磁极固定在机座上。

b. 换向磁极　简称换向极。它是位于主磁极之间的比较小的磁极，结构与主磁极相似，电流换向时，在电刷和换向器间容易产生火花，将换向器烧蚀，换向极就是改善换向用的。

c. 机座　机座是电机的机械支架，是用铸钢或厚钢板制成的。同时它还是磁路的一部分。

d. 端盖　机座两边各装一个盖子，用来支撑转轴，固定电刷架。

e. 电刷装置　它由电刷、刷握、刷杆和刷杆座等组成，其作用是使电枢绕组和外电路连接。

②转子　转子通称为电枢，是电动机的旋转部分，由电枢铁心、电枢绕组、换向器等部分组成。

a. 电枢铁心　作为磁通通路的一部分，并在铁心槽内嵌放电枢绕组。为了减少磁滞损耗及涡流损耗，一般用0.5mm厚表面具有绝缘层的硅钢片叠压而成。在硅片的外圈中有均匀分布的铁心槽，用以嵌放电枢绕组。

b. 电枢绕组　通过电流和产生感应电动势，实现电能量的相互转换。电枢绕组一般先绕制成型后，再嵌放在电枢铁心槽内，焊接上对应的换向片，构成一个完整的电枢整体。

c. 换向器　其作用是将电枢组中的交流电动势和电流转换成电刷间的直流电动势和电流。

（3）直流电动机的分类　励磁方式是指直流电机主磁场产生的方式，直流电机主磁场的获得通常有两类。一用是用永久磁铁产生；另一类是利用给主磁极绕组通入直流电产生主磁场，根据主磁极绕组与电枢绕组连接方式的不同，可分为它励、并励、串励、复励电动机。



（4）直流电动机的铭牌　直流电动机和交流电机一样，在直流电动机的机座上也有一块铭牌，上面标有直流电机的型号和额定值，见图3－47。

①型号　它是用汉语拼音字母及数字表示。其汉语拼音代号的含义，见表3－1。

| 直流电动机 | | | |
|---|---|---|---|
| 型　　号 | Z2-72 | 励　　磁 | 并励 |
| 功　　率 | 22千瓦 | 励磁电压 | 220伏 |
| 电　　压 | 220伏 | 励磁电流 | 2.06安 |
| 电　　流 | 116安 | 定　　额 | 连续 |
| 转　　速 | 1500转/分 | 温　　度 | 80℃ |
| 出品号数×××× | | 出品日期 | 年　月 |

图 3-47　直流电动机的铭牌

**表 3-1　汉语拼音代号的意义**

| 汉语拼音 | 代号意义 | 汉语拼音 | 代号意义 |
|---|---|---|---|
| Z | 直流 | O | 封闭 |
| F | 发电机 | C | 船用 |
| D | 电动机 | K | 高速 |
| W | 卧式 | Q | 牵引 |
| L | 立式 | Y | 冶金 |

例如

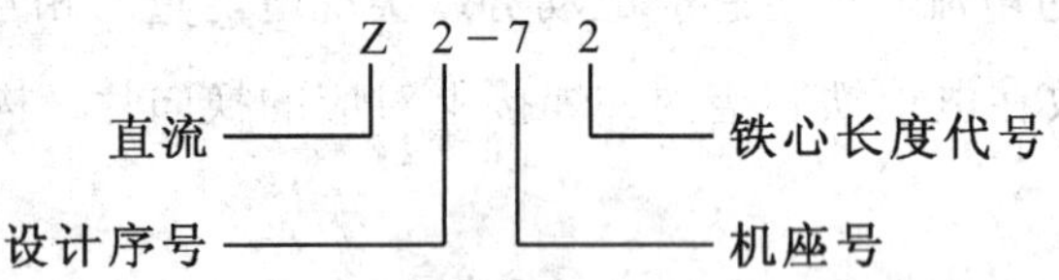


②额定功率　在额定条件下，电动机轴上输出的机械功率，单位是千瓦。

旧电机也有用马力做单位的，1 马力 =0.736 千瓦。

③额定电压　指电动机所应加的直流电源电压，单位是伏。

④额定电流　指在额定条件下工作时，电枢通过的电流，单位是安。

⑤额定转速　指在额定条件下工作时，电动机的转速，单位是转/分。

⑥励磁电压　表示应加在励磁绕组两端的电压，单位是伏。

⑦励磁电流　表示电机产生工作主磁通所需要的励磁电流，单位是安。

铭牌上其他数据的含义，已在异步电机中叙述过，这里不再重述。

要正确使用电动机，必须能够正确的接线，因此必须熟悉各绕组的出线端，按照国家标准统一规定的出线端标志，标志符号的注脚“1”表示该绕组的始端，“2”表示末端。在正常运转方向下，始端接“+”，末端接“-”。

# 第五节 安全用电

电力作为一种最基本的能源，是国民经济及广大人民日常生活不可缺少的物质。由于电本身看不见、摸不着，它具有潜在的危险性。只有掌握了用电的基本规律，懂得用电的基本常识，按操作规程办事，电才能很好地为人类服务。否则，会造成意想不到的电气故障，导致人身触电，电气设备损坏，甚至引起重大火灾等。

## 一、触电的原因和类型

1. 人体触电

当人体接触带电体或人体与带电体之间产生闪击放电时，就有一定的电流通过人体，造成人体受伤或死亡的现象称为触电。

触电对人体的伤害是一个复杂问题，一般可分为电击和电伤两种。电击是电流通过人体内部，使人体组织受到伤害。它可使肌肉抽搐、内部组织损伤、造成发热发麻、神经麻痹等。通常所说的触电，多是指电击。触电死亡中绝大部分系电击造成。电伤主要是电流的热效应、化学效应、机械效应以及电流本身作用下造成的人体外伤。如电灼、电烙伤和皮肤金属化现象等，严重时也能致人毙命。

电击伤害的严重程度，与通过人体电流的大小、频率、时间、途径及人体健康状况等有关。通过研究发现，当人体中通过的交流电流超过50mA，且通电时间超过1s时，就有可能造成生命危险。一般来说，10mA以下的交流电或50mA以下的直流电，对人体来说可以看作是安全电流。

一般情况下，触及50V以下的电压，人体电流不会超过50mA，故把50V定为安全电压。但在车间内，工作人员经常接触的行灯、机床照明灯等场合，一般规定使用36V以下为安全电压；而在特别潮湿的隧道等场合，则规定采用12V为安全电压。



2. 触电类型

（1）单相触电　这是常见的触电方式。人体的一部分接触带电体的同时，另一部分与大地或零线（中性线）相接，电流从带电体流经人体到大地（或零线）形成回路，这种触电叫单相触电，如图3－48所示。在接触电气线路（或设备）时，若不采用防护措施，一旦电气线路或设备绝缘损坏漏电，将引起间接的单相触电。若站在地上误触带电体的裸露金属部分，将造成直接的单相触电。

（2）两相触电　人体的不同部分同时接触两相电源带电体而引起的触电叫两相触电。如图 3－49 所示，对于这种情况，无论电网中性点是否接地，人体所承受的线电压将比单相触电时高，危险性更大。

图 3－48　单相触电示意图

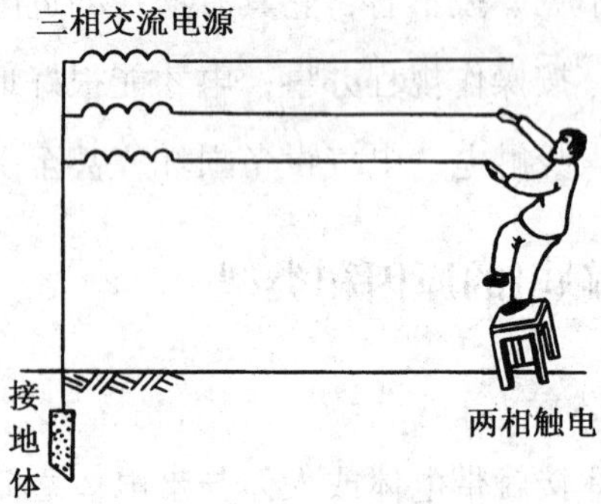


图 3－49　两相触电示意图

（3）跨步电压触电　雷击电流入地时，或载流电力线（特别是高压线）断落到地时，会在导线接地点及周围形成强电场。其电位分布以接地点为圆心向周围扩散、逐步降低而在不同位置形成电位差，人、畜跨进这个区域，两脚之间将存在电压，该电压称为跨步电压。在这种电压作用下，电流从接触高电位的脚流进，从接触低电位的脚流出，这就是跨步电压触电，如图 3－50 所示。图中坐标原点表示带电体接地点，横坐标表示位置，纵坐标负方向表示电位分布、$U_{K_1}$为人两脚间的跨步电压，$U_{K_2}$为马两脚之间的跨步电压。

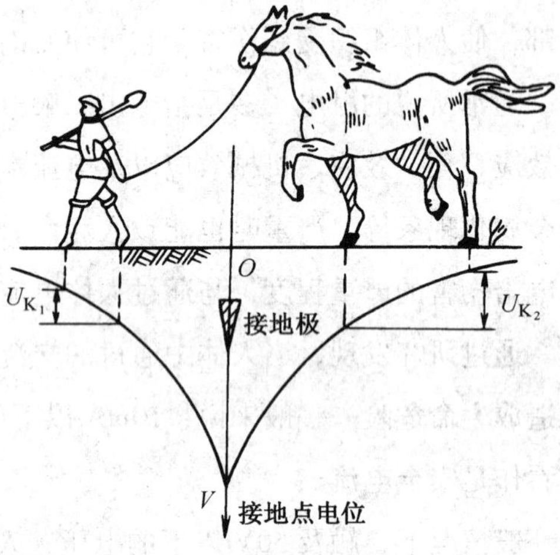


图 3－50　跨步电压示意图

（4）悬浮电路上的触电　220V 工频电流通过变压器相互隔离的原、副绕组后，从副边输出的电压零线不接地，变压器绕组间不漏电时，即相对于大地处于悬浮状态。若人站在地上接触其中的一根带电导线，不会构成电流回路．没有触电感觉。如果人体一部分接触副边绕组的一根导线．另一部分接触该绕组的另一导线，则会造成触电。例如电子管收音机、电子管扩音机，部分彩色电视机，它们的金属底板是悬浮电路的公共接地点，在接触或检修这类机器的电路时，如果一只手接触电路的高电位点，另一只手接触低电位点，即用人体将电路联通造成触电，这就是悬浮电路触电。在检修这类机器时，一般要求单手操作，特别是电位比较高时更应如此。

（5）雷击触电　雷雨云对地面突出物产生放电，它是一种特殊的触电方式。雷击感应电压高达几十～几百万伏，其能量可以把建筑物摧毁，使可燃物燃烧，把电力线、用电设备击穿烧毁，造成人身伤亡，危害性极大。

3. 触电常见原因

（1）线路架设不合规格　室内外线路对地距离、导线之间的距离小于允许值；通信线、广播线与电力线间隔距离过近或同杆架设；线路绝缘破损；有的地区为节省电线而采用一线一地制送电等。

（2）电气操作制度不严格、不健全　带电操作时不采用可靠的保安措施；不熟悉电路和电器而盲目修理；救护已触电的人时自身不采取安全保护措施；停电检修时不挂警告牌；检修电路和电器时使用不合格的保安工具；人体与带电体过分接近又无绝缘措施或屏护措施；在架空线上操作时不在相线上加临时接地线（零线）；无可靠的防高空跌落措施等。

（3）用电设备不合要求　电器设备内部绝缘损坏，金属外壳又未加保护接地措施或保护接地线太短、接地电阻太大；开关、闸刀、灯具、携带式电器绝缘外壳破损，失去防护作用；开关、熔断器误装在中性线上，一旦断开，就使整个线路带电。

（4）用电不谨慎　违反布线规程，在室内乱拉电线；随意加大熔断器熔丝规格；在电线上或中线附近晾晒衣物；在电杆上拴牲口；在电线（特别是高压线）附近打鸟、放风筝；未断电源移动家用电器；打扫卫生时，用水冲洗或湿布擦拭带电电器或线路等。

## 二、预防触电的措施



除直接与带电体接触发生触电事故外，高压意外地传到低压部分及电压意外地从带电部分传到不应带电部分（如金属结构部分），都可发生触电事故。由于用电者经常会与电气装置的金属结构部分接触，因此对电气设备必须采取下列保护措施。

1. 保护接地

保护接地是将电气设备的金属外壳与接地体（埋入地下并直接与大地接触的金属导体）可靠地相连接。通常用埋入地下的钢管、角铁或铜条作为接地体，其电阻不得超过4Ω，在电源中性点不接地的低压供电系统中，电气设备均需采用接地保护。

从图 3－51 中可以看出当设备漏电时，人触及漏电设备相当于人体电阻 $R_r$ 与接地电阻 $R_d$ 并联，$R_d$ 越小流过人体的电流就越小，保护作用就愈大。根据规定，$R_d < 4\Omega$ 即 $R_d$ 远小于 $R_r$。换句话说是因为 $R_d$ 很小，使人体承受的电压很低，从而使人避免触电危险。

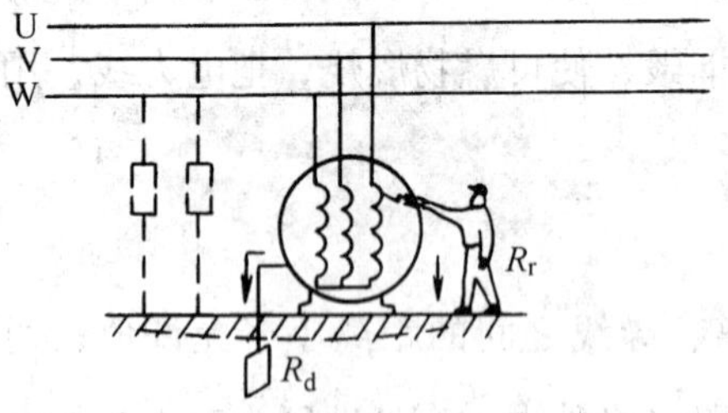


图 3－51 接地保护原理

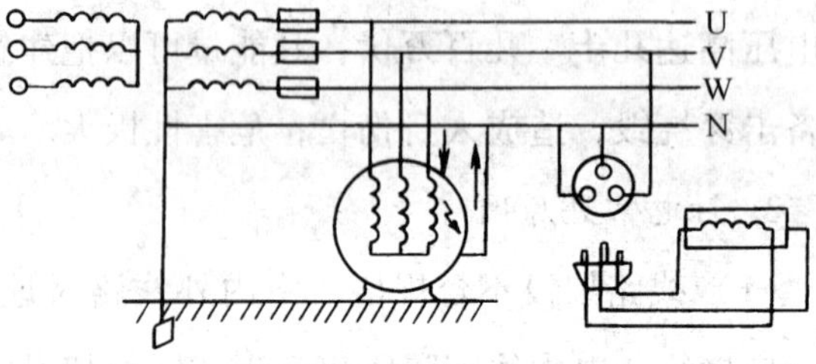


图 3－52 保护接零原理

2. 保护接零

在低压供电系统中，一般采用三相四线制，中性点接地的运行方式。电源中性点接地为工作接地（为了保证电气设备可靠地工作而采用的接地），而将电气设备的金属外壳与电源中性线相连接称为保护接零，又称保护接中线，如图 3－52 所示。

当设备的金属外壳接电源中性线后，如果设备发生碰壳漏电故障，就会通过设备外壳形成相线对零线的单相短路，由于相线和零线的阻抗远比接地电阻小得多，此短路电流 $I_{SC}$ 总是很大，一般都能使用电设备的保护装置动作，迅速切断电源以确保安全。

当采用保护接零时，电源中性线不允许断开，否则保护失效，带来更严重的事故。因此，除电源中性线上不允许安装开关，熔断器外，在实际应用中，用户端往往将电源中性线重复接地，以防中性线断开。重复接地电阻一般小于 10Ω。

对于单相用电设备，一般采用三脚插头和三孔插座。其中一个孔为接零保护线，对应的插头上的插脚稍长于另外两个电源插脚，其接法可参看图 3－64。

由于低压系统的电源中性点大多进行工作接地，所以一般用电设备的金属外壳均采用保护接零来保证用电的安全。必须强调指出：在同一低压配电网中（同一台变压器供电系统），不允许将有的设备接地，有的设备接零。



3. 防雷击

为了保护建筑物、突出物不受雷击，应针对雷击的危害，分别对直击雷、感应雷、架空线引入的高电压安装避雷装置和高压保护装置。

4. 掌握安全用电常识

要防止触电，首先必须掌握安全用电常识：

（1）安装和检修电器线路时，先要切断电源，拉开闸刀开关，拔下熔断器的插盖。为了安全起见，可用测电笔试一下，证明确实无电时，再开始工作。

（2）进行检修和安装时，要严格遵守安全操作规程，一人操作，一人监护。一般不准带电作业。在未判别是否带电之前，应一律视为带电。不要光脚或穿潮湿的鞋站在地上，身体不要碰及潮湿的木板或建筑物，也不可跟没有与大地隔离的人接触。

（3）无论在什么情况下，一定要坚持单线操作，将开关断开或卸下灯泡，使电路不通。在连接电路时．应先接好一根线，用黑胶布缠好，再接另一根线。

（4）不乱拉电线，室内布线要由电工按照要求统一安装，天线、通讯电线要远离照明线路，最近处也要保持在1.25m以上的距离。

（5）安装电路所选用的器材、电料，如开关、灯头、插座等用电设备，应保持完好，如有损坏漏电应及时修理、更换。对老化裸露的电线，也应及时更换新线，或用黑胶布包好。

（6）凡是金属外壳的家用电器，如台扇、电饭锅、电烫斗、电烤炉、电冰箱、洗衣机等，最好使用三线插头、插座，还要加接专门的地线。

（7）不要用湿手、湿布去摸、擦灯头、开关插座等电器设备，也不要用湿布去擦灯泡。换灯泡时。应先切断电源开关，然后站在干木凳上进行。

（8）在使用各种电器的过程中，如果出现短路或漏电现象，应立即拉开电源开关，停止使用电器，进行检查修理。

（9）开关一定要装在火线上，灯线不要过长，更不可拉来拉去。吊灯不可低于2m，插座不可低于1.3m。

（10）若遇到高压电线（6～10kV以上）断落在地上时，千万不要靠近，至少要离开电线落地点8～10m以外，更不要用手去拣，应立即找人看守，并报告有关部门进行抢修。

（11）发现有人触电，应赶快拉开电源开关。或用干燥的木棍等绝缘良好的物体，将带电体与触电者分开后，积极进行抢救。



## 三、触电急救措施

发现有人触电，切不可惊慌失措，首先应拉下电源开关或拔下电源插头，使触电者迅速脱离电源。如果开关等不在近旁，可以用有绝缘柄的钢丝钳或干燥的木柄斧头把两根电线一先一后地切断，也可用干燥的木棍、竹竿把触电者的电线挑开。应当注意，千万不可直接用手去拉触电者，也不可用金属或潮湿的东西去挑电线，以防电流传到救护者的身上。如果触电者站在高处，在未切断电源前，应采取措施以防触电者摔伤。

在触电者脱离电源以后，救护人应该根据触电者的不同情况采用以下几种方法：

第一，如果触电者还没有失去知觉，必须保证触电者的安静，等候医生前来。

第二，如果触电者已失去知觉，但呼吸没有停止，应当使他在平坦的地方舒适安静地平卧、解开上衣和腰带，周围不让人围着。同时要快去请医生，或抬送医院。

第三，如果触电者的呼吸停止，脉搏心脏也停止跳动，必须马上做人工呼吸及心脏按压。

## 四、简单电路故障的排查

1. 室内电路

一般室内生活用电使用的都是相电压，进一根火线和一根零线，室内电路整体无电，而室外供电正常，可按下列步骤排查。操作中要牢记：遵守规程，断电作业，身地绝缘，单手操作不触二线，安全第一。

（1）保险丝

①检查室内总保险盒里的保险丝是否熔断。如果熔断，可能是电路里的负载太大，也有可能是电路里发生了短路事故，应做进一步检查，查明原因后，更换同规格保险丝。

②如果保险丝未断，则要用试电笔测试一下保险盒的上接头有没有电。如果没有电应检查总开关（闸）里的保险丝是否熔断。用小改锥检查螺丝有无松动或接触不良。

③如果室内总开关内保险丝也未断，用试电笔测试一下室内总开关的上接头线桩有没有电。

④如果室内总开关的上接头线桩也没有电，可能是进线脱落了；也可能是室外保险盒里的保险丝熔断，应通知供电部门检修。



（2）接触不良 室内部分电路无电，而其余电路有电，是总电路与分支电路断路。仔细观察并使用万用表、试电笔测出断点。

室内某一用电器无电，其余电路有电，可从以下几方面排查：

①检查支路与用电器间电路连接点有无断开。

②用试电笔或万用电表测试供电插座是否有电。

③若插座有电则检查插头线是否脱落。由于长时间使用，插头内线接头、螺丝松动会造成短路、断路故障。若发生这类故障，应重新安装插头。若是插头老化，则应更换新插

头。

④若插头完好就检查用电器保险盒里的保险，若保险完好，可能是用电器内部电路断路，需进一步检查维修。

## 技能实训九 电工操作基本技能训练

### 一、实训目的

1. 会使用常用电工工具。

2. 初步掌握照明电路的安装与故障排查。

3. 树立规范操作，安全用电意识。

### 二、实训内容

1. 练习使用螺丝刀、电笔、电烙铁、剥线钳、万用表。

2. 安装白炽灯电路。

3. 安装日光灯电路。

4. 安装插座。

### 三、实训步骤

#### （一）练习使用试电笔

试电笔，因制成钢笔式而得名，也有兼作改锥的。它主要分笔尖（测试端）、显示窗、笔尾（接触端），见图 3－53。笔身由绝缘材料制成，笔尖、笔尾均为金属材料，安装在笔身两头。钢笔式试电笔的笔尾通常就是笔挂，旋挫式测电笔的笔尖就是改锥头。笔身腔中有高值电阻、氖气管、弹簧，它们在笔尖、笔层间鱼贯连成一串能构成微弱电流通路，当人体触及笔尾时，则其等效电阻与它们构成更弱电流的通路，氖气管位置的管身上有显示窗。当一种设备（如电线、插孔、人体、电动机等设备）带电时，若手触笔尾持笔，使笔尖触及设备，则这种电压经电笔、人体、大地构成回路，形成微弱电流，在氖气管两端产生电压降。氖管只要有约 60V 电压即可发出橙黄色光，而此时的电流微弱到并不能使人感觉到，所以显示窗有无微光即可判定设备是否带电。试电笔握法见图 3－54。

【使用要领】28 字诀：单手执笔指贴尾，先试有电判笔情，无误尖端测试点，有光有电无光无。

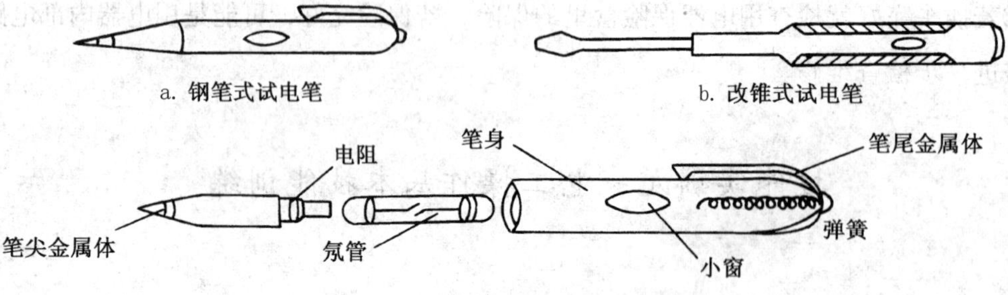


图 3－53　试电笔的外形和结构

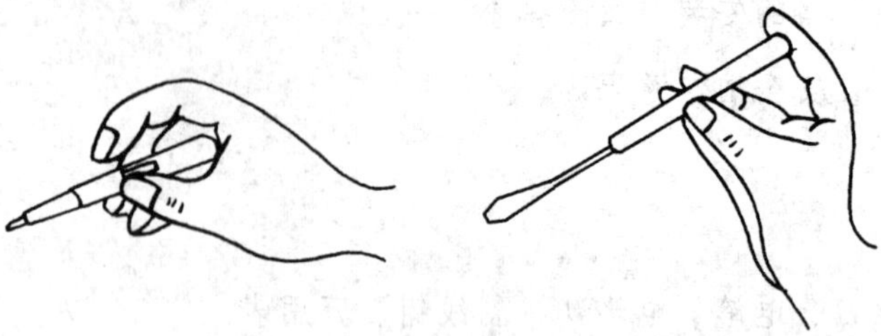

图 3－54　试电笔握法

## （二）练习使用螺丝刀

螺丝刀，俗名起子、旋挫。由杆和柄组成，柄杆同轴，柄半径比杆大得多。按杆端（或螺丝顶槽）形状分为“一”字（平口）和“十”字（梅花）两类，见图 3－55。它是一种力矩（转矩）变换器，能将小转矩变成大转矩。其主要功能是松卸、紧固螺丝。

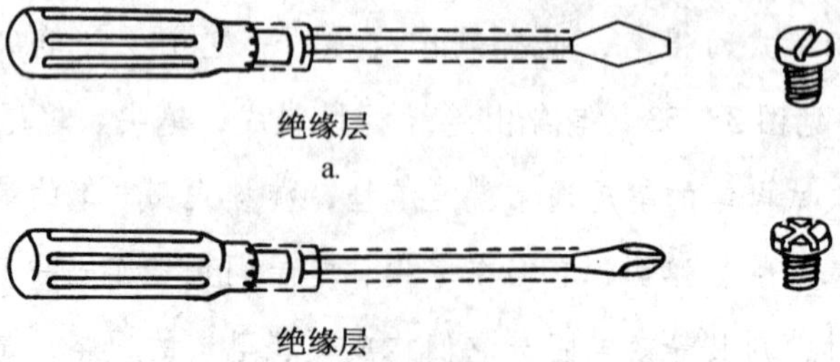


图 3－55　螺丝刀

【使用要领】24 字诀：锥槽相配、掌指握柄、顺杆压旋、右进左退、先退后进、退到响止。

### （三）练习使用电烙铁

电烙铁按结构分为内热式和外热式两类，见图3－56。

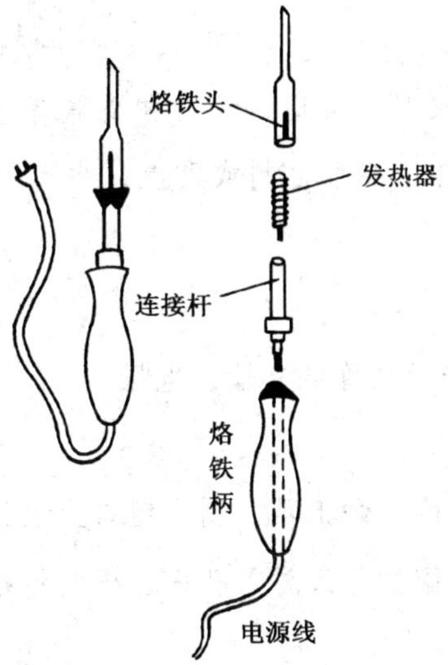


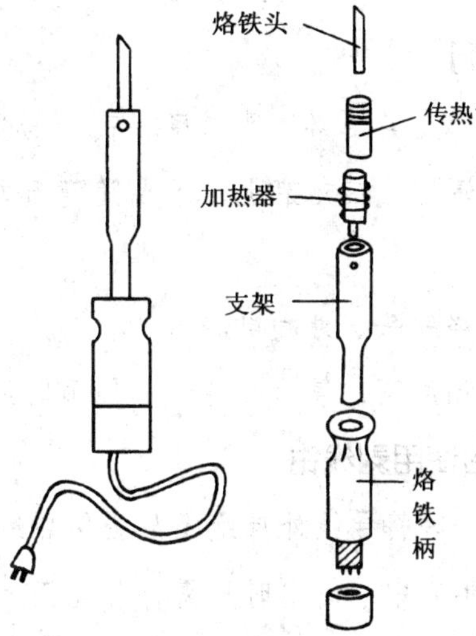


图3－56　电烙铁的外形和结构

电烙铁在结构上可划分为烙铁头、烙铁身（发热器）、烙铁柄和电源线四部分。烙铁头为纯铜杆套，有直头和弯头两种；它的尖端可称为烙铁嘴，为吃锡与焊件相触部位。烙铁身为内带电热器的金属管，是烙铁头的依托和加热装置。内热式的烙铁头成套杆状套在烙铁身上；外热式的烙铁头成杆状插在电热器中。烙铁柄是手执部位，常用隔热性能较好的木料或硬塑制成。电源线是烙铁电热器与外电源的连接导线。电烙铁是一种电热转换器。它的主要功能是将各部件通过低熔点的锡熔铸成一体而焊接起来。

【使用要领】35字诀：要焊须上锡，上锡先清洁，洁面焊剂护，热足锡自上，烙嘴点焊件，锡熔始撤离，焊剂助光亮。



【实验器材】电烙铁、支架、焊锡、助焊剂、焊接件，砂布、小刀各若干。

【步骤】

1. “清洁”烙铁嘴及焊接件待焊部位，并分别涂覆助焊剂。

2. 将烙铁接上电源加热，边加热边在烙嘴上覆涂助焊剂，如助焊剂为固体松香，可将烙铁嘴搁在松香上，待助焊剂冒烟，用焊锡在烙铁嘴上摩擦、涂覆，很快可见嘴端白亮，上了一层薄薄的锡层。

3. 让烙铁嘴适量吃锡后紧密接触或摩擦焊接件待焊部位，使其上锡。

4. 各焊件待焊部位按需紧密叠合后，用吃锡并饱含助焊剂的烙铁嘴加热待焊部位，使其熔铸成一体。

【注意事项】

1. 烙铁身，尤其是烙铁头温度很高，易烫坏衣服、桌椅、设备和皮肤等。因此，不用时应将其妥善搁置在支架上，不要随意乱放。烙铁架可自制或购置，也可用耐热物代替。

2. 应警惕烙铁头、身漏电。

3. 烙铁头温度高，氧化损耗快，停用时最好能设法降低其输入电压。

**（四）练习使用剥线钳**

剥线钳是一种将导线外层绝缘与金属导线剥离的一种工具，剥线钳口上设计有若干个直径不同的孔形刀中，使用时只需将与孔径大小匹配的导线放入孔内，压紧钳把即可将导线外层绝缘与金属导线剥离。

**（五）练习使用万用表**

万用表因集直流电流表、交流电流表、直流电压表、交流电压表、欧姆表于一体而得名，它可用于测量电路、电器元件的电流、电压、电阻大小，检测电路通断、检测元件常工作参数。

（1）结构及用途　万用电表是能测量多种电学量的仪表。表面分表盘、功能转换装置和表笔连线插孔三部分，见图3－57。表盘上有相应电学量的刻度线和指针；功能转换开关，使万用表能按需选择电学量及其量程；表笔连线供万用表与外电路连接之用。它通常能测量电阻、直流电压、交流电压、直流电流和交流电流等，是电路测试和检查电器元件的常用仪器。

使用注意事项：



①表盘上“Ω”刻度线刻度顺序系由右到左，与其他电学量刻度线顺序正好相反。

②使用前观察指针是否在零位，有偏离须调零后再用。

③随时注意改测电学量时必须换档换量程。

④万用表处于“Ω”和“A”工作状态时严禁和带电器材并接。

⑤测量时，注意手不要碰到表笔的金属触针，以保证安全和测量准确；使用后要把表笔从试笔插孔中拔出，并且不能把选择开关置于欧姆档，应将选择开关置于空档或交流电压最高档，以防漏电和下次使用误操作而损坏仪表，长期不用应将电池取出。

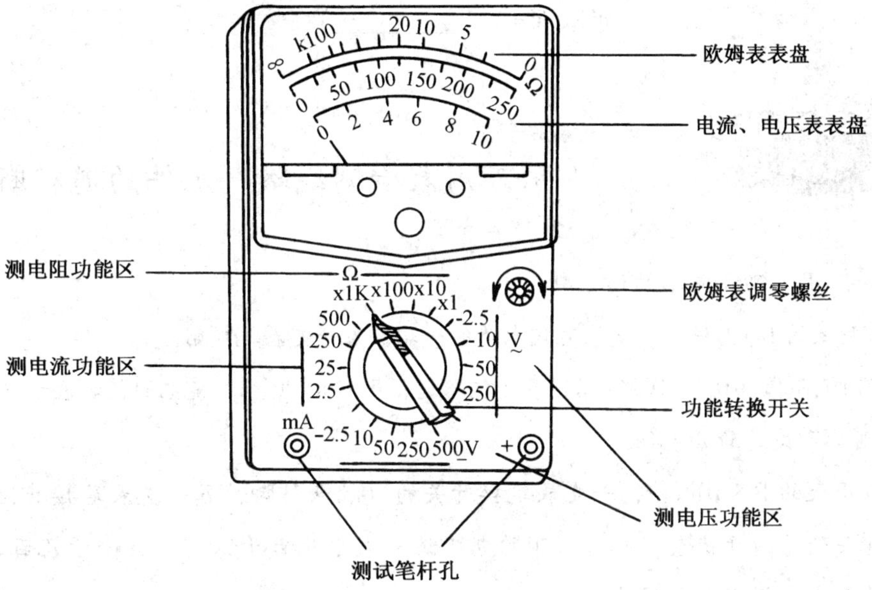


图 3－57　万用表外形

(2) 测量电阻

①测量功能、倍率的选择　将功能转换开关置于测量电阻功能区的某倍率档上，倍率选择可根据所测电阻的大小选择，一般情况下以指针落到刻度盘中间段为宜。若指针偏向表盘最左端，可选高一档的倍率；若指针偏向表盘最右端，可选低一档的倍率。

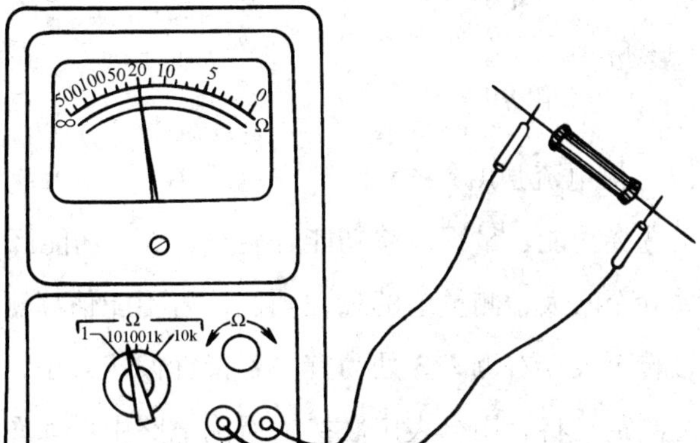

图 3－58　普通电阻器的检测方法

②校零　将两表笔相接，调节欧姆表调零旋纽，使指针在“Ω”刻度线的“0”位线上。每变换一次倍率档，都应进行一次调零。

③接入电阻测量　将不通电状态的电阻与两笔相接，如图 3－58 所示。表笔不分正负，手不能同时接触被测电阻器的两根引脚，以避免人体电阻对测量结果的影响。

④测量值的读取及记录

测量电阻值=指针示数×档位倍率

记录 $R=$______________Ω

小资料

## 用万用表检测线路、元件的通、断

1. 用万用表测量电路的通、断

用万用表的 R×1 档，一支表笔接电路的一端，另一支表笔接触另一端，所测阻值在 0.1～0.5Ω 以下表示电路通；用 R×10k 档测量电阻值∞表示电路断开。

2. 测量开关的断开电阻

用万用表的 R×10k 档，一支表笔接开关的刀触点引脚，另一支表笔接其他触点的引脚，让开关处于断开状态，此时所测的电阻值应大于几百千欧姆。如小于几百千欧姆时，表明开关触点之间有漏电现象。

开关的故障率比较高，其主要故障是接触不良、不能接通、触点间有漏电、工作状态无法转换等。其中接触不良的故障较为多见，表现为时通时断，且造成的原因有多种。其中有触点氧化，触点打火而损坏，触点表面脏污等。此类故障可通过无水酒精清洗触点的方法得以解决。

（3）测电流强度

①选择功能、量程　将功能开旋至“A”功能区。估算所测电路的电流强度值，将功能开关旋至略大于测量值的量程档位，若不能估算测量值，从最大量程档开始试测，一般指针偏转至表盘右侧 2/3 处为宜，若指针偏转太小，可退小一档量程测量。

②测量　将万用电表串联接入所测电路中，如图 3－59 所示。



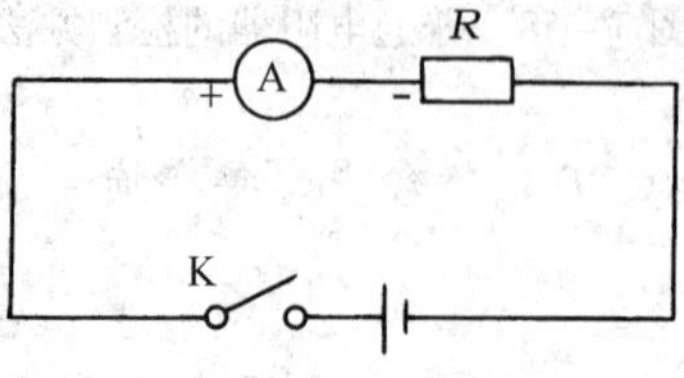


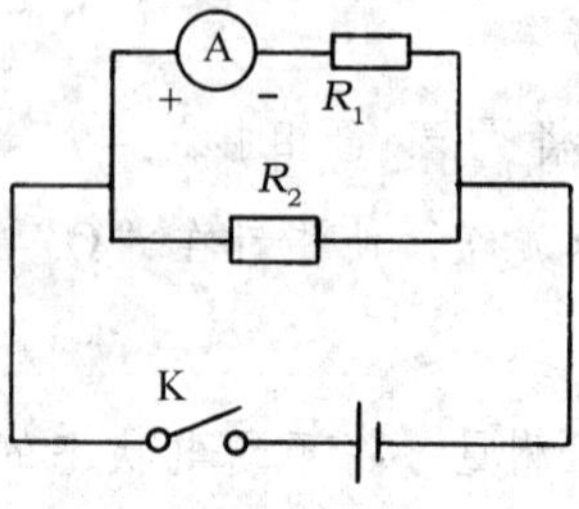


图 3－59　电流表的联接

③读取测量值　选择下列方法之一读数。

a. 在电流、电压表表盘中，选择一行满偏刻度与量程一致的刻度行读数，指针示数即为测量值。

b. 在电流、电压表表盘中，选择一行满偏刻度与量程成10倍（或1/10倍、100倍等）的刻度行读数，测量电流值等于指针示数乘以倍率。

④记录测量值　请同学自己设计记录数据的表格，将测量数据记录于表格中。

（4）测量交流、直流电压

①选择功能、量程　将功能开关旋至“V̲”（直流）或“V̰”（交流）功能区，估算所测电压的电压值，将功能开关旋至略大于测量值的量程档位，若不能估算测量值，以最大量程开始试测，一般使指针偏转至表盘右侧2/3处为宜，若指针偏转太小，可退小一档量程。

②测量　将万用表并联接入所测电路中，如图3-60所示。

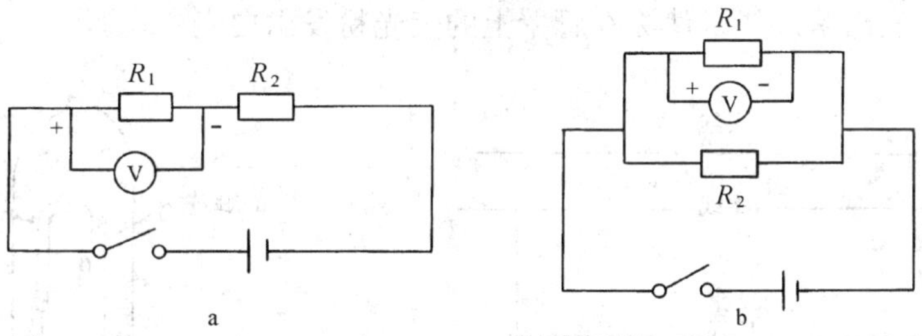


图3-60　电压表的联接

③读取测量数据　读数方法与测电流读数方法相同。

④记录测量结果　将测量结果记录在设计好的表格内。

小资料

## 用万用表检测电池

1. 检测电池

用万用表的直流电压档，选其量程略大于标称电压，红表笔接电池的正极，黑表笔接电池的负极，此时测出的电压为空载电压，其电压值应不低于标称电压（对新电池是这样）。将负载电阻（阻值大小由厂家规定）接于电池的正、负极之间，然后用上述的方法测量电池的电压，此时测出的电压值，就为负载电压（工作电压），此值应近似标称电压

（新电池），说明电池是好的，如果测出的电压比标称电压低得很多，说明电池已不能继续使用。

2. 对充电电池的检查

检查充电电池是否能继续充电的方法是用万用表电压档测其空载电压，如果能测到有零点几伏以上的电压值，表明能给该电池充电。如果没有测到一点电压（电压值为零），此时，再用万用表的 R×100 档，测其正、反向阻值，如果正、反向阻值有区别，表明该电池仍能给予充电使用。如果既无电压又无正、反向电阻，说明该充电电池不能再进行充电。

### （六）简单照明电路安装

①日光灯电路安装　日光灯安装如图 3－61，主要由灯管、镇流器和启辉器组成。镇流器是一带铁心线圈。启辉器的构造如图 3－62，它是一个充有氖气的小玻璃泡，里面装有两个电极：固定不动的静片、双金属片制成的 U 形触片。灯管内充有稀薄的水银蒸气，水银蒸气导电时发出紫外线，使涂在管壁上的荧光粉发出白光。

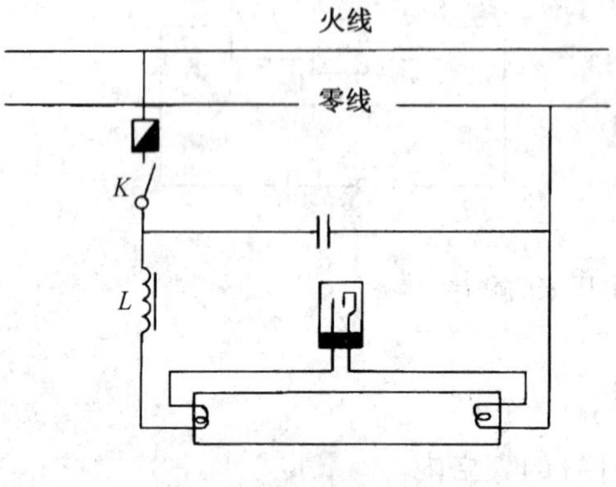


图 3－61　日光灯安装图

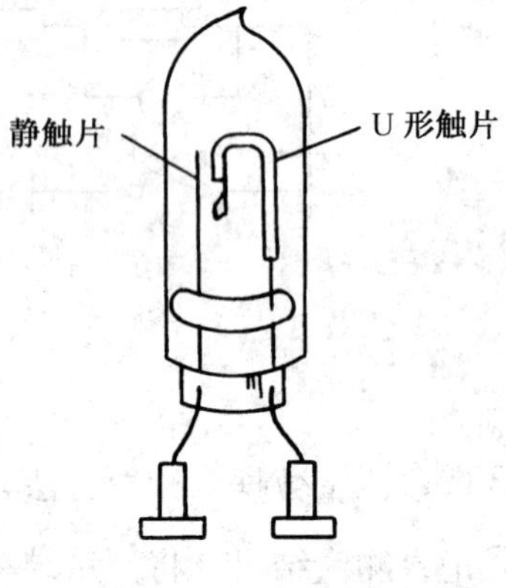


图 3－62　启辉器

当开关闭合后，电流把电压加在启辉器的两极之间，使氖气放电发出辉光。辉光产生的热量使 U 形触片膨胀伸长，跟静触片接触把电路接通，于是镇流器的线圈和灯管的灯丝中有电流通过。电路接通后，启辉器中的氖气停止放电，U 形触片冷却收缩，两个触片分离，电路自动断开。在电路突然中断的瞬间，在镇流器两端产生一个瞬时高电压，这个电压与电源电压同时加在灯管两端，使灯管中的水银蒸气开始放电，日光灯开始发光。在日光灯正常发光时，镇流器起着降压限流作用，保证日光灯正常工作。

②白炽灯　安装白炽灯头与开关串联后，开关的引线通过保险盒接火线，灯头的引线

接零线（图3－63）。

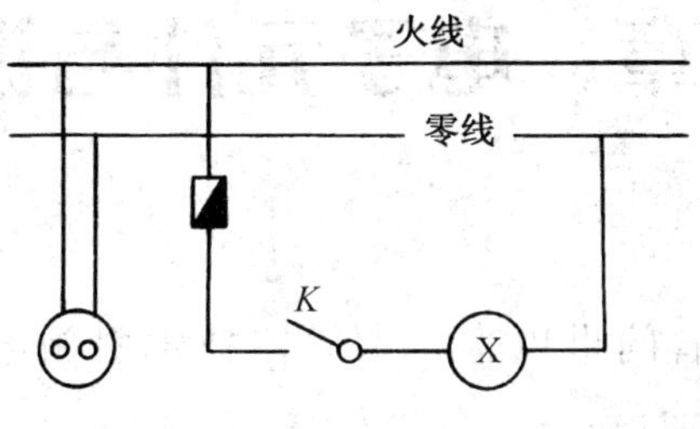


图3－63　白炽灯安装图

③插座的安装　双孔插座的正确接线，应该根据插座线孔的排列顺序连接。插孔水平排列时，相线接右孔，零线接左孔，即“左零右火”；垂直排列时，相线接上孔，零线接下孔，即“下零上火”。使用试电笔检查若有误，须断电后，调换二线位置重新接线，见图3－64（a）。

三孔插座的正确接线是下方的两个孔是接电源线的，左孔接零线，右孔接相线，上面的一个大孔接保护接地线，见图3－64（b）。用万用电表的电阻挡测接地电阻，接地电阻小于4Ω；使用试电笔检查零线、火线位置，若有误须断电，调换二线位置，重新接线。

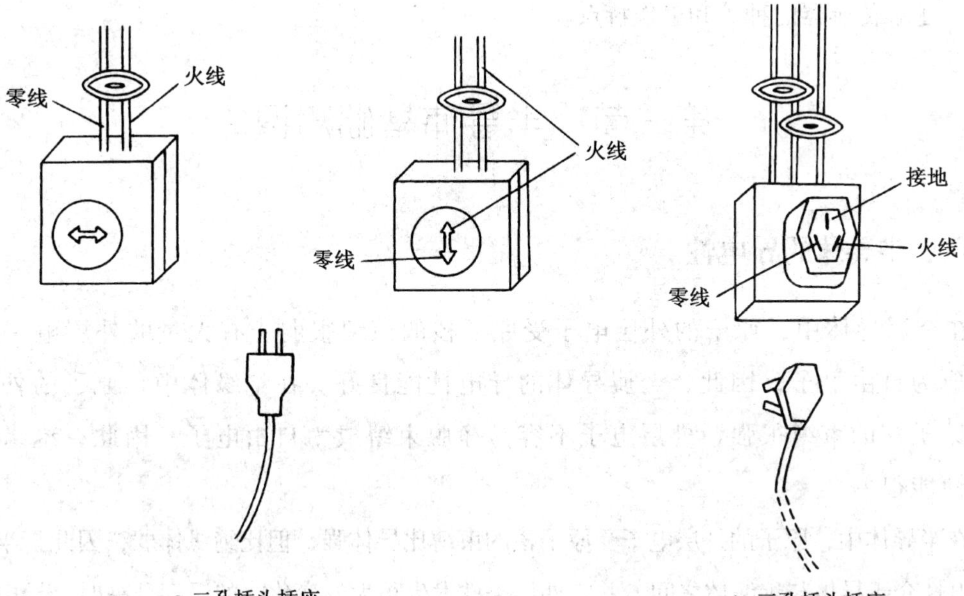


a. 二孔插头插座　　b. 三孔插头插座

图3－64　插头、插座

# 第四章　电子元件与设备

从1948年第一个晶体管问世以来，半导体技术引领电子技术飞速发展。在今天人们的社会生活、生产经营活动、日常生活中，都与电子技术和电子产品息息相关。各种家电产品、医疗器械设备、自动化生产流水线、信息技术、遥感探测与控制、航天技术等等与电子技术的依赖程度越来越高，各种设备的技术更新都有赖于电子技术的革新，电子技术成为各种设备的核心技术之一。我们在享受电子技术带来的先进生产设备和舒适生活的同时，有必要了解电子技术的基础知识。通过本章学习，你将获得下列知识：

1. 了解半导体的种类与特点；
2. 理解二极管的工作原理和特点；
3. 理解三极管的工作原理和特点；
4. 了解二极管、三极管、晶闸管、传感器等电子器件的应用；
5. 了解传感器的种类和工作特点。

## 第一节　半导体基础知识

### 一、半导体的导电性



在金属导体中，原子的外层电子受原子核的束缚很弱，有大量的外层电子挣脱束缚成为自由电子，因此，金属导体的导电性能良好。在绝缘体中，原子的外层电子受原子核的束缚很强，外层电子不容易挣脱束缚成为自由电子，因此，绝缘体的导电性能很差。

在半导体中，原子的外层电子受原子核的束缚比导体强，但比绝缘体弱，因此，半导体的导电性介于导体与绝缘体之间，并随外界条件发生很大的变化。如温度升高时，导电性显著地增强，这叫做半导体导电的热敏性。当被光线照射时，导电性也显著地增强，这叫做半导体导电的光敏性。因此，人们用半导体的热敏性制成热敏电阻元件，利用半导体的光敏性制成光敏电阻、光电二级管等元件。更为重要的是，在纯净的半导体中，掺入微量的杂质，半导体的导电性能会大大地增强。下面用半导体硅为例来说明半导体的导电性。

半导体硅（Si）四价元素，硅原子外层有四个电子。当硅制成单晶体时，整个晶体的原子按一定的规律整齐地排列，每个原子都以四个价电子与相邻的四个原子联系着。这样，相邻的两个原子就有一对共有电子，形成共价键。图4－1a是硅单晶体共价键结构的平面示意图。共价键结构使每个原子都满足了最外层电子数为8的条件，因此，处于共价键中的电子是一种束缚电子，不能自由移动，因而不能导电。

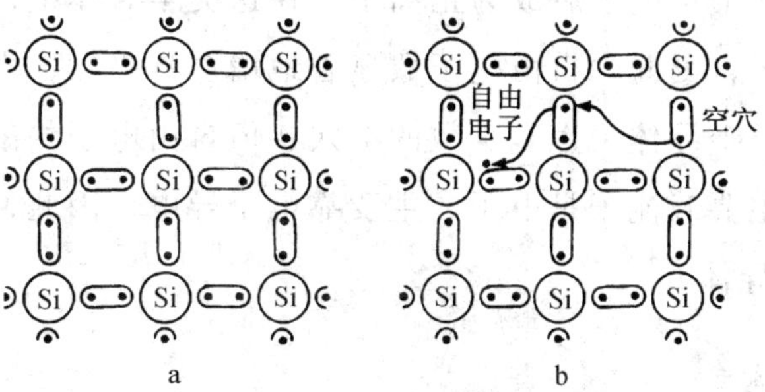


图4－1　硅单晶体共价键结构

但是，这种束缚并不是很牢固的。由于热运动或受光照射，其中极少数电子获得足够的动能，挣脱束缚成为自由电子。没有外电场时，这些自由电子的移动是无规则的。有外电场时，这些自由电子逆着电场的方向定向移动形成电流，这叫做半导体的电子导电。

当共价键中有一个电子挣脱束缚成为自由电子时，在原来的共价键中就留下一个空位，叫做空穴，如图4－1b所示。原子是电中性的，空穴是失去了带负电的电子而形成的，因此，可以把空穴看作是带正电的。这个空穴很容易由附近共价键中的束缚电子来填补，于是出现了一个新的空穴。束缚电子的这种填补运动，从效果上看相当于空穴沿着电子填补运动的反方向运动。为了跟自由电子的移动相区别，我们把束缚电子的这种填补运动叫做空穴运动。没有外电场时，空穴运动同样是无规则的，有外电场时，空穴就沿着电场方向定向移动形成电流，这叫做半导体的空穴导电。



在外电场作用下，自由电子的移动和空穴的移动方向是相反的，但形成电流的方向是相同的。在纯净的半导体中，自由电子和空穴是成对出现的，叫做电子－空穴对。自由电子和空穴的重新结合，叫做复合。纯净的半导体虽然有电子导电和空穴导电，但电子－空穴对的数量很少，因此，导电性远不如金属良好。为了增强半导体的导电性，通常是在纯净的半导体中掺入微量杂质。掺入半导体中的杂质有两类，因而形成两类半导体。

## 二、N型半导体

如果在纯净的半导体硅中掺入微量的五价元素磷P（或砷As、锑Sb），一些硅原子就会被磷原子代替。磷原子有五个价电子，它与周围硅原子组成共价键时多出一个价电子，这个价电子受磷原子的束缚很弱，很容易成为自由电子，如图4-2a所示。磷原子失去一个价电子后成为正离子。在这类半导体中，每个五价磷原子都能提供一个自由电子，因此，自由电子数显著地增多，当然，由于热运动也会产生电子-空穴对，这类半导体中也有少数的空穴，但自由电子的浓度比空穴浓度大得多。这类半导体的主要载流子是电子，主要靠电子导电，因此，把它叫做电子型半导体（又叫N型半导体）。

## 三、P型半导体

如果在纯净的半导体硅中掺入微量的三价元素铟In（或铝Al、镓Ga、硼B）一些硅原子就会被铟原子代替。铟原子只有三个价电子，它与周围硅原子组成共价键时缺少一个电子，附近的共价键中的电子很容易前来填补，从而形成一个空穴（图4-2b），铟原子获得一个电子后形成负离子。在这类半导体中，每个三价的铟原子都能提供一个空穴，因此空穴的数目显著地增多。当然，由于热运动也会产生电子-空穴对，这类半导体也有少数自由电子，但空穴的浓度比电子的浓度大得多。这类半导体的主要载流子是空穴，主要靠空穴导电，把它叫做空穴半导体（又叫P型半导体）。

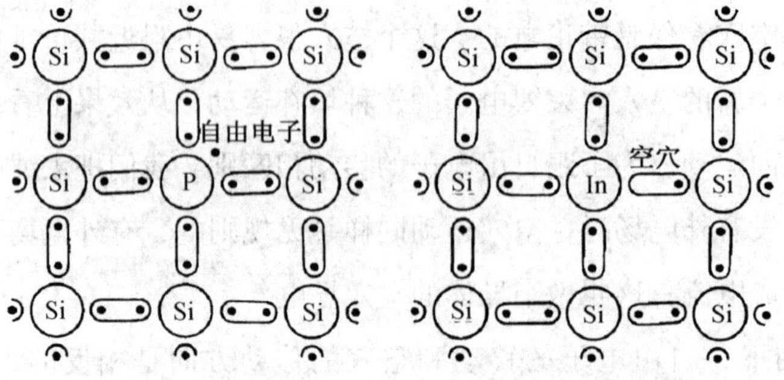


a. N型半导体结构　　b. P型半导体结构

图4-2　半导体结构

# 第二节　常用电子元件

## 一、晶体二极管

1. 晶体二极管的单向导电性

取一个电阻 R 和一个晶体二极管 D，分别接成如图 4－3a 的电路，可以看到，两个电路中的灯泡都同样发光。但是，当把电池的正负极调换连成图 4－3b 的电路时，接有电阻 R 电路中的灯泡亮度不变，而接有晶体二极管 D 的电路中灯泡却不亮了。可见，电阻的导电性与电流方向无关，而晶体管的导电性与电流方向有关，只允许一个方向的电流通过，也就是晶体二极管具有单向导电性。

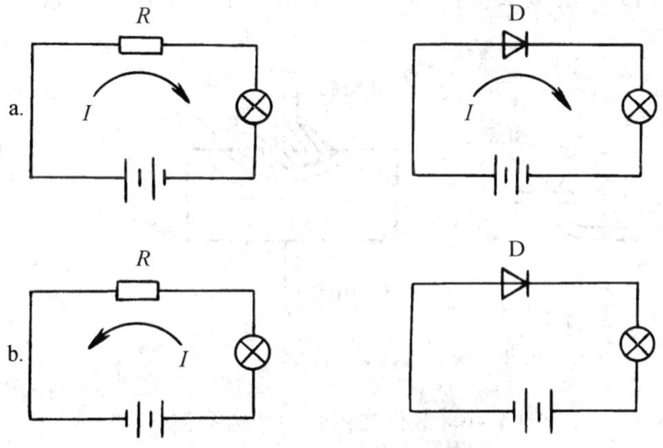


图 4－3　晶体二极管的单向导电性

由于 P 型半导体中空穴浓度大，N 型半导体中自由电子浓度大，当 P 型半导体和 N 型半导体结合在一起时（图 4－4），在 P 型半导体和 N 型半导体的交界面处存在着自由电子和空穴的扩散运动，空穴从 P 区向 N 区扩散，并与 N 区的自由电子复合，自由电子从 N 区向 P 区扩散，并与 P 的空穴复合。在扩散之前，P 型和 N 型半导体是电中性的，扩散开始后，在交界面处，N 区一边由于失去了自由电子而留下带正电的离子，P 区一边由于失去了空穴留下了带负电的离子（图 4－5）。这些不能移动的带电离子集中在交界面附近形成的电场，其方向从带正电的 N 区指向带负电的 P 区。这个电场将阻止自由电子向 P 区、空穴向 N 区的扩散。我们把 N 型和 P 型半导体交界面处附近的离子区叫做阻挡层，它形成的电场叫做阻挡层电场。随着扩散的进行，阻挡电场增强，扩散运动减弱，最后达到稳定状态，在P型和N型半导体交界处形成一个很薄的阻挡层，把它叫做PN结。PN结是组成晶体二极管、三极管及其他半导体器件的基础。

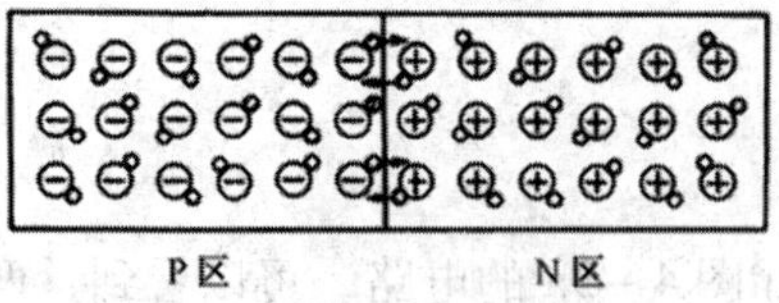


图4-4　P、N交界处电子和空穴的扩散运动

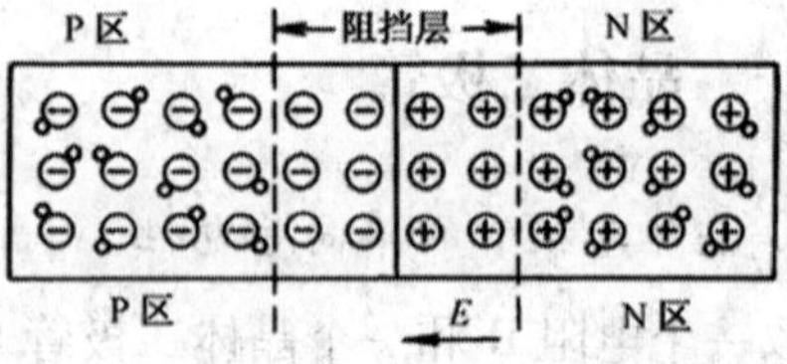


图4-5　PN结

在PN结的P区、N区各引出一个电极，再装上管壳就成为晶体二极管。与P区连接的是正极，与N区连接的是负极。图4-6是晶体二极管的结构图和符号。

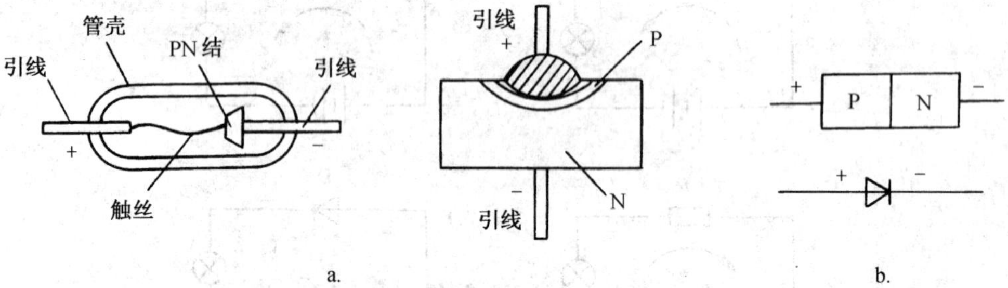


图4-6　晶体二极管的结构图和符号

晶体二极管为什么具有单向导电性？如4-7a所示P区接电源的正极，N区接电源的负极，即PN结加正向电压，外电场方向与阻挡层电场方向相反，削弱了阻挡层电场，阻挡层变薄，这时，P区的空穴和N区的自由电子顺利地通过PN结形成电流，PN结导通。如果像图4-7b那样，P区接电源负极，N区接电源正极，即PN结加上反向电压，外电场方向与阻挡层方向相同，加强了阻挡层电场，阻挡层变厚，这时，P区的自由电子，N区的空穴可以通过PN结，在外电场作用下形成反向电流。但是，P区的自由子，N区的空穴都很少，所以反向电流很小，粗略地可认为没有电流通过，PN结处于截止状态。这就是晶体二极管单向导电性的原因。

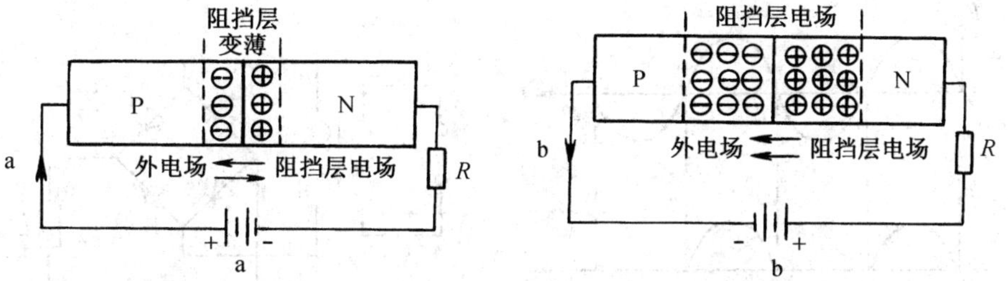


图 4-7 晶体二极管的单向导电性

2. 晶体二极管应用举例

目前，生产上广泛应用交流电，但也有不少电器设备，必须使用直流电才能工作。如直流电动机、蓄电池充电、电子仪器、电讯设备、计算机等都需要直流电。如何得到直流电源呢？方法很多，但采用半导体整流器，把交流电变为直流电，是经济、可靠的方法。交流电变成直流电的过程叫做整流，实现整流的电路叫整流电路。如果整流元件是二极管，这种整流电路叫做二极管整流电路。

（1）半波整流电路 图 4-8 是半波整流电路。B 是交流电源变压器，D 是晶体二极，$R$ 是用电器的电阻（以纯电阻为例）也叫做负载电阻或负载。

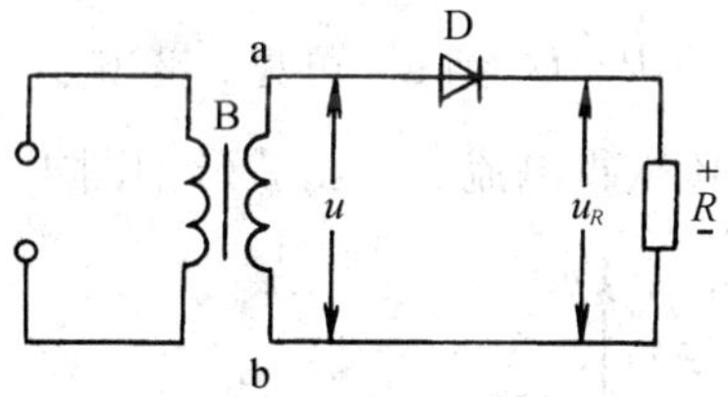


图 4-8 晶体二极管半波整流电路

当变压器的初级线圈有交流电输入时，变压器的次级线圈就有交变电压输出，设变压器输出的交流电压为 u，它的波形如图 4-9a 所示。

当变压器输出的交变电压处于正半周时，a 正 b 负，二极管因加正向电压而导通，电流方向由 a 经晶体二极管 D、负载电阻 $R$ 到 b。由于二极管导通时正向电阻很小，与负载电阻相比可以忽略，这时整流后的电压全部加在负载电阻上，负载电阻 $R$ 上电压的波形与变压器输出的电压波形相同。



当变压器输出的交变电压处于负半周时，a 负 b 正，二极管因加反向电压而截止。二极管截止时，它的反向电阻可以看作无限大，电路中的电流近似为零，负载电阻上的电压为零。以后即重复上述的情况。图 4-9b 是负载电阻的电流波形。可见，整流后负载电阻获得大小随时间变化的脉动直流电。

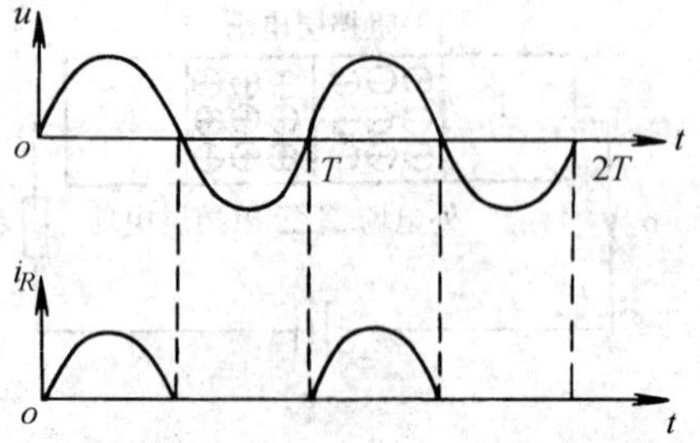


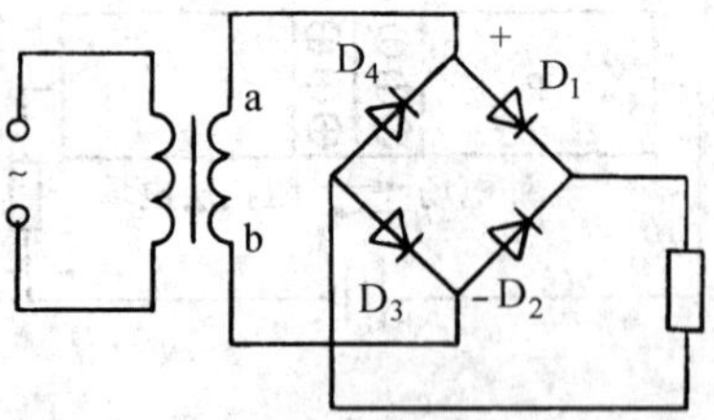


图 4 -9　晶体二极管半波整流的波形　　　　4 -10　晶体二极管半波整流的波形

半波整流的电路简单，使用元件少，但是，仅利用了交流电的半个周期，负载获得的直流电脉动性大，变压器的利用率低。

（2）桥式整流电路　图 4 -10 是桥式整流电路。当变压器输出的交变电压处于正半周时，a 正 b 负，二极管 $D_1$、$D_3$ 因加正向电压而导通，$D_2$、$D_4$ 因加反向电压而截止，这时电流方向由 a 经 $D_1$、$R$、$D_3$ 到 b。当变压器输出的交变电压处于负半周时，a 负 b 正，二极管 $D_1$、$D_3$ 因加反向电压而截止，$D_2$、$D_4$ 因加正向电压而导通，这时电流方向是由 b 经 $D_2$、$R$、$D_4$ 到 a。可见，不论正半周或负半周，通过负载电阻 R 的电流方向总是相同的，R 获得电流、电压波形如图 4 -11 所示。

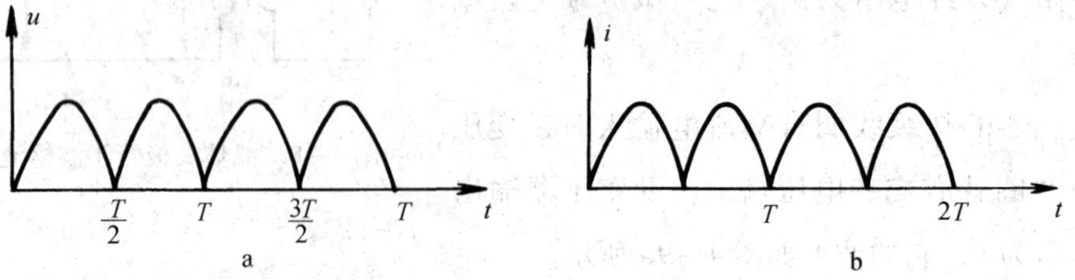


图 4 -11　桥式整流波形图

与半波整流电路相比，桥式整流电路输出电压高、电流大、脉动小。由于正、负半周都有输出，变压器的利用率高，因此桥式整流电路得到广泛应用。



（3）滤波电路　整流电路虽然可以把交流变成直流，但负载上的直流电压是脉动的，其中包含有交流成分。这对要求直流电压比较平稳的仪器仪表、自动控制设备、计算机等就不能满足要求了，为此必须进一步把脉动的直流电变成平稳的直流电，尽量滤除它的交流成分。能实现这个目的的装置叫滤波器。常用的滤波电路有电容滤波、电感滤波和 π 型滤波。

图 4 -12 是 π 型滤波桥式整流电子线路。当交流电经桥式整流后，成为脉动直流电，

其电压、电流的大小的时刻都在改变。当变化的电流通过电感线圈时，线圈中产生的自感电动势，以阻碍电流的变化；电容器 $C_1$、$C_2$ 在电压高时充电，电压低时放电，使脉动电流变得平稳些。

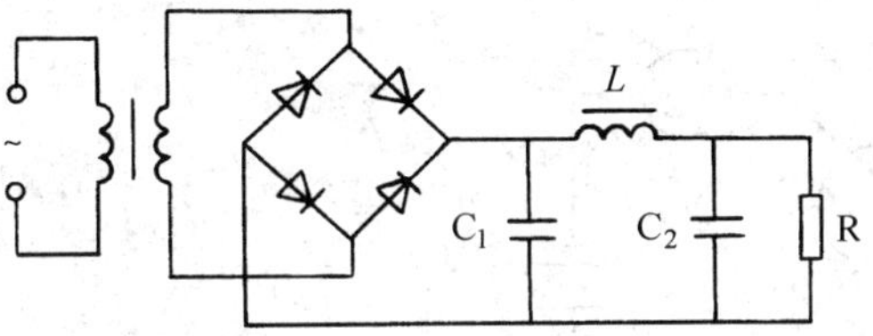


图 4－12　带 π 型滤波电路的桥式整流电路

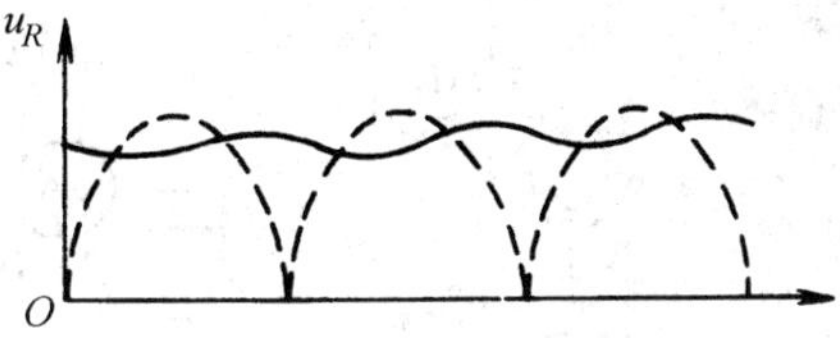


图 4－13　π 型滤波后的波形

## 二、晶体三极管

### 1. 晶体三极管的基本结构

晶体三极管分为 NPN 型和 PNP 型两类，图 4－14 是 PNP 型的结构示意图和符号，图 4－15 是 NPN 型的结构示意图和符号。从图可以看出，晶体三极管内分三个区：发射区、基区、集电区，它们各有一条电极引线，分别叫做发射极 e、基极 b 和集电极 c。符号中发射极的方向表示电流方向。集电区与基区间的 PN 结叫集电结，发射区与基区间的 PN 结叫发射结。晶体三极管并不等于两个二极管的简单组合，而有许多新的性能，最重要的是它具有放大作用。

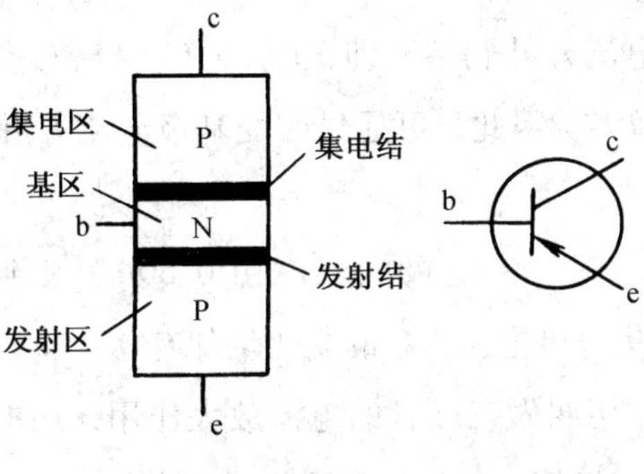


图 4－14　PNP 型晶体三极管结构图

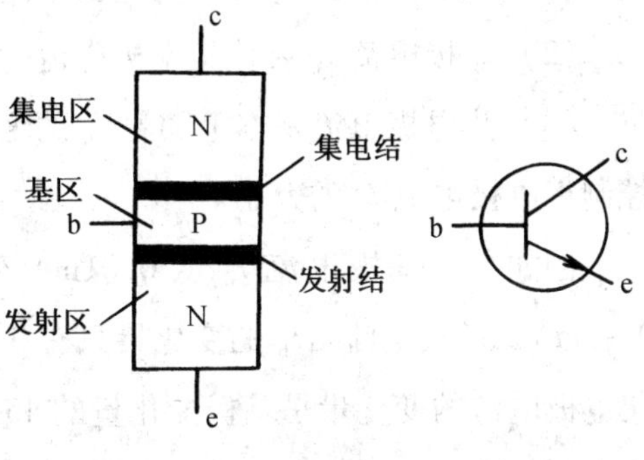


图 4－15　NPN 型晶体三极管结构示意图和符号



### 2. 晶体三极管的工作特点

我们以 PNP 型为例来研究三极管的工作特点。把一个 PNP 型三极管按照图 4－16 那样连接在电路中，从串联在电路中的毫安表和微安表可以读出通过发射极的电流 $I_e$、通过基极的电流 $I_b$ 和通过集电极的电流 $I_c$。电路中的 $R$ 是限流电阻，$W$ 是可变电阻。当改变

可变电阻 $W$ 的阻值时，基极电流 $I_b$ 就改变，同时集电极电流 $I_c$ 和发射极电流 $I_e$ 也随着变。为了研究 $I_b$、$I_c$、$I_e$ 之间关系，我们多次改变 $W$ 的阻值，把每次的 $I_b$、$I_c$、$I_e$ 的值都记下来。表 4-1 是某个三极管测试记录。

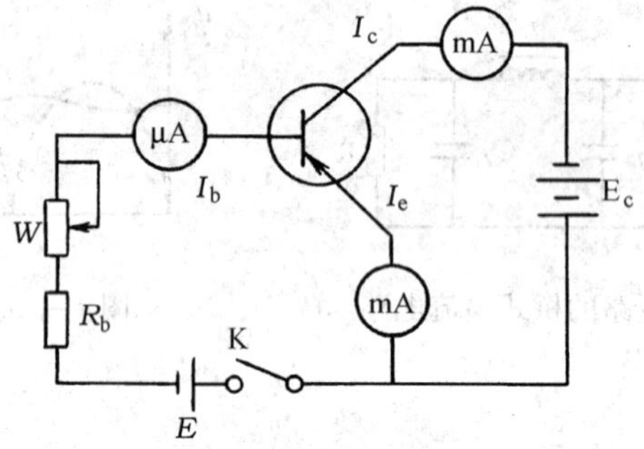


图 4-16　PNP 三极管电路

**表 4-1　某三极管测试数据表**

| 测量次数 | 1 | 2 | 3 | 4 | 5 | 6 | 7 | 8 | 9 | 10 |
|---|---|---|---|---|---|---|---|---|---|---|
| $I_b$（毫安） | 0.00 | 0.01 | 0.02 | 0.03 | 0.04 | 0.05 | 0.10 | 0.20 | 0.30 | 0.50 |
| $I_c$（毫安） | 0.10 | 0.50 | 0.95 | 1.42 | 1.91 | 2.41 | 4.91 | 9.51 | 13.7 | 21.3 |
| $I_e$（毫安） | 0.10 | 0.51 | 0.97 | 1.45 | 1.95 | 2.46 | 5.01 | 9.71 | 14.0 | 21.8 |

分析实验结果，发现 $I_b$、$I_c$、$I_e$ 三者存在下列关系：

（1）发射极电流 $I_e$ 等于集电极电流 $I_c$ 和基极电流 $I_b$ 之和。即：$I_e = I_c + I_b$。

（2）基极电流 $I_b$ 要比集电极电流 $I_c$ 和发射极电流 $I_e$ 小得多。即：$I_b < < I_c$，$I_e \approx I_c$。

（3）集电极电流基本上随着 $I_b$ 的增加按比例增大，因此，可通过改变基极电流 $I_b$ 来控制集电极电流 $I_c$ 的大小。

例如，当基极电流 $I_b$ 从 0.01mA 变到 0.02mA 时，集电极电流就由 0.50mA 变到 0.95mA。基极电流 $\triangle I_b$ 的变化量只有 0.01mA，而集电极电流 $\triangle I_c$ 的变化量却有 0.45mA，集电极电流的变化量是基极变化量的 45 倍。这种作用叫做三极管的电流放大作用，用电流放大系数 $\beta$ 表示三极管对电流的放大能力，一个三极管的 $\beta$ 值往往看作一个常数。



3. 晶体三极管的应用举例

晶体三极管具有放大作用，在晶体管的输入端接上不同的转换元件后，把微弱电信号放大去推动控制机构，就可做成各种简单的自动控制电路，如温度控制、液面控制等。

（1）恒温控制　图 4-17 是恒温控制电路，基极回路中串联有水银接点温度计。当温度升高，水银面上升使 A、B 接通时，产生基极电流 $I_b$，经晶体三极管放大的集电极电

流 $I_c=\beta I_b$，推动继电器 J 动作，切断加热元件的电源，实现恒温控制。$R_1$、$R_2$ 限制基极电流，$R_1$ 调节基极电流大小，$R_2$ 避免过大的基极电流。

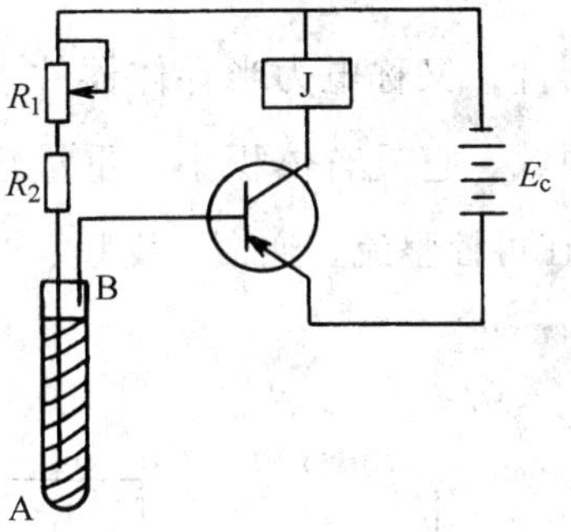


图 4－17　恒温控制电路

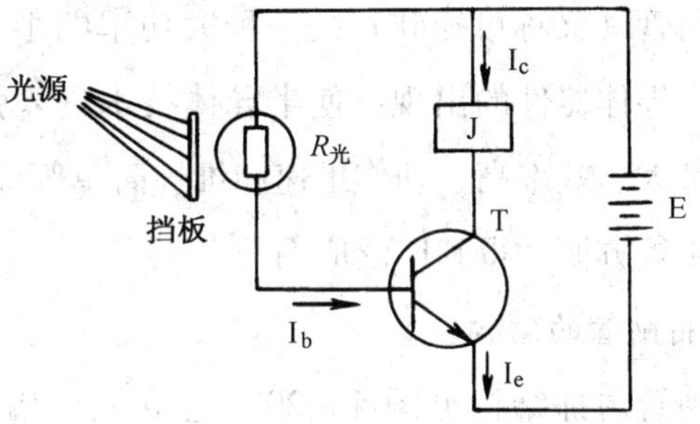


图 4－18　光控电路

（2）光控电路　图 4－18 是光控电路，其中三极管作为开关使用，$R_光$ 为光敏电阻，无光照射时，光敏电阻的阻值很大，可大于 50MΩ，因此三极管的基极电流 $I_b$ 近似为零，集电极电流 $I_c=\beta I_b$ 也近似零，此时相当于开关断开，继电器 J 不动作。有光照射时，它的阻值急剧减少到 50kΩ。这时基极电流很大，使得三极管饱和导通，此时相当于开关接通，继电器动作，以此来控制生产设备正常工作。

（3）水位自动控制器电路　图 4－19 是水位自动控制器电路，由带有 R－Cπ 型滤波

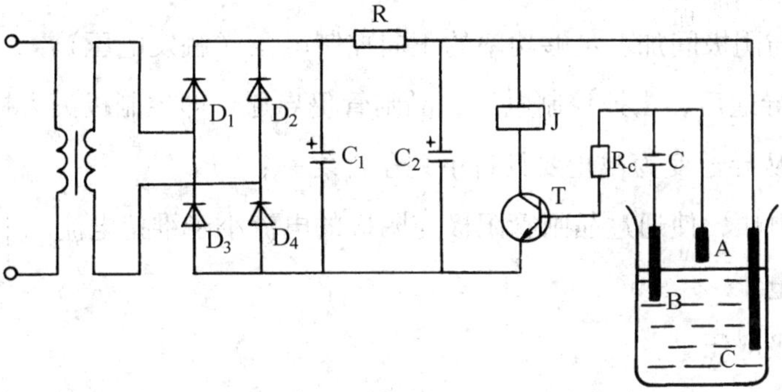


图 4－19　水位自动控制电路图

器的单相桥式整流电路供电。当水位低于 B 点三极管 T 没有基极电流，T 不导通，继电器 J 不动作。水泵保持进水。当水位上升到 A 时，T 通过水得到基极电流 $I_b$，T 导通，继电器吸合，切断水泵电源使水位停止上升，同时使接触器 C 得电，C 的常开触头（1、2）闭合。随着水的使用，水位开始下降，当下降到 B 点以下，晶体管基极与直流电源断开，T 不通，继电器失电复位，水泵又开始向水槽供水，接触器 C 失电，其常开触头断开，水

位开始上升。如此重复，液体总保持在 A、B 两点之间。

## 三、晶闸管

晶闸管（又称可控硅）是一种大功率的半导体器件，又称电力半导体器件。它和其他电力半导体器件的出现，使半导体技术进入强电领域。它具有体积小、重量轻、耐压高、容量大、效率高、动作迅速和维护简单等优点，在可控整流、逆变、变频、交直流开关和调压等方面，得到广泛应用。

1. 晶闸管的结构

晶闸管内部结构见图 4－20，它由 $P_1N_1P_2N_2$ 四层半导体构成，有三个 PN 结（$J_1$、$J_2$、$J_3$），从 $P_1$ 引出的电极是阳极 A，从 $N_2$ 引出的电极是阴极 K，从 $P_2$ 引出的电极是控制极 G。

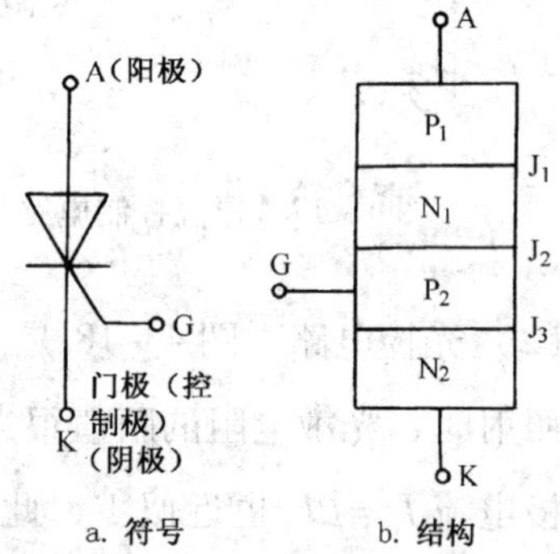

图 4－20　晶闸管符号与结构

2. 晶闸管的工作特点

（1）电流只能从阳极流向阴极，具有单向导电性。

（2）从截止变为导通必须同时具备两个条件：

①在阳极与阴极间加有正向电压；

②在控制极与阴极间加上足够功率的正向控制电压（触发电压）。

（3）晶闸管导通后，去掉控制电压，晶闸管仍导通。即控制极失去控制作用。

（4）晶闸管从导通变为截止要具备下列条件之一：

①减小阳极电压，使通过晶闸管阳极与阴极的电流小于维持电流。

②断开阳极电压。

③加反向阳极电压。



利用晶闸管的导通可以控制的特点，可以组成各种功能不同的装置，其中可控硅开关是一个最典型的应用装置。例如通过桥式整流电路，给可控硅提供全波整流电压，使可控硅阳极为正，阴极为负，可控硅的导通完全取决于有无触发电压。调整触发电压的脉冲时间周期，使电路得到间歇供电，可控硅起着开关的作用。可控硅可以用作无触点开关，这种开关不产生火花或接触不良的现象。

# 第三节　传感器

## 一、传感器的定义

世界是由物质组成的，一切物质都处于永恒不停的运动之中。物质的运动形式很多，它们通过化学现象或物理现象表现出来。表征物质特性或其运动形式的参数很多，根据物质的电特性，可分为电量和非电量两类。电量一般是指物理学中的电学量，如电压、电流、电阻、电容、电感等；非电量则是指除电量之外的一些参数，如压力、流量、尺寸、位移量、重量、速度、加速度、转速、温度、酸碱度等等。

在生产活动中，对生产过程的监测，大多数是对非电量的测量，非电量不能使用一般电工仪表和电子仪器测量，因为一般电工仪表和电子仪器要求输入的信号为电信号。在由电子计算机控制的自动化系统中，更需要输入电信号。因此，需要将被测量的非电量转换成与非电量有一定关系的电量。实现这种转换技术的器件叫传感器。

传感器是接收非电量测量信号的一个元件。一个完整的非电量电测系统，一般由传感器、测量电路、显示或记录装置及电源四部分组成，如图 4－21 所示。

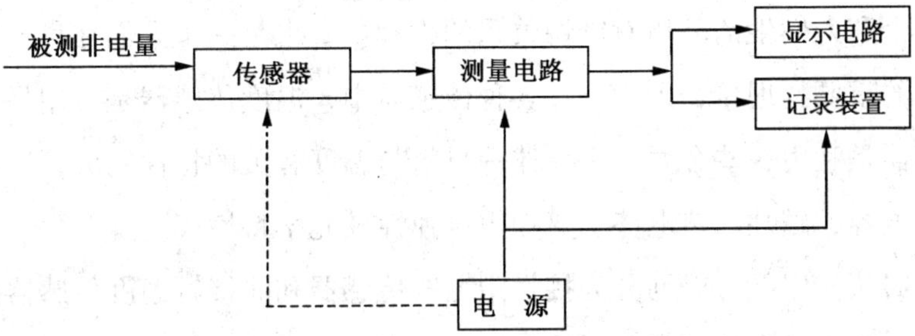


图 4－21　非电量电测系统框图

系统中的传感器主要作用是将被测非电物理量转换成与其有一定关系的电量，从图 4－21 中可以看出传感器在非电量电测系统中占有重要位置，它获得的信息正确与否，直接关系到整个系统的测量精度。

测量电路主要用来将传感器输出的电信号进行处理和变换，如放大、运算、调制、数－模或模－数变换等，使其输出的信号便于显示和记录，从测量电路输出的信号还可用于自动控制系统，也可直接和计算机系统联接，对测量结果进行信息处理。

显示电路主要用来将测量电路输出的电信号显示成被测非电量的数值，被测值可以采用模拟显示，也可以用数字显示，所测量的结果也可以由记录装置进行自动记录或由打印机将数据打印出来。

在非电量电测系统中，有的传感器需要外加电源才能工作，而有的传感器不需外加电源便能工作。

## 二、传感器的分类

传感器有许多分类方法，但常用的分类方法有两种，一种是按被测物理量来分；另一种是按传感器的工作原理来分。

按被测物理量划分的传感器有：温度传感器、湿度传感器、压力传感器、位移传感器、流量传感器、液位传感器、力传感器、加速度传感器、转矩传感器等。

按工作原理可划分为：电学式传感器、磁学式传感器、光电式传感器、半导体传感器、电化学式传感器等等。

## 三、常用传感器

1. 温度传感器

温度是一个和人们生活环境有密切关系的物理量，也是一个人们在科学试验和生产活动中需要控制的重要物理量，因此，在各种传感器中，温度传感器是应用最广泛的一种。

温度传感器是利用一些金属、半导体等材料与温度有关的特性制成，这些特性包括热膨胀、电阻、电容、磁性、热电势、热噪声、弹性及光学特性等。

温度传感器从使用上可以划分为接触型温度传感器和非接触温度传感器两大类。前者在测量温度时，要将温度传感器直接接触被测量物体；后者则是利用被测物体发射出的红外线，将温度传感器设置在一定距离下进行测量。以下是几种常用的温度传感器。



（1）电接点式玻璃水银温度计　目前普遍使用的电接点式玻璃水银温度计，是根据水银遇热膨胀原理制作的温度传感器。温度升高时，水银沿毛细管上升，一旦水银与毛细管中的铂丝相接触，即可通过输出导线与外电路接通。当温度降低时，毛细管内的水银则下降，水银与铂丝脱离接触，断开外接电路。电接点式玻璃水银温度计外形如图 4－22 所示。

（2）电接点压力式温度计　电接点压力式温度计是依据密封测温系统内气体或蒸发液体的压力与温度之间的变化关系制成的，其构造如图 4－23。

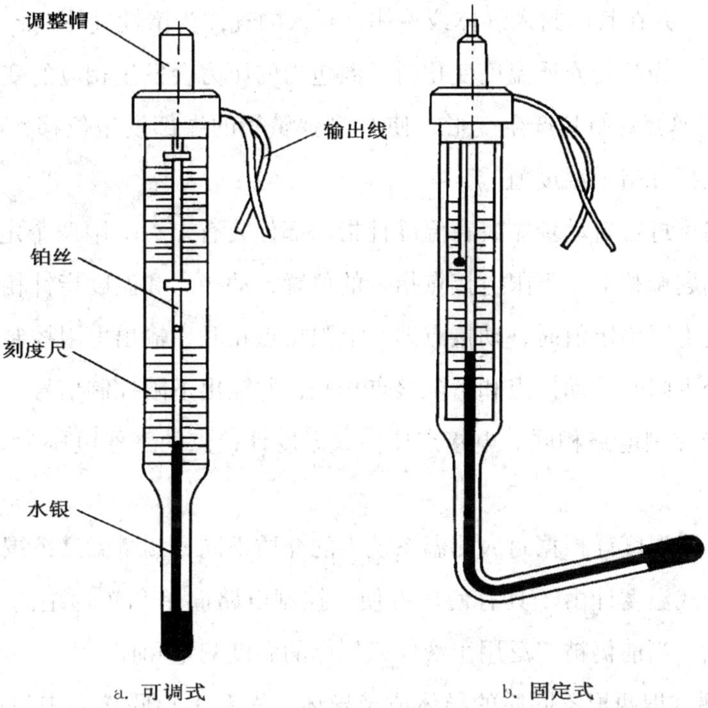


图4－22　电接点式玻璃水银温度计外形图

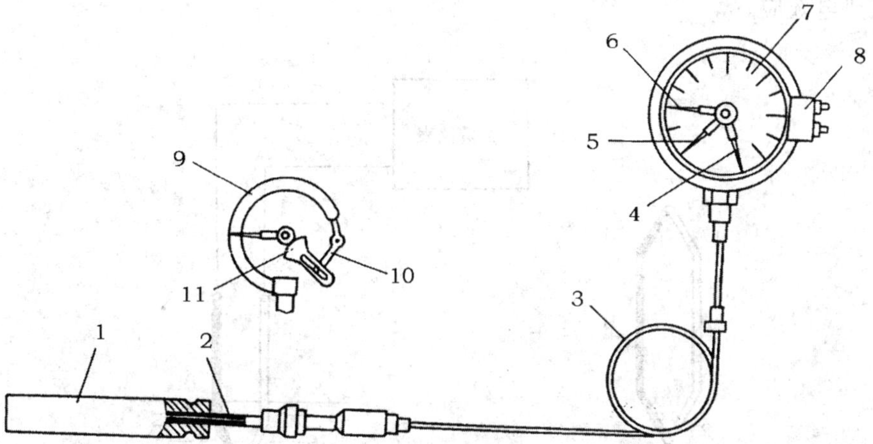


图4－23　电接点压力式温度计结构示意图

1. 温包；2. 毛细管；3. 连接管；4. 上限接点指针；5. 下限接点指针；6. 温度指针；7. 刻度盘；8. 电输出端子；9. C型弹簧；10. 拉杆；11. 齿轮传动机构

密封的测温系统由温包1、紫铜制成的毛细管2、连接管3（也是毛细管的一部分）、C型弹簧管组成，并在其内封入气体或液体，封入的气体为惰性气体，封入的液体采用煤油或乙醇及水银。当被测介质温度变化时，温包内的压力会发生相应的变化，该压力经毛细管传递到C型弹簧管使其产生变形，使C型弹簧管的端部发生位移，经拉杆带动齿轮机构，并由温度指针指示温度值。

为便于对温度进行自动控制，在温度计指示部位装有上、下限两个定接点4和5，可按需要用专用钥匙调整上、下限电接点指针的位置，动接点和温度指针相联。当被测介质温度达到或超过上限给定值时，动接点即与上限接点相联，输出上限控制信号。当被测介质温度低到温控下限时，动接点和下限接点相联，并输出下限控制信号。控制信号可通过电输出端子8与控制电路相联。电接点压力式温度计接点的工作电压为24～380V，容量小于10VA。

电接点压力式温度计根据封入测温系统内的介质不同，测量温度范围也不同。

电接点压力式温度计由于具有使用方便、控制电路简单和较远距离（20m以内）可直观检测等特点，当前仍被广泛用于液体或气体的温度测量和控制。

（3）热电偶　把两根不同质的导体或半导体（A和B）联接起来组成一个闭合回路（见图4－24a），该闭合回路叫热电回路。当两导体两个接点1和2处于不同温度T和$T_0$时，回路中有一定的电流，表明回路有电势产生，该电势称为热电势，这种产生热电势的效应叫做热电效应。



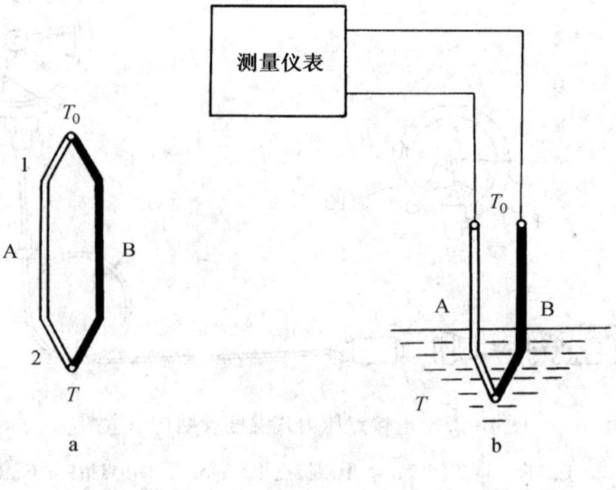


图4－24　热电偶测温系统图

常用的热电偶由两根不同的导线组成，它们的一端焊接在一起，叫做热端（通常称为测量端），放入到被测介质中；不联接的两个自由端叫做冷端（通常称为参比端），与测量仪表引出的导线相联，见图4－24b所示。当热端与冷端有温差时，由温差产生的热电势经仪表测量，便能测出介质的温度。

（4）热电阻传感器　物质的电阻率随温度变化而变化的现象称为热电阻效应。当温度变化时，导体或半导体的电阻值随温度变化，对金属来说，温度上升时，金属的电阻值将增大。这样，在一定温度范围内，我们可以通过测量电阻值而得知温度的变化。

根据热电阻效应制成的传感器叫热电阻传感器。热电阻传感器按电阻－温度特性的不同可分为金属热电阻和半导体热电阻两大类。一般把金属热电阻称为热电阻，而把半导体热电阻称热敏电阻。

（5）聚合热开关　聚合热开关是一种新型的温度传感器件。它由特殊工艺处理后的聚合树脂及导体组成。在正常状态下，聚合物成晶状结构，使导电物质构成导电通路，元件呈现低阻抗。由于阻抗低，流经元件的正常电流所产生的热量小，不会使晶状结构发生变化。当异电流（如短路电流）发生时，元件产生热量，使聚合物过热膨胀，导致导电物质链断裂，元件的阻抗迅速增高，限制了异常电流流过聚合热开关。当异电流排除后，导体链又重新建立，元件恢复到正常的低阻抗状态。

（6）热释电红外传感器　当一些晶体受热时，在晶体两端将会产生数量相等而符号相反的电荷，这种由于热变化而产生的电极化现象，被称为热释电效应。

如果我们在具有热释电效应的元件两端并联上电阻，当元件受热时，电阻上就有电流流过，在电阻两端能得到电压信号。用热释效应元件组成了温度传感器。

物体的发热总伴随往外辐射红外线，红外线有显著的热效应。热释电红外传感器是利用热释电元件探测发热物体红外线的传感器。它适用于防盗报警，来客告知，非接触开关等红外领域。

2. 光传感器

光传感器是利用光敏元件将光信号转换为电信号的传感器件，它的敏感波长在可见光波长附近，包括红外线波长和紫外线波长。光传感器不只局限于对光的探测。它还可以作为探测元件组成其他传感器，对许多非电量进行检测，只要将这些非电量转换为光信号的变化即可。光传感器是目前产量最多、应用最广的传感器之一，它在自动控制和非电量电测技术中占有非常重要的地位。

（1）基本概念

①电磁波与光谱　根据光的电磁理论，光是一种频率很高的电磁波。能引起人们视觉

的可见光，其波长范围约为0.38～0.76μm；不能引起视觉但可借助仪器检测出来的红外光、紫外光等，其波长范围分别约为0.76～1000μm、0.4～0.005μm。除此之外，还有其他也不能引起视觉的不同波长的电磁波存在，如无线电波、γ射线等。不同范围的电磁波，其频率不同、能量不同，特性也不同，如红外光具有热辐射作用，而紫外光的荧光作用强，有生理作用等。

②光子的能量　光既具有波动的本性，又是由具有一定质量、能量和动量的粒子所组成，即具有粒子性。这种粒子又叫光子，光子是具有一定能量的微粒，光则是以光速运动的粒子流。

每一个光子都具有一定的能量，其能量大小与它的频率成正比，即

$$E = h\gamma = hc/\lambda$$

式中，$E$，光子的能量，J；$h$，普朗克常数，$6.62\times10^{-34}$J·s；$\gamma$，光子频率，$s^{-1}$；c，光速，$3\times10^{8}$m/s；$\lambda$，光子波长，m。

从上式可以看出，不同频率或波长的光子具有不同的能量。光的能量就是光子能量的总和。

③光电效应　光电效应是指一些金属、金属氧化物、半导体材料在光的照射下释放电子的现象。光电效应是光传感器的基本转换原理。

光电效应可分为两类：当物体在光的作用下能使物体中的电子从物体表面逸出的现象，叫做外光电效应，外光电效应多产生于金属或金属氧化物内；当物体在光的作用下所释放的电子不逸出物体表面，而只在物体内部运动并使其电特性发生变化，这种现象叫做内光电效应，内光电效应多产生于半导体材料内。

外光电效应又称为光电发射效应。物体在光的照射下，电子吸收了一个光子的能量后，一部分用于克服物质对电子的束缚做功；另一部分转化为逸出电子的动能。根据能量守恒律得



$$h\upsilon = \frac{1}{2}m\upsilon^2 + W$$

式中，$m$，电子的质量，$9.1\times10^{-31}$kg；$\upsilon$，电子发射时的速度，m·$s^{-1}$；$W$，电子逸出功，J。

从上式可以看出，只有当入射光的能量大于电子逸出功时，物质内的电子才能脱离原子核的吸引力向外逸出。

内光电效应又分为光电导效应和光生伏特效应。当半导体材料受到光的照射时，如果入射光子的能量大于其禁止带宽，则半导体内载流子数目增多，改变了半导体的电导率，

从而使半导体的电阻减小，这种物理现象就是光电导效应。

（2）光电管　光电管由一个涂有光电材料的阴极 K 和一个阳极 A 封装在真空玻璃壳内组成，如图 4－25 所示。光电管的光电转换原理是外光电效应。当入射光照射在阴极上时，阴极就会发射出电子，由于阳极的电位比阴极高，阳极便会收集由阴极发射出来的电子，在光电管组成的回路中形成电流 $I_{\Phi}$，并在负载电阻 $R_1$ 上产生输出电压 $U_{OUT}$。在入射的频谱成分和光电管电压不变的条件下，输出电压与入射光通量 $\varphi$ 成正比，如图 4－26 所示。

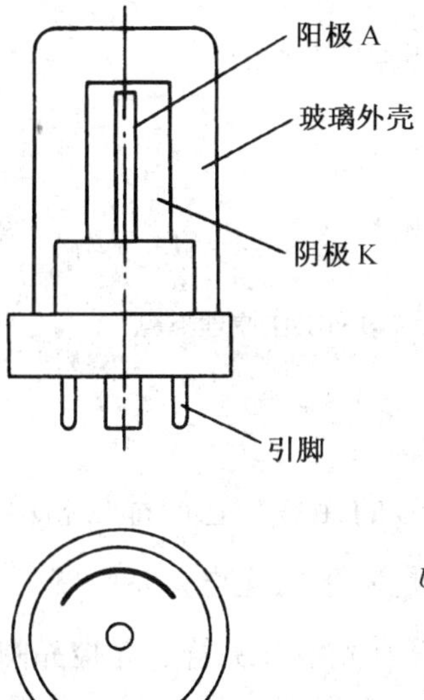


图 4－25　光电管结构示意图

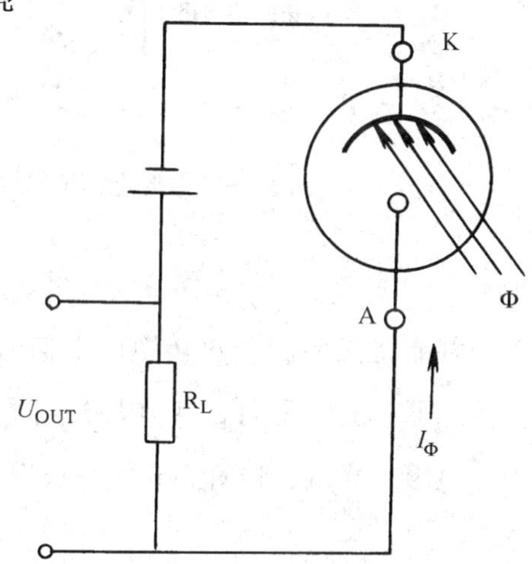


图 4－26　光电管电路

光电管的几个主要特性：

①在光电管工作电压不变的条件下，光电管对入射光波的绝对灵敏度，主要取决于阳极材料。如被测光的成份是红光，选用银氧铯阴极光电管，可获得较高的灵敏度；如被测光的成分是紫外线，则选用锑艳阴极光电管，可获得较高灵敏度。

②在光电管电压和入射光频谱不变的条件下，光电管的光电流与入射光的光通量成正比。

3. 光电倍增管

用光电管测量微弱的入射光时，由于产生的光电流很小，造成的测量误差很大，甚至无法检测。为了提高光电管的灵敏度，在光电管的阴极 K 和阳极之间安装一些倍增极，就构成了光电倍增管，如图 4－27，其工作过程是利用阳极 K 或倍增极被轰击出来的电子，冲击下一级倍增极，在下级产生更多的电子，最后在阳极收集电子，整个光电管形成放大阴极 K 电流的通道。

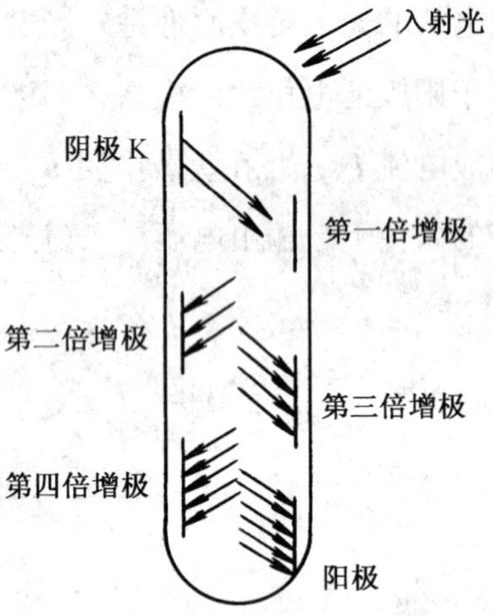


图 4－27　光电倍增管结构和工作原理

4. 光敏器件

光敏器件是一种能将光照的变化转换成电信号的元件，它们都是利用半导体材料制成，属于半导体传感器，光敏器件的工作原理都是基于内光电效应。光敏器件的种类很多，常用的有光敏电阻、光敏二极管、光敏三极管、光敏开关管、光控晶闸管。

5. 光耦合器

光耦合器是将发光器件与光敏器件组合在一起构成的。它是以光为媒介，把输入端的电信号耦合到输出端，从而完成对电路的控制，实现电－光－电的转换。

光耦合器根据结构可分为光隔离型和光传感型。

（1）光隔离型　光耦合器的输入端采用的是发光二极管，输出端的光敏器件采用的是光敏二极管、光敏晶体管、光敏电阻、光电池、光控晶闸管等。将发光器件与光敏器件组装在同一个管壳中，就构成了光耦合器。在管壳中除发光器件与光敏器件的光路部分外，把其他部分的光完全遮住的结构类型，就为光隔离型。

光隔离型光耦合器具有可靠性高、使用灵活、响应速度快、无噪声、低功耗、频率范围宽等特点。另外它还有体积小、重量轻、耐冲击等优点。因此它的使用范围在不断扩大，有逐步替代继电器的趋势。

光隔离型光耦合器，普遍应用在计算机系统中，它可作为终端负载，也可作为接口电路等，在彩色电视机中也得到了广泛的应用。

（2）光传感型　光传感型也由发光器件和光敏器件组成，其发光器件和光敏器件的距离要据测试对象和应用场合而定。可分透过型和反射型两种。

透过型：发光器件与光敏器件相对保持一定距离，被测物在通过两器件之间的距离时，可引起光通量的变化，从而改变光敏器件输出的变化，以达到控制电路的目的。透过型的结构示意图如图 4－28a 所示。

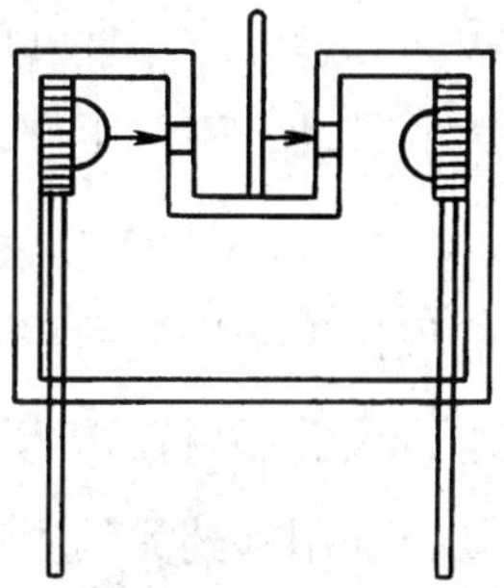

a. 透过型

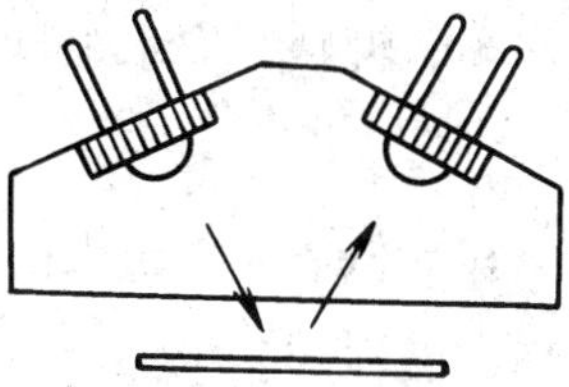

b. 反射型

图 4－28　光传感型耦合器结构

反射型：反射型光耦合器如图 4－28b 所示。它是通过把发光器件和光敏器件按照相同的方向并联组装而成，将被测物置于发光器件与光敏器件的前方，通过被测物体反射击光量的变化，使传感器作出反应，达到控制电路的目的。

光传感型光耦合器可用在计算机终端设备中读取纸带、卡片；也可用在自动售货机中检测硬币数目；在传真机、复印机、民用电器等电路中都得到了广泛应用。

说一说

1. 你见过哪些传感器，你见过的传感器用于感应什么物理量？

2. 如果你是工程师，你会在什么仪器、什么场合用感应器，完成什么样的工作？

# 第五章　流体输送设备

水往低处流，这是自古以来人们都通晓的自然定律。为了能把低处的水引向房屋、农田，古人们发明了水车、辘轳等取水工具，依靠人力的带动，引水生产，滋养了中华民族几千年的文明。

在现代生活中，显然依靠人力引水已经不能适应现代生产生活的需求，于是人们发明了很多输送水的机器。而在药品生产过程中，除了水，人们还要输送药液、酸、碱、盐等液体以及各种气体，于是各种类型的流体输送设备就被利用到药品的生产过程中。本章主要介绍药品生产过程中所使用的各种类型的流体输送设备。通过本章的学习，希望你能：

1. 了解各种流体输送设备的工作原理、结构、特点及选用；
2. 掌握管子、管件、阀门、管路仪表的基本知识；
3. 能正确使用流体输送设备，并能对流体输送设备进行维护。

## 第一节　流体输送设备简介

### 一、流体

流体是可以流动的物质，通常是指液体和气体。流体是由大量的、不断地作热运动而且无固定平衡位置的分子构成的，它的基本特征是没有一定的形状且具有流动性。流体都有一定的可压缩性，液体可压缩性很小，而气体的可压缩性较大，在流体的形状改变时，流体各层之间也存在一定的运动阻力（即黏滞性）。当流体的黏滞性和可压缩性很小时，可近似看作是理想流体，它是人们为研究流体的运动和状态而引入的一个理想模型。

以下哪些液体黏滞性较大，哪些液体黏滞性较小？

（1）水；（2）生理盐水；（3）花生油；（4）绿茶；（5）牛奶；（6）葡萄糖浆；（7）胶水；（8）混凝土浆料；（9）石灰浆；（10）蜂蜜。

小知识

在我们的周围，存在着各种各样的摩擦现象。我们能走路、坐定和工作，这都离不开摩擦。摩擦是普遍存在的。孱孱的流水里，甚至连能自由流动的空气里也存在着摩擦。人们把流体的内摩擦称作黏滞性。物理学上用黏滞系数 $h$（单位为泊）来表示流体黏滞性的大小。葡萄糖浆的黏滞系数 $h=6.6\text{x}10^{11}$泊，较大，水的黏滞系数 $h=8.01\text{x}10^{-3}$泊，较小。实际上所有流体都有不同程度的黏滞性。而且对于大多数液体，$h$ 随温度上升而下降。什么流体的黏滞系数最小？1957 年 12 月 1 日，美国加利福利亚技术学院宣布：在液氦Ⅱ里，黏性系数小至测量不到。它是没有黏滞性的理想流体。

## 二、流体输送设备

流体输送设备是指在生产中用于输送和压缩各种流体的设备。其中包括液体输送设备和气体输送设备。

### （一）泵

泵是将液体由低处引向高处的主要设备，它将原动机的机械能转化为液体的动能和势能。在制药生产中常用的泵有许多种，因此我们应进行分类了解。按泵的工作原理，可将泵分为以下几类。如图 5－1。

1. 叶轮式泵

叶轮式泵是靠叶轮带动液体高速旋转而把机械能传递给所输送的液体的。根据泵的叶轮和流道结构特点的不同又可分为：离心泵、轴流泵、混流泵、旋涡泵。

2. 容积式泵

容积式泵是靠工作部件的运动造成工作容积周期性地增大和缩小而吸排液体的。根据运动部件运动方式的不同可分为：往复泵和旋转泵两类。根据运动部件结构不同，有：活塞泵、柱塞泵；还有齿轮泵、螺杆泵、叶片泵和水环泵。

3. 喷射式泵

喷射式泵是靠工作流体产生的高速射流而引射流体，然后再通过动量交换而使被引射流体的能量增加来输送流体的。

4. 泵的其他类型

泵还可以按泵轴位置分为：立式泵、卧式泵；按吸口数目分为：单吸泵、双吸泵；按驱动泵的原动机分为：电动泵、汽轮机泵、柴油机泵等。

### （二）气体输送设备

1. 风机

风机是通过原动机将机械能传递给所输送的气体，提高气体的动能和静压能的设备。风机根据出口压强的不同，分为通风机和鼓风机两种。

2. 压缩机

压缩机与风机的作用原理相似，它的压缩比更大，气体的静压能更高。它所产生的压缩气体在制药生产中有很广泛的用途。

3. 真空泵

真空泵是将密封设备抽成真空的设备。在制药生产领域有很广泛的用途。如图 5－2，是各种常见的气体输送设备的结构示意图。

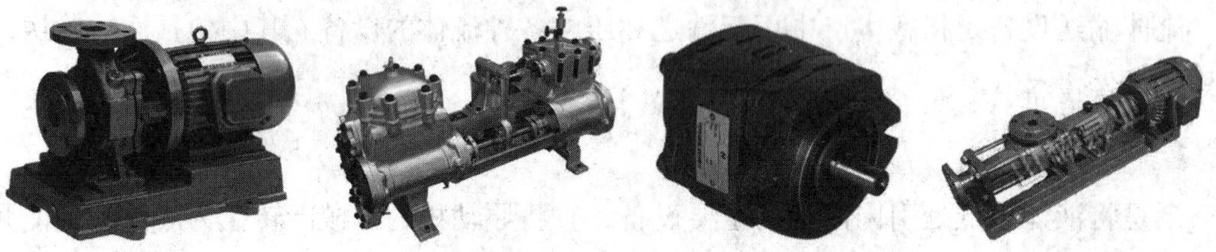

a. 离心泵　　b. 往复泵　　c. 齿轮泵　　d. 螺杆泵

图 5－1　各种类型的泵

a. 通风机　　b. 鼓风机　　c. 压缩机　　d. 真空泵

图 5－2 各种气体输送设备



## 第二节　离心泵

### 一、离心泵的原理和构造

#### （一）工作原理

离心泵体内的叶轮固定在泵轴上，叶轮上有若干弯曲的叶片，泵轴在外力带动下旋转，叶轮同时旋转，泵壳中央的吸入口与吸入管相连接，侧旁的排出口和排出管路相连接。如图 5－3。

启动前，须灌液，即向壳体内灌满被输送的液体。启动电机后，泵轴带动叶轮一起旋转，充满叶片之间的液体也随着旋转，在惯性离心力的作用下液体从叶轮中心被抛向外缘的过程中便获得了能量，使叶轮外缘的液体静压强提高，同时也增大了流速，一般可达 15～25m/s。

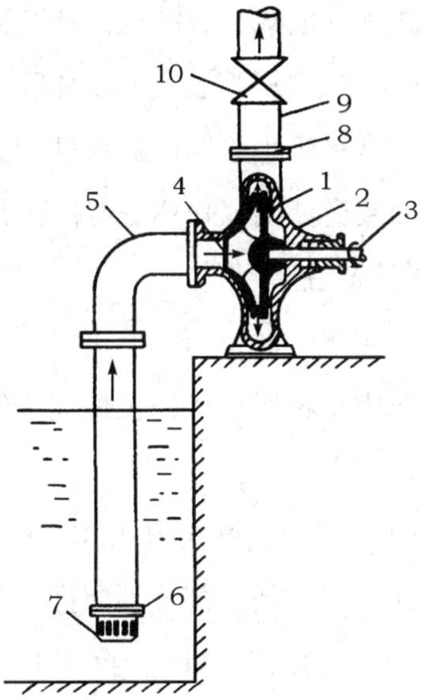

图 5－3　离心泵

1. 叶轮；2. 泵壳；3. 泵轴；4. 吸入口；5. 吸入管；6. 吸入阀；7. 滤网；8. 排出阀；9. 排出管；10. 调节阀

液体离开叶轮进入泵壳后，由于泵壳中流道逐渐加宽，液体的流速逐渐降低，又将一部分动能转变为静压能，使泵出口处液体的压强进一步提高。液体以较高的压强，从泵的排出口进入排出管路，输送至所需的场所。

当泵内液体从叶轮中心被抛向外缘时，在中心处形成了低压区，由于贮槽内液面上方的压强大于泵吸入口处的压强，在此压差的作用下，液体便经吸入管路连续地被吸入泵内，以补充被排出的液体，只要叶轮不停的转动，液体便不断的被吸入和排出。

由此可见，离心泵之所以能输送液体，主要是依靠高速旋转的叶轮，液体在离心力的作用下获得了能量以提高压强。

**小知识**　离心力就是物体在圆盘上旋转产生背离圆盘中心的力。离心力的应用很广泛，比如洗衣机的脱水桶就是使用离心力的原理。



气缚现象：离心泵启动时，如果泵体与吸入管路内没有充满液体，或离心泵在运转过程中发生漏气时，均可使泵体内存有空气，由于空气的密度远小于液体的密度，产生的离心力小，因而叶轮中心处所行成的低压不足以将贮槽内的液体吸入泵内，不能输送液体，这种现象称为气缚。

当离心泵内有空气时，为什么会发生气缚现象？而当离心泵发生气缚现象时，会有什么不正常的表现？

因此，离心泵在启动前需要在泵体和吸入管路内灌满液体。通常的灌液方式有两种，自灌式和外灌式，自灌式是让泵体的吸入口处于被输液储罐的下方，利用压力差，让液体自动吸入泵内；外灌式的泵体吸入口处于被输液储罐的上方，需要利用外力来进行引水。

通常在吸入管路的进口处装有一单向底阀，以截留灌入泵体内的液体。另外，在单向阀下面装有滤网，作用是拦阻液体中的固体物质被吸入而堵塞管道和泵壳。

### （二）主要部件

1. 叶轮

作用是将原动机的机械能传给液体，使液体的静压能和动能均有所提高。叶轮按其结构形状分有三种：

（1）闭式　叶轮内 6～12 片弯曲的叶片，前后有盖板，叶轮后盖板上开有若干个平衡小孔，以平衡一部分轴向推力。如图 5－4（a）。

（2）半闭式　叶轮内 6～12 片弯曲的叶片，前无盖板，后有盖板，叶轮后盖板上开有若干个平衡小孔，以平衡一部分轴向推力。如图 5－4（b）。

（3）敞式（开式）　叶轮内 6～12 片弯曲的叶片，前后无盖板。如图 5－4（c）。

图 5－4　叶轮的类型

闭式效率最高，适用于输送洁净的液体，不适于输送浆料或含悬浮物的液体。半闭式和开式效率较低，常用于输送浆料或悬浮液。

下面列举的流体，可以用上述的哪一种类型的叶轮来输送？（1）水；（2）石油；（3）水泥；（4）泥浆；（5）酒精；（6）硫酸；（7）烧碱；（8）血浆；（9）淀粉浆；（10）蜂蜜。

叶轮按吸液方式分有二种，如图 5－5。

（1）单吸　液体只在一侧被吸入。

（2）双吸 液体可同时从两侧吸入，具有较大的吸液能力。而且基本上可以消除轴向推力。

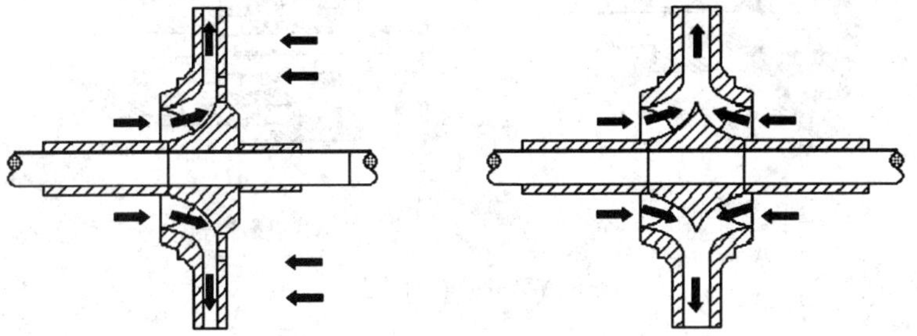


图5－5 叶轮的吸液方式

2. 泵壳（蜗壳形）

作用是汇集由叶轮抛出的液体，同时将高速液体的部分动能转化为静压能。原因是泵壳形状为蜗壳形，流道截面逐渐增大。如图5－6。

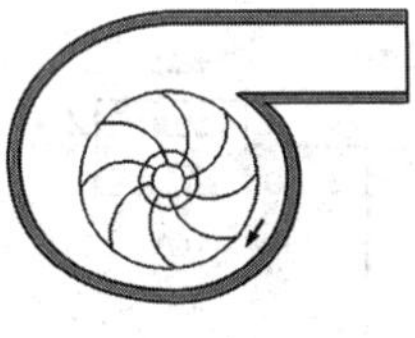

图5－6 泵壳及壳内液体流动状态图

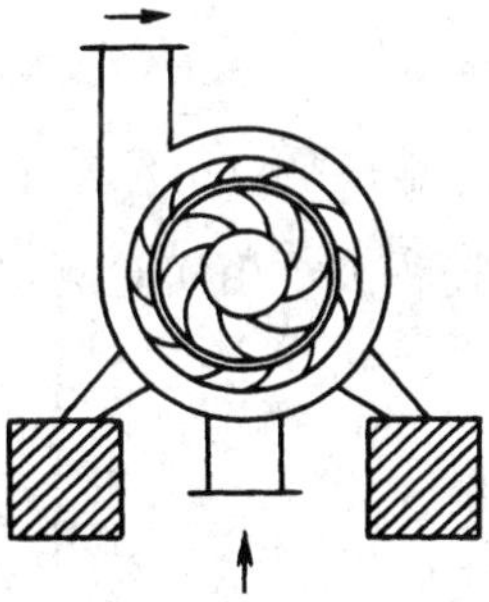

5－7 导液式离心泵

3. 导轮

为了减少离开叶轮的液体直接进入泵壳时因冲击而引起的能量损失，在叶轮与泵壳之间有时装置一个固定不动而带有叶片的导轮。导轮中的叶片使进入泵壳的液体逐渐转向而且流道连续扩大，使部分动能有效地转换为静压能。如图5－7。多级离心泵通常均安装导轮。

4. 轴封装置

泵轴与泵壳之间的密封称为轴封。作用是防止高压液体从泵壳内沿轴的四周面漏出，或者外界空气以相反方向漏入泵壳内。常用的轴封装置有填料密封和机械密封两种，填料密封用于普通离心泵，机械密封主要用于输送易燃易爆，有毒的液体等密封要求高的泵内。如图5－8。

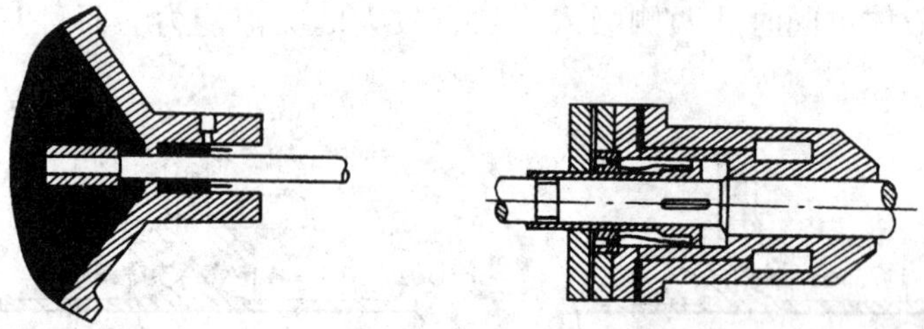

a. 填料密封　　　　b. 机械密封

图 5-8　轴封装置

## 二、离心泵的主要性能参数

### （一）流量

流量（$q_v$）是单位时间内泵输送的液体体积，其单位为 $m^3/s$（或 $m^3/h$，L/s 等）。$q_v$ 取决于泵的结构、尺寸（叶轮直径与叶片的宽度）和转速。$q_v$ 的大小可通过安装在排出管上的流量计测得。

### （二）扬程

扬程（$H$）是指泵对单位重量的液体所提供的有效能量，其单位为 m 液柱，又称压头。离心泵的扬程大小由实验测定。如图 5-9。

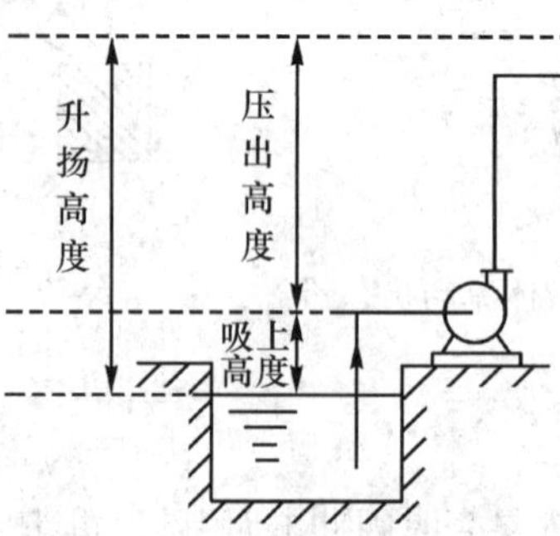


图 5-9　扬程



### （三）轴功率及效率

轴功率 $N_a$，为原动机（电动机或蒸气透平等）传送给泵轴的功率，单位为 kW。

有效功率 $N_e$，为液体所得到的功。

效率 $\eta$ 为泵轴通过叶轮传给液体能量的过程中的能量利用率。

$$\eta = \frac{N_e}{N_a} = \frac{pgHq_v}{N_a} \qquad （式 5-1）$$

### (四) 转速

转速($n$)为泵的叶轮每分钟的转数,即 r. p. m.(ringsperminute)。

## 三、离心泵的运行与维护

### (一) 运行

1. 在使用前一定要详细了解被输送物料的工况:输送温度、压力、流量、输送高度、吸入高度、负荷变动范围等。

2. 参考离心泵的特性曲线,从而选出最适合生产实际使用的离心泵。

3. 开工程序

(1) 开泵前应先打开泵的入口阀和密封液阀,检查泵体内是否已充满液体。

(2) 在确认泵体内已充满液体且密封液流动正常时,启动离心泵。

(3) 慢慢打开泵的出口阀,通过流量及压力指示,将出口阀调节至需要开度。

4. 停工程序

(1) 在确认需要关闭时,慢慢关闭离心泵出口阀。

(2) 按动电动机按纽,停止电机运转。

(3) 关闭离心泵进口阀及密封液阀。

5. 运行时的巡回检查

(1) 检查抽出液罐的液面,防止物料抽空。

(2) 检查泵的出口压力或流量指示是否稳定。

(3) 检查端面密封液的流量是否正常。

(4) 检查泵体有无泄漏。

(5) 检查泵体及轴承系统有无异常声响及振动。

(6) 检查泵轴的润滑油是否充满完好。



### (二) 维护与保养

离心泵与其他设备一样,经过一段时期的运转后,都要进行必要的维护保养。确保了离心泵的长期平稳运行。

1. 检查进口阀前的过滤器,滤网是否破损,如有破损应及时更换,以免药渣等颗粒物进入泵体,并定时清洁滤网。

2. 泵壳及叶轮进行解体、清洗重新组装。调整好叶轮与泵壳间隙。叶轮有损坏及腐蚀情况的应分析原因并及时做出处理。

3. 清洗轴封、轴套系统。更换润滑油，以保持良好的润滑状态。

4. 更换填料密封中的填料，并调节至合适的松紧度，采用机械密封的应更换环和密封液。

5. 检查电机。长期停车的开工前应将电机进行干燥处理。

6. 检查现在及遥控的仪表，其指示是否正确及灵活好用，对失灵的仪表及部件进行维修及更换。

7. 检查泵的出口阀，阀体是否有磨损以至发生内漏等情况，如有内漏应及时更换阀门。

## 四、离心泵运行中常见故障的排除

### （一）气蚀现象

当叶轮吸入口处的压强低于所输送液体的饱和蒸气压时，则液体迅速发生气化产生气泡，气泡随同液体在离心力的作用下从低压区流向高压区，在高压下迅速凝聚或气泡破裂，与此同时，气泡周围的液体会以极高的速度冲向原气泡所占据的空间，在冲击点处可形成高达几万 kPa 的压强，冲击频率可高达每秒几万次之多，若当气泡的凝聚发生在叶片表面附近时，众多液体质点犹如细小的高频水锤撞击叶片，侵蚀叶片和叶轮，这种不正常现象称为气蚀现象。

因此安装时必须使叶轮入口处最低压强大于所输送液体的饱和蒸气压，避免气蚀现象的发生。

### （二）其他常见故障及排除方法

1. 电动机不能启动——电容失效、转子被卡死。

2. 水泵转动后不出水或流量不足——吸入口被杂物堵塞、漏气、气蚀、气缚、转速不足等。

3. 运转声音异常或振动过大——叶轮平衡未校准、轴不同心、螺栓松动、吸程过大、吸入异物、管路布置不当等。

4. 轴承过热或耗用功率过大——润滑油不足、转速过高、泵内磨损或被卡住、变形等。



# 第三节 往复泵

## 一、往复泵的构造及工作原理

### （一）主要部件

往复泵主要由泵缸、活塞、活塞杆及吸入阀、排出阀等组成。如图 5－10。

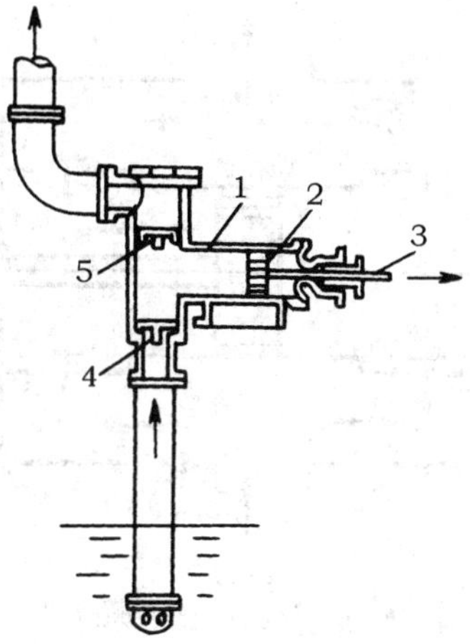


图 5－10　往复泵

1. 泵缸；2. 活塞；3. 活塞杆；

4. 吸入阀；5. 排出阀

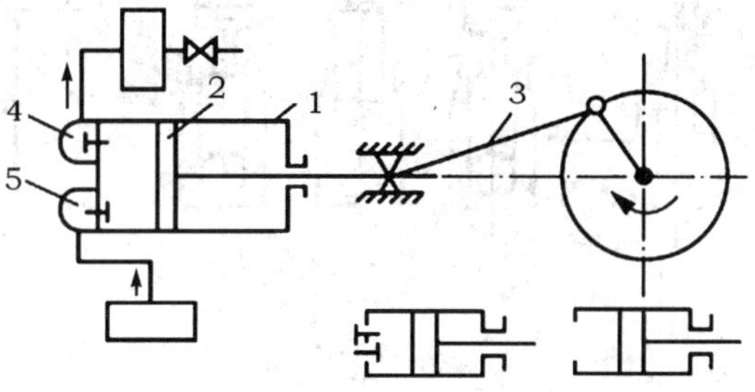


图 5－11　往复泵工作原理

1. 泵缸；2. 活塞；3. 活塞杆；

4. 排出阀；5. 吸入阀

### （二）工作原理

往复泵是容积式泵的一种，是依靠泵缸内的活塞作往复运动来改变容积，从而达到输送液体的目的。当活塞自左向右移动时，泵缸内形成低压，其压力小于贮槽内液体的静止压力，则贮槽内液体经单向吸入阀进入泵缸内，当活塞自右向左移动时，缸内液体受挤压，压力增大，由单向排出阀排出。如图 5－11。活塞往复运动一次，各吸入和排出一次液体，称为一个工作循环。

（1）往复泵的工作过程与离心泵有什么区别？

（2）在我国农村地区，有许多手压式的水井，它的工作原理与往复泵有什么相似的地方？



当往复泵的活塞由一端移至另一端，称为一个冲程。活塞往复运动一次（即两冲程），只吸入和排出一次液体的泵，称为单动泵。单动泵由于在一个工作循环中，吸入液体时不能排液，排出液体时不能吸液，所以排液是间歇性的，不均匀。为了消除单动泵的排液不均匀性，人们设计了双动泵和多缸往复泵来解决这个问题，见图 5－12 和图 5－13。

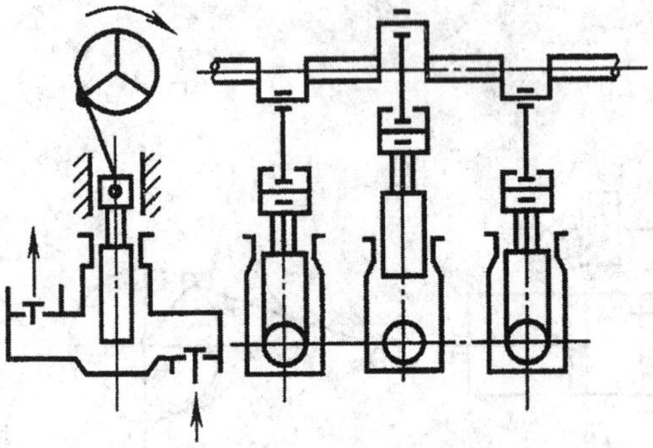

图 5－12　多缸往复泵图

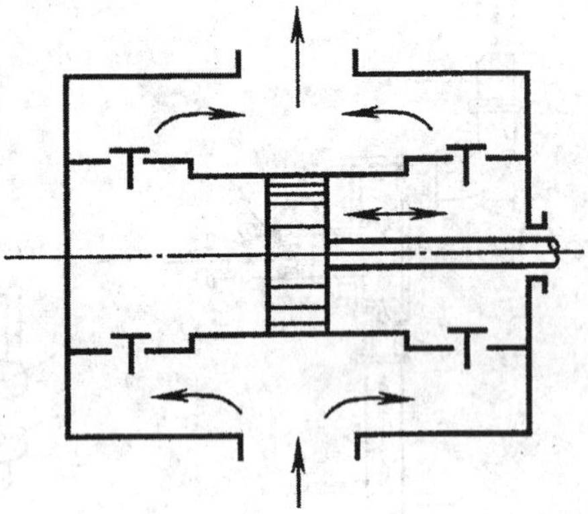

图 5－13　双动往复泵原理图

## 二、计量泵的工作特点

### （一）计量泵

计量泵的基本构造与往复泵相同，但设有一套可以准确而方便地调节活塞行程的机构。在药品的生产中，有时要求精确输送流量恒定的液体或将几种液体按比例输送，如液体制剂的配液、灌装加液等。计量泵能够很好地满足这些要求。见图 5－14。

### （二）工作特点

计量泵能在规定的时间内，非常精确地向管道或压力容器内输送各种浓度和一定温度的强腐蚀性、对人体有害的各种化学介质。如，硝酸、盐酸、硫酸、烧碱等强酸、强碱、弱酸、弱碱或有毒和有腐蚀的各种混合化学液体，流量精度非常精确，而且根据生产需要，可以在停机或开机时作无级调节流量的大小。

图 5－14　柱塞式计量泵



# 第四节　旋 转 泵

## 一、旋转泵的工作原理

旋转泵是依靠泵内一个或一个以上的转子旋转挤压来吸入和排出液体的。旋转泵的形式有很多种，属于容积式泵。本节主要介绍齿轮泵和螺杆泵。

## 二、齿轮泵及其工作特点

### （一）齿轮泵

齿轮泵泵壳内有一对互相啮合的齿轮，主动轮固定在传动轴上，轴一端伸出壳外由原动机驱动，从动轮装在另一个轴上，齿轮泵的齿轮旋转时，两齿轮与泵壳间形成吸入和排出两个空间，当吸入空间的齿轮排开时，形成低压区，将液体吸入，然后分为两路延壳壁到达排出空间，当排出空间的齿轮合拢时，形成高压将液体排出。如图 5－15。

### （二）齿轮泵的工作特点

齿轮泵的主要特点是结构紧凑、体积小、重量轻、造价低。齿轮泵的压头高，流量小，适合于输送黏稠液体和膏状物，但不能输送含有固体颗粒的悬浮液。与其他类型泵比较，有效率低、振动大、噪音大和易磨损等缺点。

## 三、螺杆泵及其工作特点

### （一）螺杆泵

螺杆泵是利用螺杆的回转来吸排液体的。螺杆泵转动时，由于各螺杆的相互啮合以及螺杆与壳体内壁的紧密配合，在泵的吸入口和排出口之间，就会被分隔成一个或多个密封空间。随着螺杆的转动和啮合，这些密封空间在泵的吸入端不断形成，将吸入室中的液体封入其中，并自吸入室沿螺杆轴向连续地推移至排出端，将封闭在各空间中的液体不断排出，犹如一螺母在螺纹回转时被不断向前推进的情形那样，这就是螺杆泵的基本工作原理。如图 5－16。

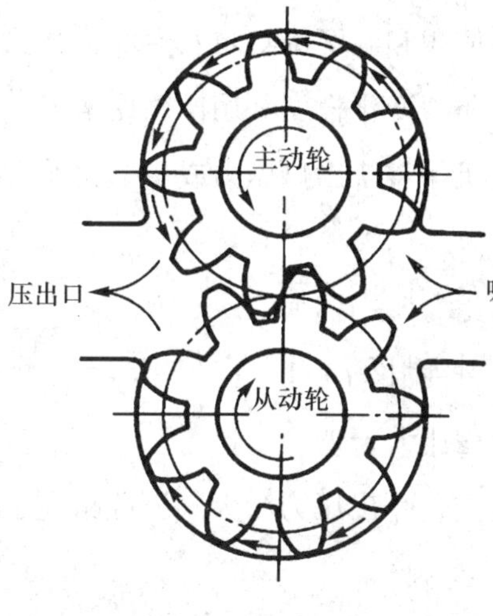


图 5－15　齿轮泵

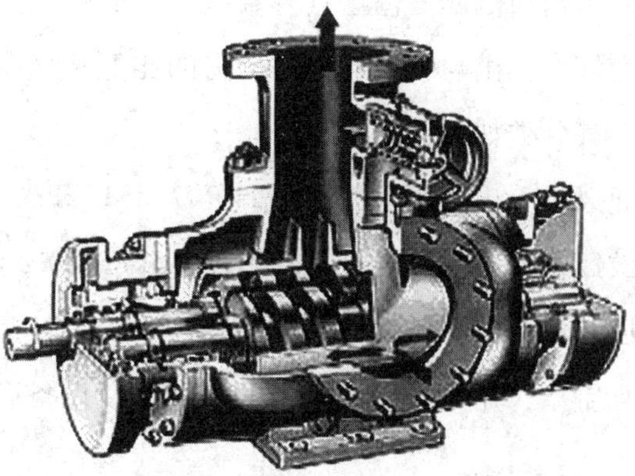

图 5－16　螺杆泵

### （二）螺杆泵的工作特点

从工作原理可以看出，螺杆泵有以下优点：压力和流量范围宽阔；运送液体的种类和黏度范围广；因为泵内的回转部件惯性力较低，故可使用很高的转速；吸入性能好，具有自吸能力；流量均匀连续，振动小，噪音低；与其他旋转泵相比，对进入的气体和污物不太敏感；结构坚实，安装保养容易。螺杆泵的缺点是，螺杆的加工和装配要求较高；泵的性能对液体的黏度变化比较敏感。

（1）齿轮泵与螺杆泵的工作原理有什么相似的地方？

（2）结合离心泵、往复泵的特点，说说如何选用各种类型的泵。

## 第五节　气体的压缩与输送设备

### 一、气体输送设备的分类

气体输送设备与液体输送设备的基本形式和操作原理有很多相似之处，但是气体具有可压缩性和比液体小得多的密度，当压力变化时，其体积和温度将随之发生变化，从而使气体的输送与液体的输送具有某些不同的特点。气体压力变化程度常用压缩比来表示，压缩比为气体排出与吸入的绝对压力的比值。气体输送机械常按出口压力或压缩比的大小来分类，其分类如下：

通风机　出口压强（表压）不大于15kPa，压缩比为1～1.15。

鼓风机　出口压强（表压）为15kPa～0.3MPa，压缩比为1.1～4。

压缩机　出口压强（表压）为0.3MPa以上，压缩比大于4。

真空泵　用于抽出设备内的气体，使设备产生真空，排出压力为大气压或略高于大气压。

通风机与鼓风机之间、鼓风机与压缩机之间的划分很难有统一的标准，这里给出的只是一个大致的范围。通风机的出口压力较低，气体的压缩性可忽略，而鼓风机和压缩机的出口压力较高，则必须考虑气体的压缩性。

## 二、通风机

在生产中常用的通风机有离心式与轴流式两种。

### （一）离心式通风机

1. 离心式通风机的工作原理和基本构造

离心式通风机主要由机壳、叶轮、机轴、吸气口、排气口等构成，如图 5 – 17。离心式通风机的工作原理与离心泵相似，当通风机内的叶轮在电动机的带动下转动时，产生的离心力将空气甩入机壳中，而空气在机壳中的流速慢，提高了静压，从而将气体从排出口压出机壳，气体压出机壳后又形成低压，外部的空气又从吸入口吸入机壳中。因此，空气在通风机叶轮不断旋转的带动下，在管道中不断流动。

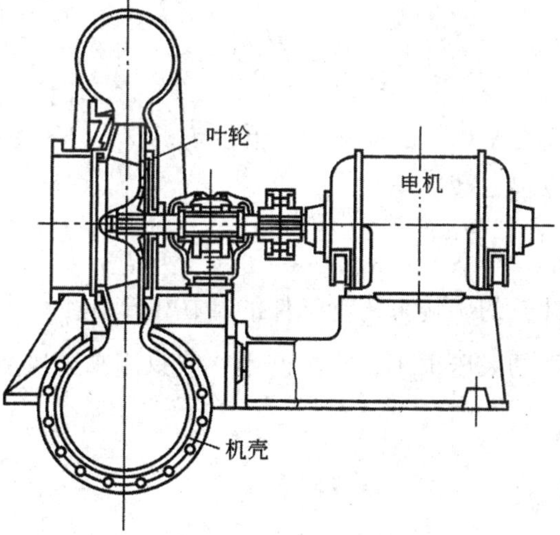


图 5 – 17　离心式通风机

（1）离心泵的工作原理。

（2）离心式通风机与离心泵的工作原理的相同点。

（3）离心式通风机在操作上与离心泵有什么区别。

2. 离心式通风机的性能参数

（1）流量（风量）　流量是指单位时间内流过风机进口的气体体积，即体积流量，以 $q_v$ 表示，单位为 $m^3/s$、$m^3/min$ 或 $m^3/h$。

通风机一般可忽略气体的压缩性，所以通风机的体积流量是指单位时间内流过通风机或管路内任一处的体积。离心式通风机性能表上的风量是指空气在标准条件下（20℃，101325Pa）的数值。

（2）风压　风压是指单位体积的气体流过风机时所获得的能量，以 $H_T$ 表示，单位为 $J/m^3 = Pa$。由于 $H_T$ 的单位与压强的单位相同，所以称为风压。

离心式通风机的风压取决于风机的结构、叶轮尺寸、转速与进入风机的气体密度等。目前还不能用理论方法精确计算离心通风机的风压，而是由实验测定。一般通过测量风机进、出口处气体的流速与压强的数据，按伯努利方程来计算风压。

（3）功率与效率　离心式通风机的轴功率为

$$N = \frac{H_T q_v}{1000\eta} \quad \text{（式 5-2）}$$

式中，$N$ 为轴功率，单位为 kW；$q_v$ 为风量，单位为 $m^3/s$；$H_T$ 为风压，单位为 Pa；$\eta$ 为效率，按全风压测定，又称全压效率。

**（二）轴流式通风机**

轴流式风机是通过叶轮的旋转来传动气体的，在生产和生活中应用都很广。轴流式通风机排送量大，但所产生的风压很小，在生产中一般只用来通风换气，不用作气体压缩或输送。如图 5-18 所示。

小知识

轴流式通风机在生活中也有很广泛的应用，同学们平时常见的电风扇、排风扇、抽油烟机、电脑中的散热风扇等，都属于轴流式风机。轴流式通风机是通过旋转的扇叶来传送气体的，其有一定的方向性，使用时要注意轴流式通风机的排风方向。

图 5-18　轴流式通风机

## 三、鼓风机

在生产中常用的鼓风机有离心式和旋转式两种。

### （一）离心式鼓风机

离心式鼓风机又称透平鼓风机，其工作原理与离心通风机相同，都是利用离心力改变流体的静压差，使流体流动。鼓风机的出口压强要大于通风机，但由于单台鼓风机不可能产生很高的风压（一般不超过50kPa），所以风压较高的离心鼓风机都是多级的。如图5－19。

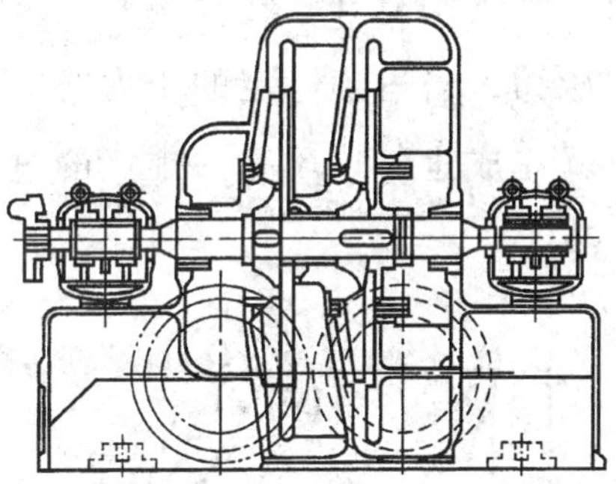

图5－19　二级离心式鼓风机

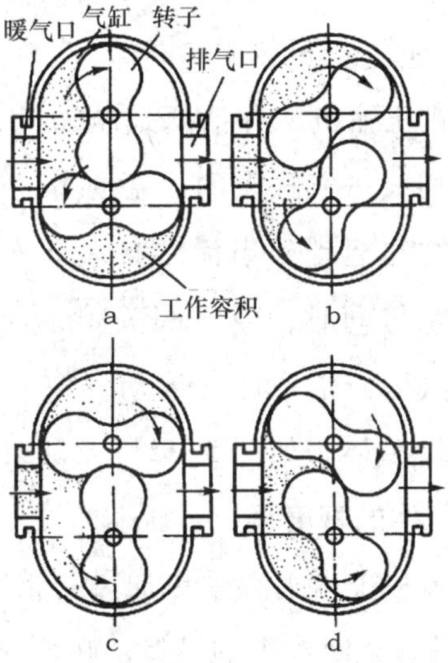


图5－20　罗茨鼓风机

由于鼓风机的压缩比不大，各级叶轮大小也差不多，所以压缩时产生的热量不多，无需冷却装置。

### （二）罗茨鼓风机

罗茨鼓风机是旋转式鼓风机中应用最广泛的一种。罗茨鼓风机的工作原理与齿轮泵有很多相似之处，如图5－20。其主要由转子和机壳组成，工作时，两个转子以相反的方向旋转，因转子的端部与机壳之间的空隙很小，于是将转子与机壳之间的气体排出，形成低压区，外部的气体就从进口处吸入，而转子因旋转排出气体时又在出口处形成高压区，于是气体就从出口处排出。气体从一侧吸入，又从另一侧排出，当改变转子的旋转方向时，亦可使吸入口和排出口互换。

罗茨风机的流量与转子的转速成正比，一般为0.03～9$m^3/s$，出口压强不超过80kPa。罗茨鼓风机的出口应安装稳压气柜和安全阀，流量用旁路调节，出口阀不可完全关闭。罗茨鼓风机工作时，温度不能超过85℃，否则因转子膨胀易发生卡壳现象。

（1）齿轮泵的工作原理。

（2）齿轮泵与罗茨鼓风机有什么异同点。

## 四、压缩机

在生产中常用的压缩机有往复式和离心式两种。

### （一）往复式压缩机

往复式压缩机又称活塞式压缩机，其主要由气缸、活塞等部分组成。其工作原理与往复泵相似，气缸内的活塞通过曲轴连接电动机，当电机转动时，通过曲轴传动，活塞便做往复运动，当活塞自左向右移动时，吸气阀打开，气缸内充满气体，当活塞自右向左移动时，吸气阀关闭，气体受到压缩，当达到一定的压力时，排气阀打开，排出气体。活塞往复运动一次，气缸内就完成进气、压缩、排气的过程，即实现一个工作循环。如图5－21。

因为气体的密度小、可压缩，故压缩机的吸入阀和排出阀必须更加灵巧精密，为移除气体压缩时产生的热量，必须附设冷却装置。往复式压缩机还可以组成多级压缩机，增大压缩比，提高气体的压强。

用气筒往自行车轮胎里打气，思考一下其过程与往复式压缩机的工作原理有什么相同之处。

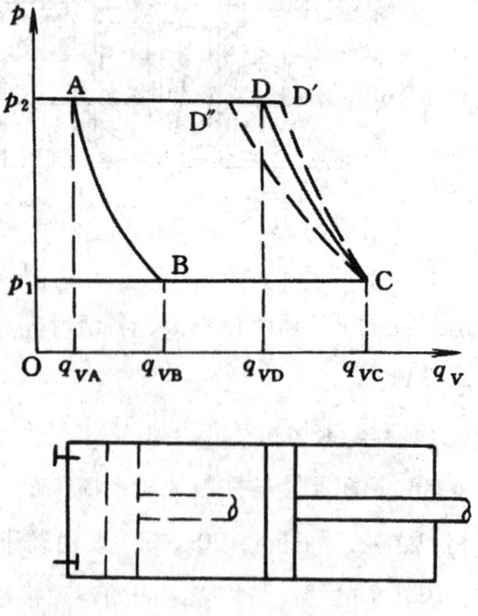


图5－21　往复式压缩机的工作过程

### （二）离心式压缩机

离心式压缩机又称透平式压缩机，其工作原理与离心鼓风机完全相同。离心式压缩机之所以能比离心式鼓风机产生更高的压强，主要是因为采用了高转速，而且采用多级压缩。其出口压强一般为1MPa左右。

与往复式压缩机相比，离心式压缩机具有体积小、重量轻、运转平稳、操作可靠、调节容易、维修方便、流量大而均匀、压缩气体可不受油污染等一系列优点。因此，近年来在生产中已越来越多的代替往复式压缩机。

## 五、真空泵

在生产中常用的真空泵有往复式、水环式、喷射式等。

### （一）往复式真空泵

往复式真空泵的构造和工作原理与往复式压缩机基本相同，只是真空泵在低压下工作，气缸内外差很小，所以阀门必须更加轻巧。真空泵的压缩比很高，例如，要得到95%的真空度，其极限压强为5kPa，则其压缩比为20。

往复式真空泵为干式真空泵，即所抽气体中不含有液体。

### （二）水环式真空泵

水环式真空泵如图5－22所示，其外壳内偏心的装有转子，转子上有辐射状的叶片。泵内充有约机壳内容积一半的水。当转子旋转时，形成水环，由于具有偏心距，此水环将叶片封着而使机壳内的叶片间形成很多小空室，当叶轮顺时针旋转时，右边的空室逐渐增大，气体由吸入口进入机壳内，左边的空室逐渐缩小，于是将气体压出机壳。

水环式真空泵属于湿式真空泵，适用于抽吸含有液体的气体，尤其适用于抽吸有腐蚀性或爆炸性的气体。但工作效率偏低，仅为30%～50%。所形成的真空度受泵内水的温度所限制，可以造成的最大真空度为85%左右。当被抽吸的气体不宜与水接触时，可使用其他的液体，则称为液环式真空泵。

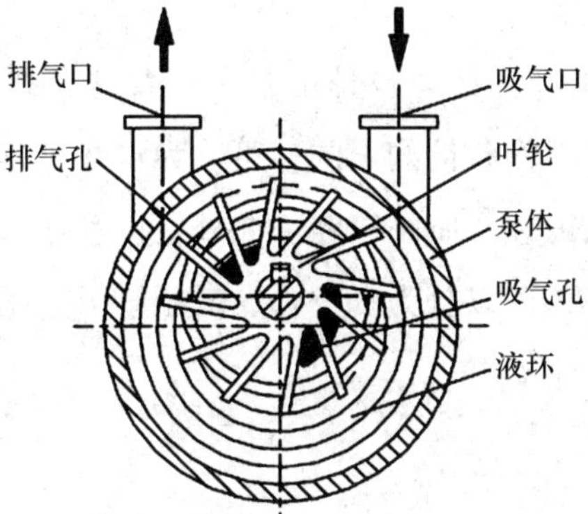


图5－22　水环式真空泵图

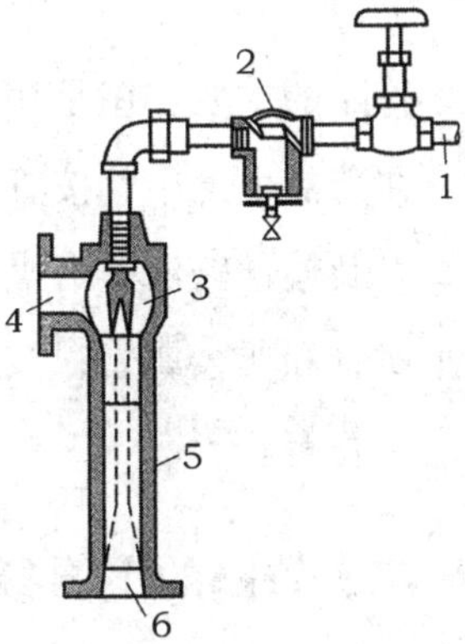


图5－23　喷射式真空泵

1. 蒸汽入口；2. 过滤器；3. 喷嘴；

4. 吸入口；5. 扩散管；6. 压出口

### （三）喷射式真空泵

喷射泵是利用流体流动时动能和静压能相互转换来工作的。它既可以吸送液体，又可以吸送气体。喷射泵用于抽真空时，称为喷射式真空泵。

喷射泵的工作流体一般为水蒸气或高压水。前者称为水蒸气喷射泵，后者称为水喷射泵。如图 5－23 所示为一单级水蒸气喷射泵，水蒸气在高压下以很高的速度从喷射嘴喷出，在这过程中，水蒸气的静压能转化为动能，在腔室内形成低压，从而将气体吸入。吸入的气体与水蒸气混合后进入扩散管，速度逐渐降低，而从压出口排出。

单级水蒸气喷射泵仅能达到 90% 的真空度，如要达到更大的真空度，可采用多级水蒸气喷射泵。喷射泵的主要优点是结构简单，制造方便，没有传动装置。但主要缺点是效率低，仅为 10% ~25%。

小知识

在制药生产中，有些操作步骤需要在真空的状态下进行，比如药品不耐高温，遇高温分解或发生反应，此时可将该药品置于真空状态下低温干燥，可不破坏药品的特性。

## 第六节　管　　路

### 一、管路的构成及分类

管路的主要作用是用来输送流体介质。管路一般是由管子、管件、阀门、支架等组成。在药品生产中，按管路输送的介质和操作条件的不同，可分为水管、蒸气管、压缩空气管以及输送药液、溶媒、酸、碱等带腐蚀性介质的管路。此外，按管路的材质，可以分为金属管和非金属管；按管路的工作压强，可以分为真空管、低压管、中压管、高压管和超高压管等。



### 二、管路的主要参数

为了统一管路和管件的产品规格，使其既能满足生产需要，又便于生产制造和选型安装，国家制订了管路标准和系列。管路标准是根据公称直径和公称压力两个基本参数来制订的。公称直径是指与管子或管件的内径相近的整数值，常用符号 DN 表示，单位为 mm。

公称压强是指管道在标准条件下测得的最大承受压强，其数值等于第一级工作温度（200℃）下最大的工作压强，常用符号PN表示，单位为Pa。根据这两个基本参数，统一了管子和管件的主要结构尺寸和参数，使得具有相同公称直径和公称压强的管子与管件，都可以相互配合和互换使用。

在制药生产中，必须根据所输送物料的腐蚀性、温度和压强来选择适合的管路结构，并根据物料的输送量计算管路的最优管径。

## 三、常用的管子

### （一）钢管

制药生产中钢管的应用最为广泛，主要分为有缝钢管和无缝钢管，制造钢管的常用材料有普通碳素钢、优质碳素钢、低合金钢和不锈钢等。

1. 有缝钢管

有缝钢管又称为焊接钢管，其又分为镀锌管和黑铁管（不镀锌）两种。有缝钢管的强度较差，但是造价低、连接方便，制药生产中常用于非饮用水、低压燃气、低压蒸气、低压压缩空气、排污液等流体的输送。

2. 无缝钢管

无缝钢管按轧制方法的不同，可分为热轧管和冷轧管两种。其特点是质量均匀、强度高、韧性好等，其中冷轧钢管比热轧钢管强度要高，但韧性较差。在制药生产中，无缝钢管可用于输送高压流体及易燃、易爆和有毒的介质。

### （二）铸铁管

铸铁管可分为普通铸铁管和硅铁管两大类。

1. 普通铸铁管

普通铸铁管由灰铸铁铸造而成。由于铸铁中含有硅元素及碳元素，具有一定的耐腐蚀性，宜用于埋入地下做给排水、煤气管路等。由于铸铁组织疏松，强度较低，故不能用作压强较高或有毒易爆介质的输送。

2. 硅铁管

硅铁是指含碳量在0.5%～1.2%，含硅量在10%～17%的铁硅合金。由于硅铁管表面能形成坚固的氧化硅保护膜，因而具有很好的耐腐蚀性，可用于输送强酸强碱的介质。

### （三）有色金属管

1. 铜管

铜管有紫铜管和黄铜管两种。紫铜管含铜量为99.5%～99.9%，黄铜管材料则为铜锌合金。铜管导热性好，适用于制造换热器的管子，又因其伸展性好，易弯曲，故铜管还适宜做油压系统、润滑系统传送油压液的管子，铜管还适用于低温管路。

2. 铅管

常用的铅管有硬铅管和软铅管两种。软铅管用Pb2、Pb3、Pb4、Pb5等含铅量在99.95%以上的纯铅制成，最常用的是Pb4铅管。硬铅管由锑铅合金制成，最常用的是PbSb4和PbSb6铅管。铅管硬度小，密度大，具有良好的耐腐蚀性，在制药生产中主要用来输送高强酸，由于铅的熔点较低，故使用温度不能超过140℃。

3. 铝管

铝管由铝的纯度决定其耐腐蚀性，一般用作浓酸的管路，但不耐碱。使用温度不超过160℃。

### （四）非金属管

1. 陶瓷管

陶瓷的特点是耐腐蚀性强，除氢氟酸和高温碱外，几乎对所有的酸类、氯化物、有机溶剂均具有抗腐作用。但是性脆，机械强度低，不耐压不耐温度剧变。制药生产中一般用于输送温度小于150℃的常压腐蚀性药液。

2. 塑料管

塑料管的材料有酚醛塑料（电木）、聚氯乙烯（PVC）、聚甲基丙烯酸甲酯（有机玻璃）、纤维强化塑料（玻璃钢）、聚乙烯（PE）、聚四氟乙烯（PTFE）等。塑料管的特点是抗腐蚀性好、质轻、造价低、连接方便等，其中聚四氟乙烯更是当今世界上耐腐蚀性最好的材料之一，几乎可以抗任何酸碱的侵蚀，有“塑料王”的美称，在制药领域广泛应用。塑料管的缺点是耐热性差，强度较低。



以上各种材质的管子规格可以从机械工程手册中查得。

下列流体可以使用什么材料的管子传送：

（1）蒸气；（2）水；（3）热水；（4）饮用水；（5）；纯化水（6）污水；（7）稀硫酸；（8）压缩空气；（9）浓硫酸；（10）碱液。

## 四、管件

把直的管子连接起来，就需要接上各种构件，使管路能够拐弯、分叉，这些构件称为管件。管件按功能的不同，大致可分为五类：

1. 改变管路方向的，如图 5－24 中的 a、c、f、m；
2. 连接管路支管的，如图 5－24 中的 b、d、g、l；
3. 改变管道直径的，如图 5－24 中的 j、k；
4. 堵塞管路的，如图 5－24 中的 h、n；
5. 连接两管的，如图 5－24 中的 i、o。

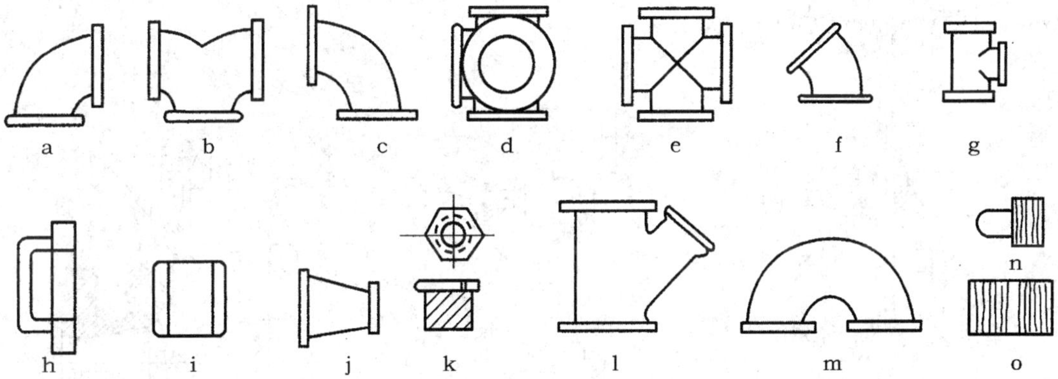


图 5－24　各种管件

现在市场上的管件多种多样，五花八门，各种管件必须与相当规格的管子连接，因而管件与管子一样有相应的规格标准，这些都可以在有关手册中查到。

## 五、阀门

阀门是在管路中用作调节流量，切断或切换管路以及对管路起安全、控制作用的管件。根据作用不同，可分为截止阀、节流阀、止回阀、安全阀、疏水阀等。又可根据结构形式的不同分为闸阀、旋塞阀、球阀、蝶阀、隔膜阀、衬里阀等。各种阀门的选用和规格可从有关手册中查到，本书仅介绍药品生产中几种常见的阀。

### （一）闸阀

顾名思义，闸阀就像水闸一样，是通过阀内部的闸板的升降来控制管路开关的。如图 5－25。闸阀形体较大，造价较高，常用作大型管路的开关阀，不适用于调节流量的大小及混悬物液体的管路上。

### （二）截止阀

截止阀是利用阀内的阀盘升降时，调节其与阀盘底座的距离，来开关管路和调节流量的。如图 5－26。流体流动的方向是从下向上通过阀盘底座。截止阀比闸阀严密，在管路中的作用主要是截断和接通流体，不宜长期用于调节流量。截止阀可用于水、蒸汽、压缩空气等管路，但不宜用于黏度较大及混悬物流体的管路。有一种截止阀，阀盘底座口径比较小，上端的阀盘为圆锥形，制作的精度较高，可以较好的调节、控制流体的流量，这种阀也称为节流阀。

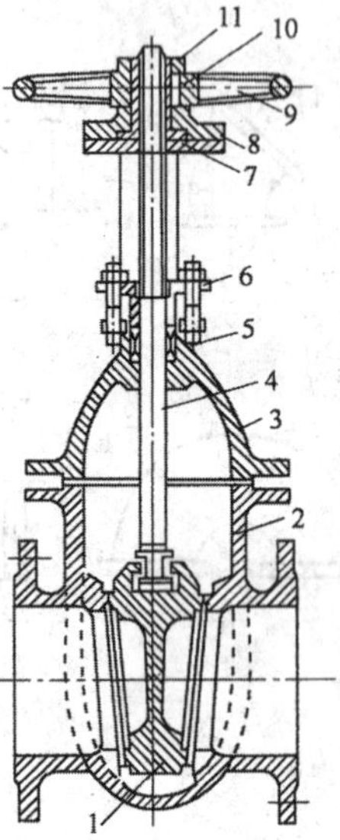


图 5－25　闸阀

1. 楔式闸板；2. 阀体；3. 阀盖；4. 阀杆；5. 填料；6. 填料压盖；7. 套筒螺母；8. 压紧环；9. 手轮；10. 键；11. 压紧螺母

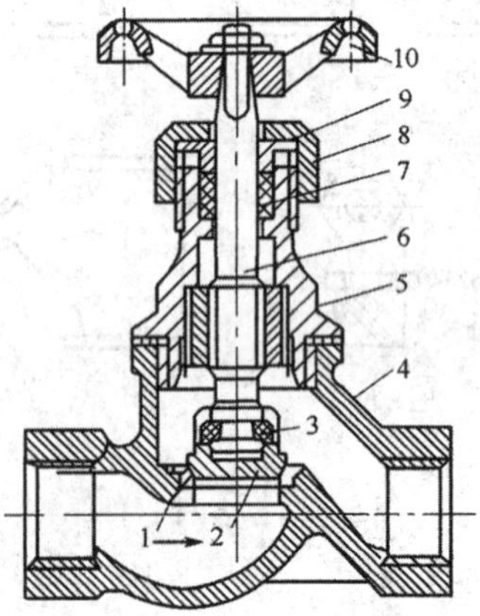


图 5－26　截止阀

1. 阀座；2. 阀盘；3. 铁丝圈；4. 阀体；5. 阀盖；6. 阀杆；7. 填料；8. 填料压盖螺帽；9. 填料压盖；10. 手轮

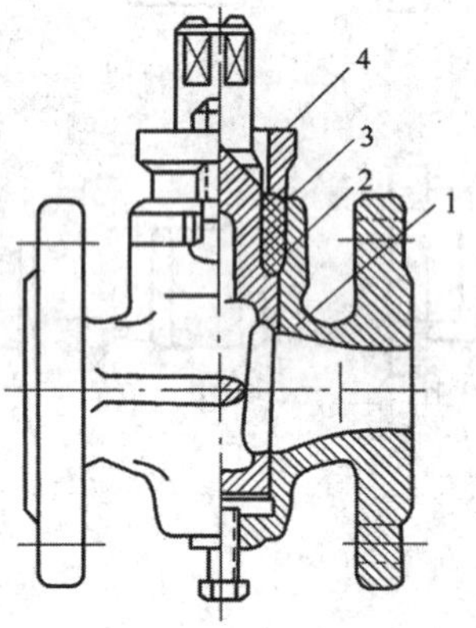


图 5－27　旋塞阀

1. 阀体；2. 栓塞；3. 填料；4. 填料压盖



### （三）旋塞阀

旋塞阀也叫做考克阀，它是利用阀体内插入一个中央穿孔的锥形旋塞来开关管路或调节流量的。如图 5－27。其优点是结构简单，开关迅速，流体阻力小，可用于有混悬物的液体，但不适用于调节流量，也不可用于压强较高、温度较高的管路和蒸汽管路中。

(四) 球阀

球阀是利用一个中间开孔的球体的旋转来控制开关及调节流量的。它的结构紧凑，开关省力，应用非常广泛。如图 5－28。

(五) 蝶阀

蝶阀是利用一个圆盘在阀内绕轴旋转来开关和调节流量的。蝶阀的结构简单，调节方便，其应用也很广。如图 5－29。

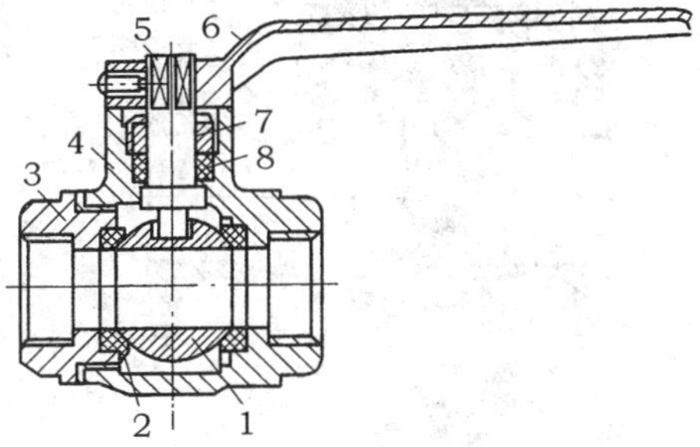


图 5－28　球阀

1. 浮动球；2. 固定密封阀座；3. 阀盖；4. 阀体；
5. 阀杆；6. 手柄；7. 填料压盖；8. 填料

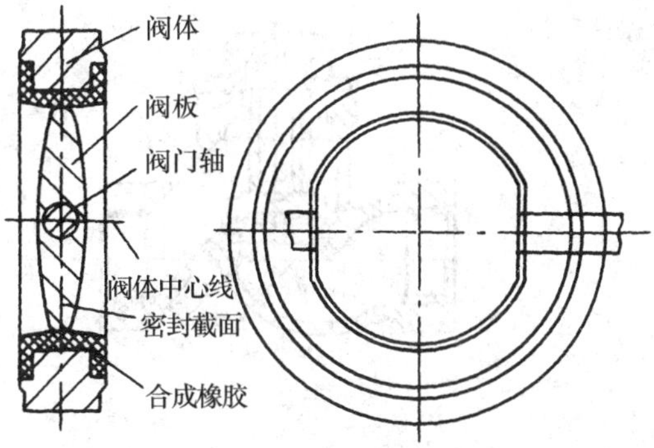


图 5－29　蝶阀

(六) 隔膜阀

隔膜阀是利用一块特制的橡胶膜片，夹在阀体与阀盖之间，关闭时阀杆下的圆盘把橡胶膜片压紧在阀体上达到密封。这种阀门流体阻力小，适用于输送酸性介质和带悬浮物流体的管道中。一般使用温度不超过 60℃，也不能在高压管路中使用。如图 5－30。

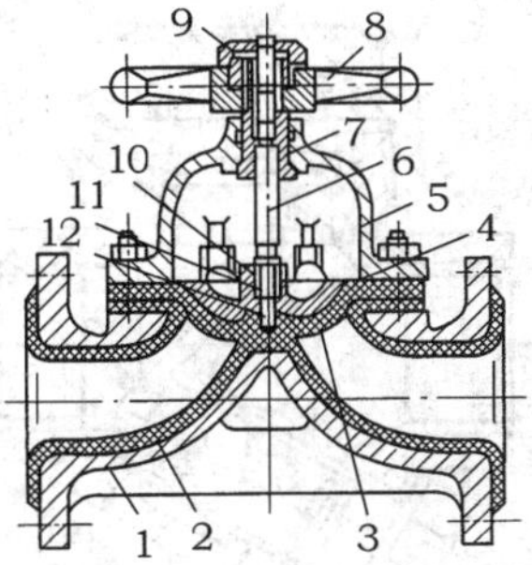


图 5－30　隔膜阀

1. 阀体；2. 衬胶层；3. 橡胶隔膜；4. 阀盘；5. 阀盖；6. 阀杆；
7. 套筒螺母；8. 手轮；9. 锁母；10. 圆柱销；11. 螺母；12 螺钉

## （七）止回阀

止回阀又称单向阀，其作用是控制流体只向一个方向流动。止回阀按结构的不同，分为升降式和旋启式两种。升降式止回阀的阀盘是垂直于阀体通道运动的，一般可安装在水平或垂直管道上；旋启式止回阀是通过铰链连接阀盘，控制阀盘的打开与关闭，一般只能安装在水平管路上。止回阀不适用于黏度较大及混悬物流体的管路。如图 5－31。

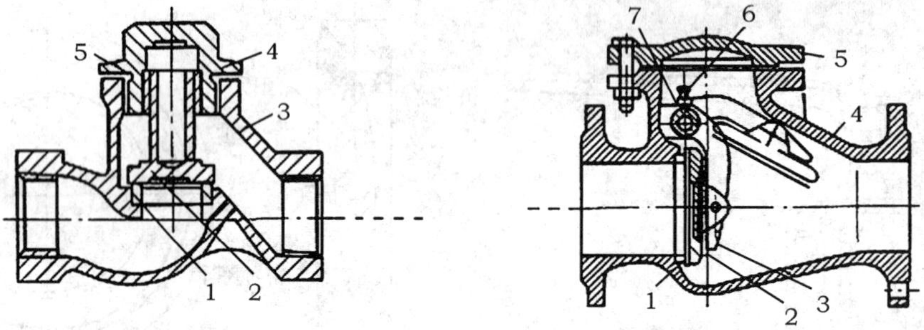


图 5－31　止回阀

a. 升降式止回阀

1. 阀座；2. 阀盘；3. 阀体；

4. 阀盖；5. 向导套筒

b. 旋启式止回阀

1. 阀座密封圈；2. 摇板；3. 摇杆；

4. 阀体；5. 阀盖；6. 定位紧固螺钉与锁母；

7. 枢轴

## （八）疏水阀

疏水阀是用于排除蒸汽管道中的冷凝水、空气及其他不凝结的气体，以阻止蒸汽排出。废蒸气排出口都应安装疏水阀，以免蒸气烫伤。如图 5－32 所示。

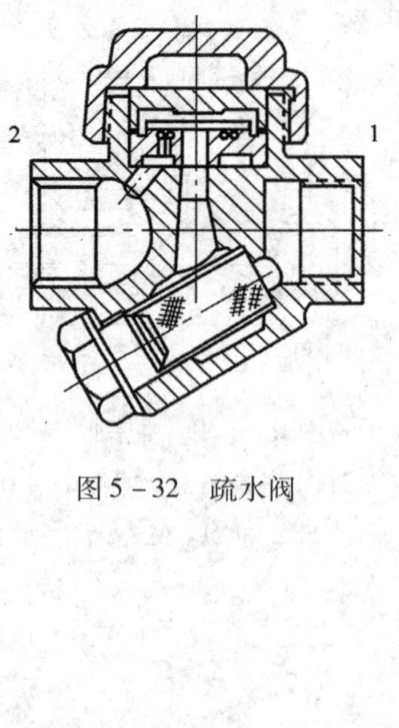


图 5－32　疏水阀

### （九）安全阀

安全阀是一种截断装置，当压力容器超过规定的工作压强时，它便自动开启，当恢复到安全压强时又会自动关闭，防止压力容器压强超过规定范围而产生危险。安全阀可分为弹簧式和重锤式两种。如图5-33。

弹簧式安全阀主要依靠弹簧的弹力作用达到密封，当压力容器内的压力大于弹簧的弹力时，安全阀的顶盖被顶开，介质排出容器外，当重新达到平衡时，顶盖关闭。

重锤式安全阀是利用杠杆上重锤的作用力来达到密封的，当压力容器内部压力超过范围时，重锤便被打开，达到平衡时又自动关闭。重锤式安全阀一般安装在固定的设备上。

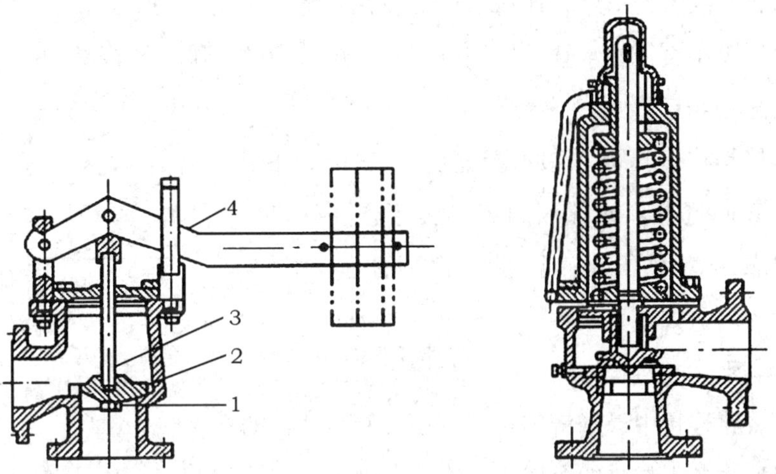


a. 重锤式安全阀　　b. 弹簧式安全阀

图5-33　安全阀

1. 阀体；2. 阀门；3. 阀杆；4. 附有重锤的杠杆

## 六、管路的连接

管路的连接包括管子与管子、管子与管件、管子与阀门等的连接。目前比较常用的方法有：承插式连接、螺纹连接、法兰连接及焊接等。

### （一）承插式连接

铸铁管、陶瓷管、水泥管等常用承插式连接。承插式连接是将管子的一头扩大成钟形，使另一根管子可以插入，通常先塞入麻布或石棉绳，然后用水泥、沥青等胶合剂填充使之固定。如图5-34。

承插式的优点是安装方便，允许两管中心线有较大的偏差，缺点是密封不可靠，难于拆除。

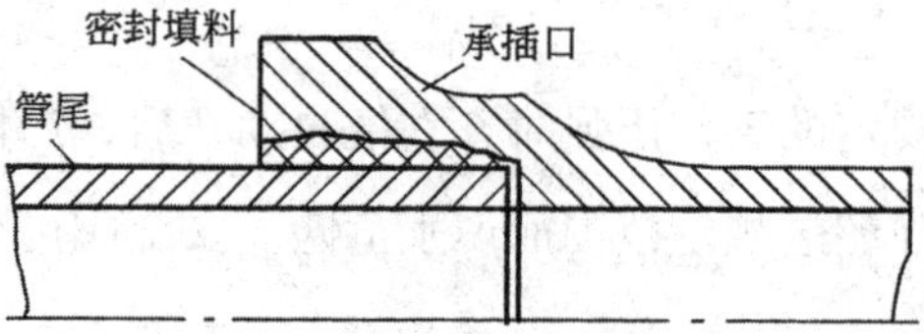


图 5-34 承插式连接

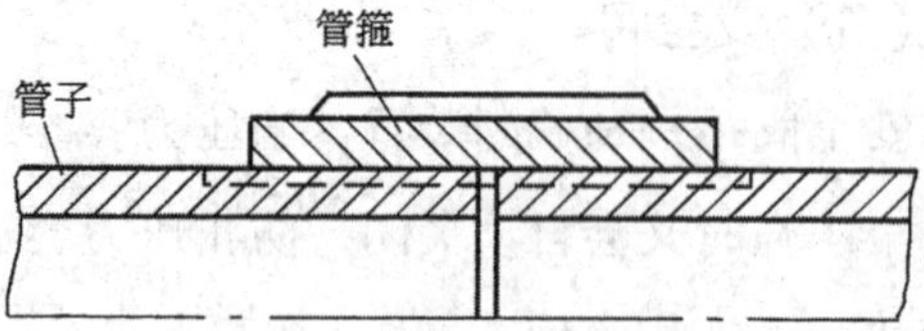


图 5-35 螺纹连接

### （二）螺纹连接

螺纹连接常用于各类管道，螺纹管两端都带有螺纹，可以和相同规格的螺纹管件进行连接，为防止螺纹密封不严，连接时还应该在外螺纹一端缠上生胶带。如图 5-35。螺纹连接通常仅用于小直径的水管、压缩空气管、煤气管及低压蒸气管等。

### （三）法兰连接

法兰连接是在管道的两端固定法兰盘，对接时在中间加上垫片，通过卡箍或螺栓固定。法兰连接拆装方便，密封可靠，适用的压强、温度与管径的范围很大。缺点是费用较高。如图 5-36。

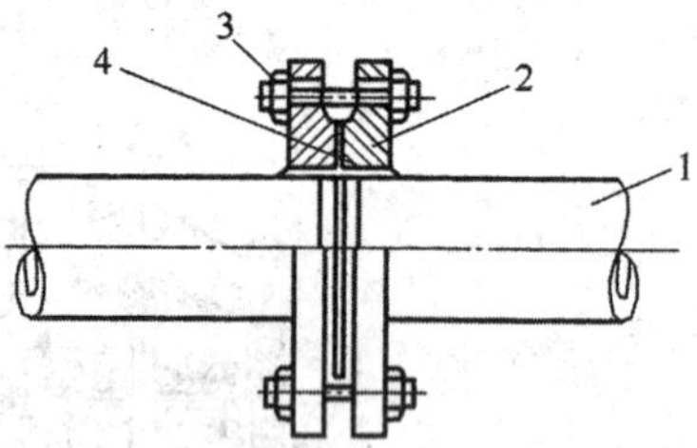


图 5-36 法兰连接

1. 管子；2. 法兰盘；3. 螺栓螺母；4. 垫片

### （四）焊接

焊接是管路连接中最经济实惠、方便、密封严密的一种连接方法。各类材质的金属管大都可以焊接。焊接的缺点是不宜拆除，故与阀门连接时应选用其他的连接方法。

## 七、管路常用仪表

### （一）流量与流速

1. 流量



流量是指单位时间内流经管道任一截面的流体量。若用体积来计算，则称为体积流量，以 $q_v$ 来表示，单位为 $m^3/s$。若用质量来计算，则称为质量流量，以 $q_m$ 来表示，单位为 kg/s。体积流量和质量流量的关系为

$$q_m = q_v \rho \tag{5-3}$$

2. 流速

流速是指单位时间内流体在流动方向上所流过的距离。以 $u$ 表示，单位为 m/s。流速在数值上等于体积流量除以管路的截面积

$$u = \frac{q_v}{A} \tag{5-4}$$

式中，$A$ 为与流体流向相垂直的管道截面积，单位为 $m^2$。

## （二）测速管

测速管又称皮托管，通常用于气体流速的测定。

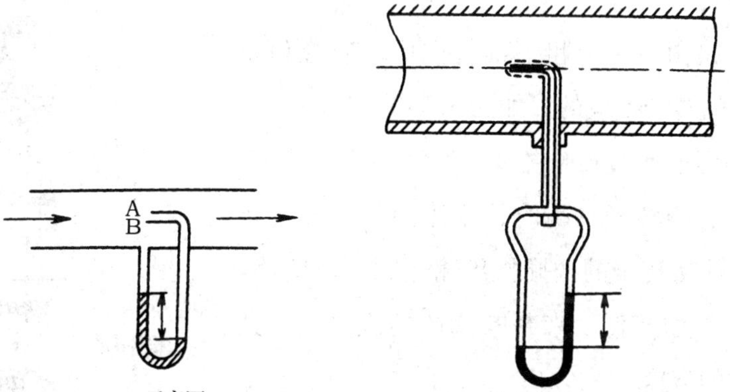


a.示意图　　b.测速图

图 5－37　皮托测速管

它是由两根弯曲成直角的同心套管所组成，其中外管的管口是封闭的，管侧壁在前端附近开有几个小孔，测量时，测量管可以放在管道中的任一位置，其敞开的管口正对流体流动的方向，外管与内管的末端分别与 U 型管压差计的两臂相连。通过压差计的读数，即可算得流速 $u_r$。如图 5－37。

## （三）流量计

### 1. 孔板流量计

孔板流量计是通过固定在管路中的一块中心有圆孔的孔板，其两端的测压孔与压差计相连，通过压差计的读数，即可算得管路中流体的流速和流量。如图 5－38。

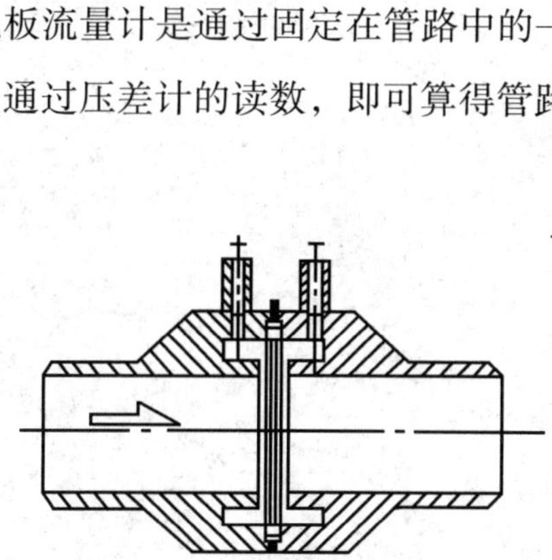

图 5－38　孔板流量计

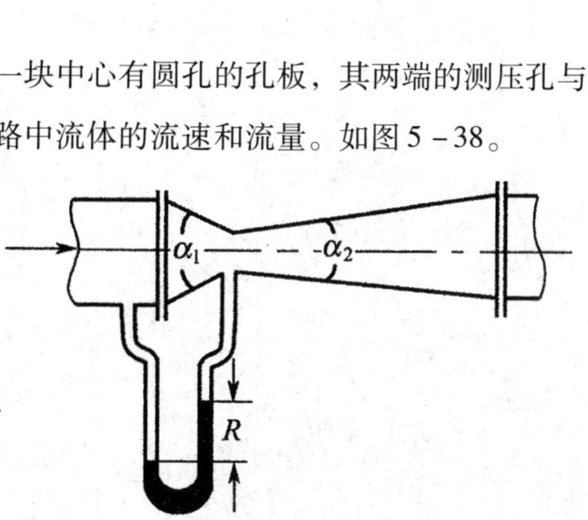


图 5－39　文丘里流量计

2. 文丘里流量计

文丘里流量计是用一段逐渐缩小又逐渐扩大的管路来代替孔板，这种短管称为文丘里管。文丘里流量计的测量方法与孔板流量计相似，但可以减少流体流经孔板时的能量损耗。如图5－39。

3. 转子流量计

转子流量计是由一个上粗下细的锥形玻璃管和一个比流体密度大的转子构成的。如图5－40。

当流体自下而上通过玻璃锥形管时，流体的压力将转子推向上端，当转子平衡时，流体的压力等于转子的自重力，流体从转子的四周挤出输送到下游管路。因此可以通过转子的高低，来判断流体的流量，并且可以计算出流体的流速。

我们日常生活中常见的水表也属于管路中流量计的一种，但是由于其计量精度不高，因此很少在工业中用作计量仪表。

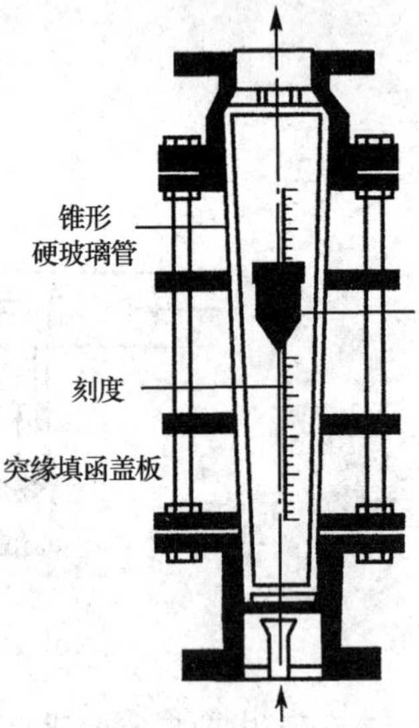


图5－40　转子流量计

# 第六章　传热设备

在制药、化工、食品等工业生产中经常会用到传热设备，如化学制药的反应器、中药材有效成分提取的提取罐、浸出药液浓缩的蒸馏、蒸发与干燥设备、有效成分精制与分离的萃取、结晶设备等，在使用这些传热设备时，都涉及到加热、冷却、冷凝等传热过程。本章主要介绍传热的基本原理和常用传热设备的基本结构和性能。通过本章的学习，希望你能：

1. 了解传热的基本原理，掌握常用传热设备的基本结构和性能；
2. 能用传热的基本原理解释传热设备的工作过程；
3. 会识别常用换热器的类型；
4. 会排除影响传热效率的不利因素，维护传热设备正常运行。

## 第一节　传热的基本原理

### 一、传热的三种基本方式

热能总会自动地从温度较高的物体传递给温度较低的物体，或从同一物体中高温部分传递给低温部分，直至两物体温度相同为止，这就是传热。只要有温度差存在，就会发生传热。温度差是热能传递的推动力。

根据热能传递机理的不同，传热有三种基本方式，即热传导、热对流、热辐射。

1. 热传导

物体内温度较高部分的分子因振动而与相邻分子相碰撞，将其部分热能传给温度较低部分的分子，这种传热方式称为热传导，简称导热。在热传导中，物体内的分子不发生宏观的相对位移。固体、液体和气体都能以这种方式传热。

2. 热对流

流体内由于质点发生相对位移引起的热能传递过程，称为热对流。热对流可分为自然对流和强制对流。强制对流的传热状况比较好，所以工业生产中常用强制对流。热对流这种传热方式仅发生在液体和气体中。

3. 热辐射

物体将热能以电磁波形式辐射传递的过程，称为热辐射。辐射传热不需任何传递介质，可以在真空中传播，但伴随着能量转换，放热体的热能转变为辐射能，以电磁波的形式向空间发射、传递，当遇到能吸收辐射能的物体时，即被全部或部分吸收，转化为热能。温度在绝对零度以上的物体都能发射辐射能，温度愈高，热辐射能力愈强。

实际传热过程中，上述三种传热方式一般都是两种或三种方式同时出现，但有主次之分，在不同的情况下有不同的联合传热方式。在工业生产中，主要运用热传导和热对流两种热传方式。

以下操作主要应用哪种传热方式：

(1) 烤火；(2) 铁棒一端放入火中加热，另一端逐渐变热；(3) 用煤气炉烧开水；(4) 使用电热水壶烧开水；(5) 使用空调降低室内空气温度；(6) 在冷水中加入热水；(7) 用微波炉烤肉。

## 二、换热器换热的类型

换热设备是进行各种热能交换的设备，通常称为热交换器，简称换热器。根据工作原理和设备结构种类的不同，制药工业生产中的换热器换热的类型可分为以下三种。

1. 混合式换热

冷、热流体在换热器中直接接触，在混合过程中进行传热，如图 6 - 1 所示。这种换热类型所用设备简单，传热效率高，但冷、热流体互相混合后会使物料被污染和稀释，所以只适用于水蒸气的冷凝，或允许两种流体直接接触混合冷凝的场合。

2. 蓄热式换热

冷、热流体交替流过装有固体填充物的蓄热器，利用填充物交替地贮蓄和释放热量，达到交换热量的目的，如图 6 - 2 所示。这种换热类型多用于气体介质间的传热。由于冷、热流体交替流过填充物，容易造成交叉污染，所以这类设备在制药工业生产中很少使用。

3. 间壁式换热

冷、热流体分别在固体间壁两侧流动，通过固体间壁传热，如图 6 - 3 所示。传热时热流体将热量传给固体间壁，再由固体间壁传给冷流体。这种换热类型保证物料不会交叉污染和被稀释，在制药工业生产中应用很广泛，所以本章主要介绍间壁式换热器。

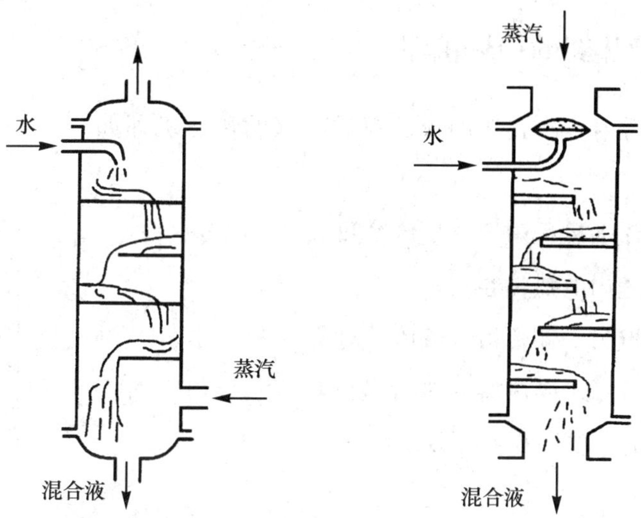


a.逆流混合式换热器　　b.顺流混合式换热器

图 6－1　混合式换热器

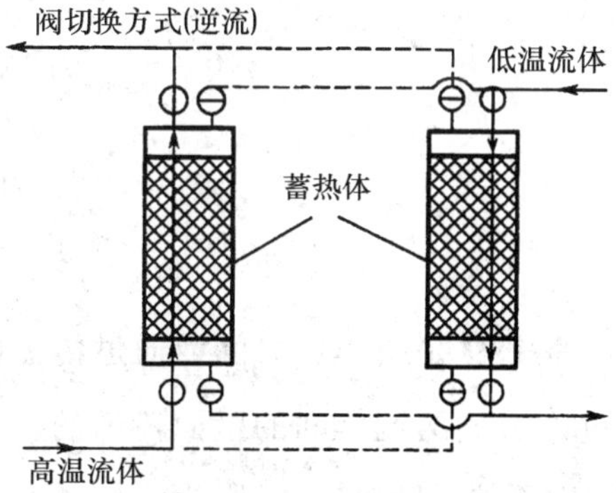


图 6－2　蓄热式换热器

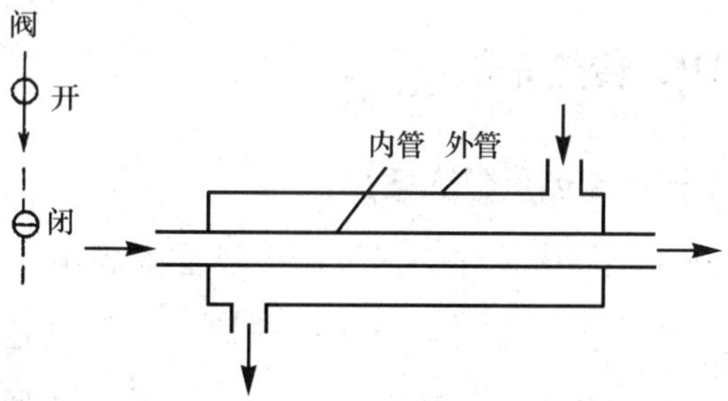


图 6－3　间壁式换热器

1. 下列操作应采用何种换热类型的换热器？

(1) 回收乙醇的冷凝器；(2) 浓缩水浸出液的冷凝器；(3) 化学制药用的反应器。

2. 请说出几种你知道的换热器。

## 三、间壁式换热器的传热机理

在间壁式换热器内，冷、热两流体流过间壁的传热机理如下：

（1）热流体在流动过程中把热量传给间壁的对流传热；

（2）热量在间壁内的热传导；

（3）热量由间壁另一侧传给冷流体的对流传热。

由此可知，在间壁式换热器内热量是以对流－导热－对流的方式进行传递的，如图6－4所示。

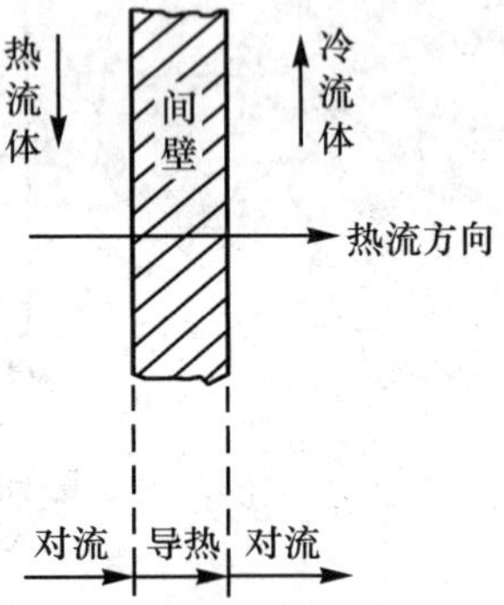


图6－4　间壁式换热器换热方式

混合式换热器、蓄热式换热器主要运用哪种传热方式传热？

## 四、传热系数

### （一）传热系数的意义

在换热器中传热的快慢用传热速率表示。传热速率 $Q$ 是指单位时间内通过传热面的热量，单位为W。在间壁式换热器内，热量是通过冷、热两流体间的壁面传递的，这个壁面称为传热面 $A$，单位为 $m^2$。冷、热两流体间能进行热量交换，是因为它们之间有温度差。以 $T$ 表示热流体的温度，$t$ 表示冷流体的温度，温度差（$T-t$）就是热量传递的推动力，用 $\Delta t$ 表示，单位为K或℃。实践证明，两流体单位时间所交换的热量 $Q$ 与传热面 $A$、温度差 $\Delta t$ 成正比，即

$$Q \propto A\Delta t$$

把上述比例式改写成等式，以 $K$ 表示比例常数，则得

$$Q = KA\Delta t \qquad (6-1)$$

式（6－1）为传热速率方程式。式中，$K$ 称为传热系数，其单位为 $W/(m^2 \cdot K)$ 或 $W/(m^2 \cdot ℃)$。

从 $K$ 的单位可知，传热系数的意义是：当温度差为1K或1℃时，在单位时间内通过单位面积所传递的热量。由式（6－1）可知，$K$ 值越大，在单位传热面积上、在单位时

间内传递的热量越多。$K$ 值的大小是衡量换热器换热性能的一个重要指标，生产中应选用 $K$ 值大的换热器。

### （二）增大传热系数的方法

对于具有对流－导热－对流传热方式的间壁式换热器，其传热系数有以下关系

$$\frac{1}{K}=\frac{1}{\alpha_0}+\frac{b}{\lambda}+\frac{1}{\alpha_i}+R_{si}+R_{so} \tag{6-2}$$

式中，$K$ 为传热系数，单位为 W/（$m^2$·K）或 W/（$m^2$·℃），$\frac{1}{K}$为传热热阻；$\alpha_i$、$\alpha_0$ 为冷、热流体两侧的对流传热系数，单位为 W /（$m^2$·K），$\frac{1}{\alpha_i}$、$\frac{1}{\alpha_0}$为两侧流体的对流传热热阻；$R_{si}$、$R_{so}$为管壁两侧的污垢热阻，单位为 K·$m^2$/W；$\lambda$ 为壁的导热系数，单位为 W/（m·k），$\frac{b}{\lambda}$为壁的导热热阻；$b$ 为壁的厚度，单位为 m。

由式（6－2）可知，与间壁式换热器传热系数相关的因素有：冷、热流体两侧的对流传热系数 $\alpha_i$ 和 $\alpha_0$；管壁两侧的污垢热阻 $R_{si}$、$R_{so}$；壁的导热系数 $\lambda$；壁的厚度 $b$。因此可以选择以下方法增大间壁式换热器的传热系数。

1. 增大冷、热流体两侧的对流传热系数 $\alpha_i$ 和 $\alpha_0$

（1）使流体处于湍流状态，可增大 $\alpha_i$ 和 $\alpha_0$。具体的方法有：①用特殊结构的传热面取代简单的光滑平面，迫使流体不断改变流动方向，增加湍流程度，如板式换热器的波纹板和螺旋板式换热器的螺旋形通道等；②在列管换热器中采用多程结构及设置挡板，可提高流体流速，增强流体湍动程度；③在设置换热器工艺参数时，尽可能提高两流体的流速，以增大流体湍动程度，减薄滞流内层厚度。

（2）在换热器上安装放气阀，并在操作过程中及时排除不凝性气体。因为当蒸汽中有空气或其他不凝性气体存在时，会在壁面上生成一层气膜。由于气体导热率很小，使传热系数明显下降。例如，当蒸气中不凝性气体的含量为1%时，$\alpha$ 可降低60%左右。故为了增大 $\alpha_i$ 和 $\alpha_0$，应及时排除不凝性气体。

（3）使热液体处于沸腾状态，可增大 $\alpha_0$。此时的 $T$ 为最大值，故也可以提高 $\Delta t$，由于增大了冷、热流体的温度差，从而增大了热交换的推动力。

（4）采用强制对流。流体在外力的作用下被迫流动的对流传热称强制对流，强制对流可使 $\alpha$ 增大。可用搅拌器、泵、风机等使流体作强制对流并提高流速。

2. 减小管壁两侧的污垢热阻 $R_{si}$、$R_{so}$

换热器在使用过程中，冷、热流体常会在壁面上生成垢层，垢层虽薄，但热阻很大，

如1 mm的水垢热阻相当于40 mm钢壁的热阻，使换热器传热效果大大降低。所以在操作中应尽量防止和减少污垢的形成。具体方法有：①提高两流体的流速，使所带悬浮物不致沉降下来；②控制冷却水的加热程度，防止有水垢析出；③采用机械、化学方法除垢，或采用可拆卸结构的换热器，以便于清洗除垢；④让易结垢的流体在管内流动，清洗除垢较容易。

3. 增大壁的导热系数$\lambda$；减小壁的厚度$b$

选用导热系数大的金属材料如不锈钢、铜等作为加热管壁的材料，并在生产条件允许的情况下减小加热管的厚度。由于在组成传热系数的热阻中，加热管壁构成的热阻并不是主要的，它仅占总热阻的一小部分，因此，加热管壁的材料和管壁厚度，对传热系数的影响较小。

**小知识**

在工业生产中，有时需要减小壁的导热系数$\lambda$，如在需要保温和绝热的情况下。实验表明：金属的导热系数最大，非金属固体次之，液体又次之，气体最小。所以工业上所用的保温材料，如软木、玻璃棉等的导热系数之所以很小，是因为在其空隙中存在大量空气的缘故。

1. 你会选择用哪一种方法增大间壁式换热器的传热系数，并说出你选择的理由。
2. 请说出你所知道的需要保温和绝热的情况。
3. 采用以下哪些方法可以增大传热速率？

**友情提示**

（1）请根据传热速率方程考虑；（2）不能靠增大换热器的体积来实现增大传热面积，否则设备就显得笨重，要从设备的结构入手，提高单位体积的传热面积；（3）一般情况下流体的温度为生产工艺条件所规定，可变动的范围有限；（4）冷、热两流体逆流时可得到较大的温度差。



## 第二节 换热器

无论是单纯的加热或冷却，还是有相变化的沸腾或冷凝，都可以在间壁式换热器内进行。在制药工业生产中间壁式换热器被广泛地应用，如回收乙醇用的冷凝器、化学制药用的反应器等，所以本节主要介绍间壁式换热器。根据传热壁面的形式，间壁式换热器主要有管式换热器和板式换热器。

## 一、管式换热器

1. 套管式换热器

套管式换热器是由直径不同的两根管子同心套在一起组成的，如图 6－5 所示。冷、热流体分别流经内管和外管，通过内管壁进行热交换。如果需要较大的传热面，可将几段套管用接管串联起来组成多程结构，如图 6－5 所示。每一段套管称为一程，每程长度一般为 4 ~6m。

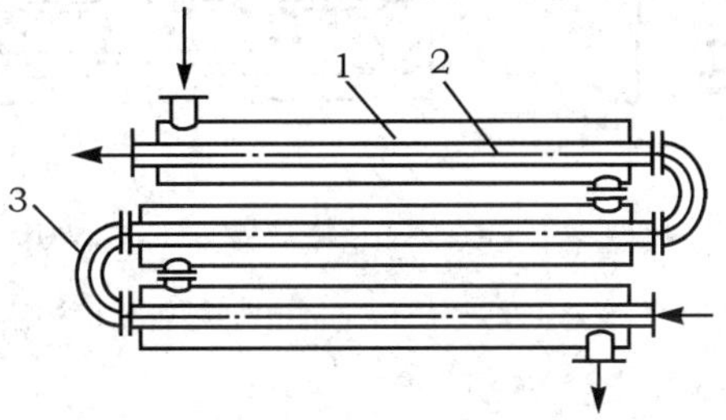


图 6－5　多程套管式换热器

1. 外管；2. 内管；3. U 形肘管

套管式换热器结构简单，可通过调节套管程数改变传热面积，管内耐高压，冷、热流体可严格按逆流流动，能保证流速，传热效果好，但设备所占空间较大，且管隙间清洗困难，适用于流量较小或高压料液的热交换。生产过程中有些料液需要输送很长距离，为防止料液结晶，可用套管输送，料液走内管，蒸气或热水走套管环隙，这就是生产中常采用的套管保温法。

2. 蛇管式换热器

蛇管式换热器的加热管是根据所需传热面积的大小，将直管加工成各种曲线形状的连续叠加状态，如图 6－6 所示。蛇管式换热器的传热面积较大，传热速率较高。为防止蛇管变形，通常将蛇管固定在支架上。需高压操作时，可将蛇管铸在或焊在容器壁上。蛇管式换热器有沉浸式和喷淋式两种。



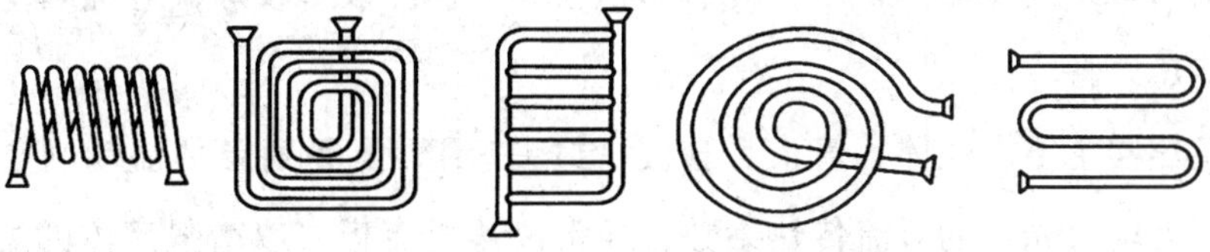

图 6－6　蛇管的形状

（1）沉浸式蛇管换热器　沉浸式蛇管换热器是将蛇管沉浸在容器内，蛇管内外冷、热流体在容器内进行热交换的设备，如图 6－7 所示。这类设备可作为预热器、蒸发器、冷却器或冷凝器。

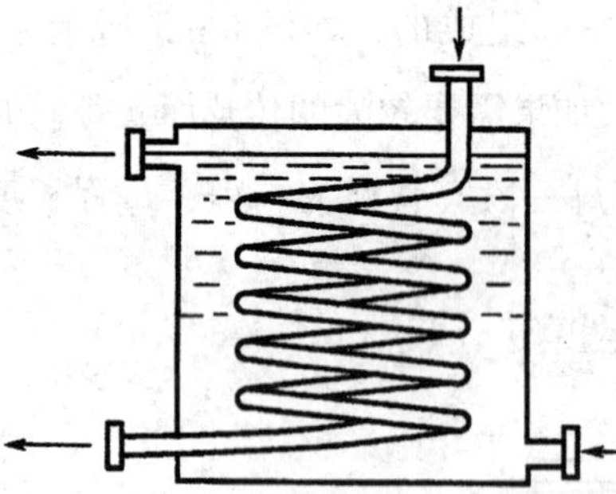

图 6－7　沉浸式蛇管换热器

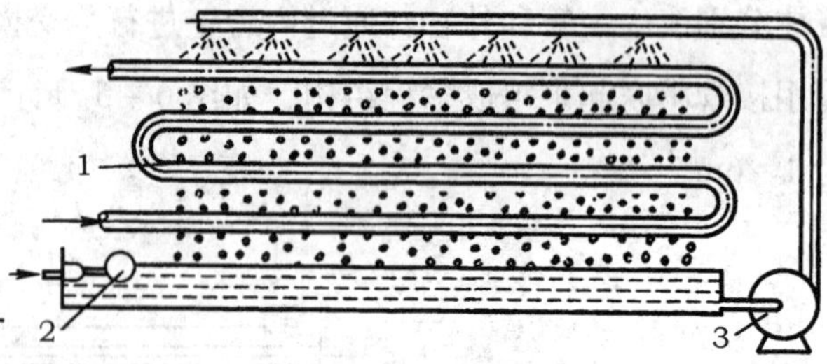


图 6－8　喷淋式蛇管换热器

1. 蛇管；2. 控制阀；3. 循环泵

沉浸式蛇管换热器结构简单，能承受高压，但管外容器体积大，流体流速小，导致管外对流传热系数小，适于处理传热量不太大的料液。为提高传热性能，可在容器内安装搅拌器，使器内流体作强制对流。

（2）喷淋式蛇管换热器　喷淋式蛇管换热器是将加热管制成排管状，固定在钢架上，管外从上而下喷淋冷却水，管内为需要冷却或冷凝的热流体，如图 6－8 所示．由于管外冷却水液膜较薄，且伴随有部分气化过程（带走热量），所以管外对流传热系数比沉浸式大，传热效果好，消耗冷却水量少，生产上常用作冷却器或冷凝器。此设备易检修和清洗，但冷却水喷淋不够均匀，体积较大。由于管外水的气化及占地面积大，常安装在室外空气流通处。

3. 列管式换热器

列管式换热器又称管壳换热器，是在外壳内装入由许多根传热管组成的管束构成的换热设备。冷、热流体分别在管内和管外两个空间流动而进行热交换，管束的表面积就是传热面积。由于列管式换热器体积小，传热面积较大，换热效果较好，造价低，成为目前应用最广泛的传热设备。



列管式换热器主要由壳体、管束、管板、封头等组成，两种流体流动的空间分别称为管程和壳程，为增大壳程的对流传热系数，通常设置折流板，以增强流体的湍动，如图 6－9 所示。同时为了增大管程，延长冷、热流体热交换时间，提高换热效果，可在两端的封头内添置适当的隔板，使流体先后流经各部分管束。如图 6－10 所示，是一双程列管式换热器，管内流体所走路程是管束长的两倍。如果增加隔板的数量，管程还可增大。

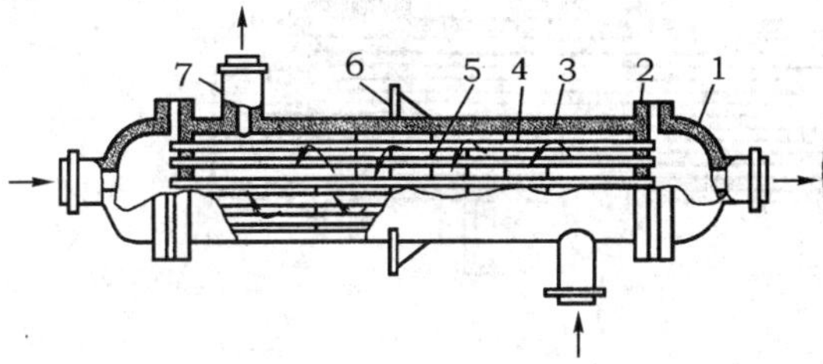


图 6－9　有折流板的列管式换热器

1. 封头；2. 管板；3. 壳体；4. 管束；5. 折流板；6. 耳架；7. 接管

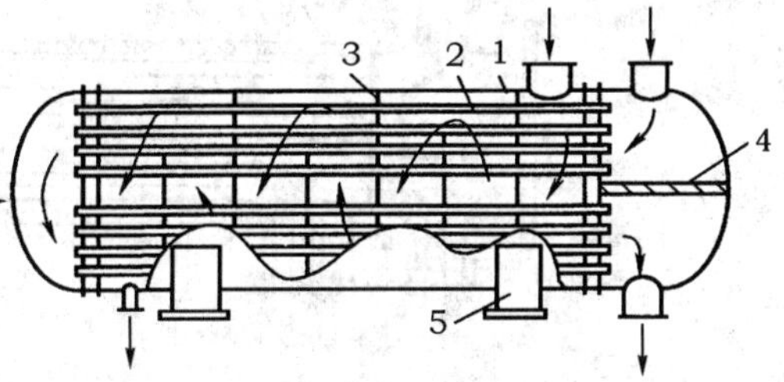


图 6－10　双程列管式换热器

1. 壳体；2. 管束；3. 折流板；4. 隔板；5. 鞍座

列管的管子排列有如图 6－11 所示的各种方式。一般多采用三角形排列，因为这种排列方式传热系数大，相同的壳径内可排列更多的管子，但它流动阻力较大，管外表面的清洗较困难。

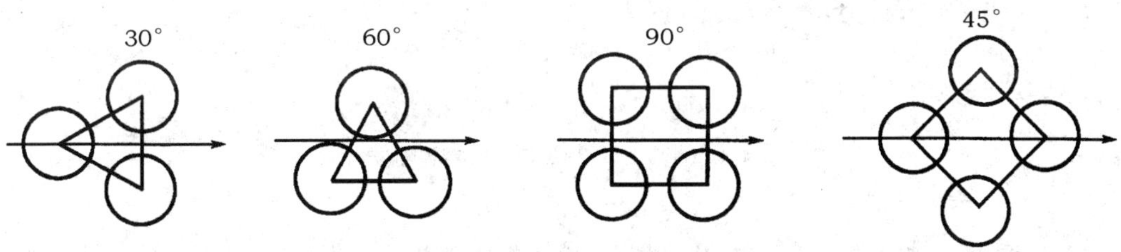


图 6－11　列管的管子排列方式

根据壳体和管束的安装方式、管道的形状，列管式换热器可分为固定管板式、U 型管式、浮头式三种型式。

（1）固定管板式换热器　固定管板式换热器是结构最简单的列管式换热器。所谓固定管板是将安装着管束的两块管板直接固定在壳体上。由于冷、热流体的温度不同，管束和壳体的温度也不同，它们的热膨胀程度不一样，所以使用固定管板式换热器应注意，冷、热流体的温度差不宜超过 50℃，否则会由于管与壳膨胀度的差异而产生热应力，使管子发生弯曲变形或破裂。可在壳体上焊接一个有一定伸缩能力的补偿圈来避免，如图 6－12 所示。

（2）U 型管式换热器　U 型管式换热器是将换热管全弯成 U 形，管子两端固定在同一块管板上，如图 6－13 所示。由于换热管可以自由伸缩，不存在热应力问题。管束可从壳体中取出，清除管外污垢方便，但管内清洗比较困难，所以管内流动的应是不易结垢的流体。

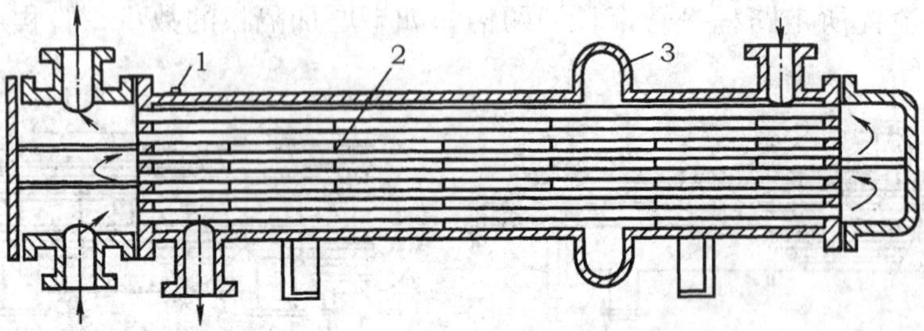


图6-12　有补偿圈的固定管板式换热器

1. 放气嘴；2. 挡板；3. 补偿圈

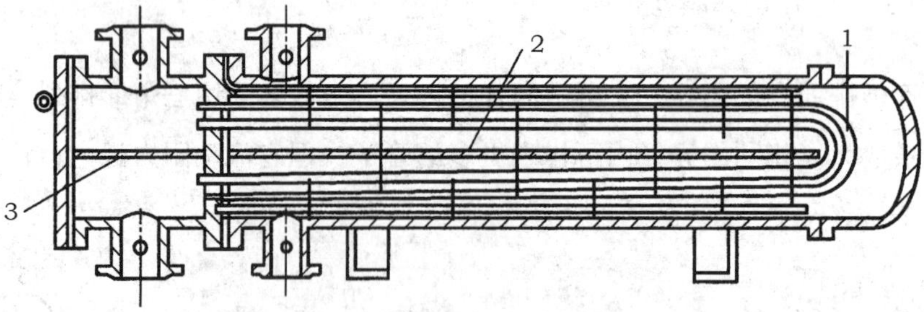


图6-13　U型管式换热器

1. U型管；2. 壳程隔板；3. 管程隔板

（3）浮头式换热器　浮头式换热器是将一端的管板与壳体固定连接，另一端的管板不与壳体相连，可在壳体内自由移动，故称“浮头”，如图6-14所示。这种换热器具有U型管换热器相同的优点，且管内清洗也方便。但其结构复杂，造价比U型管式换热器高，但目前仍是应用最广泛的换热器。

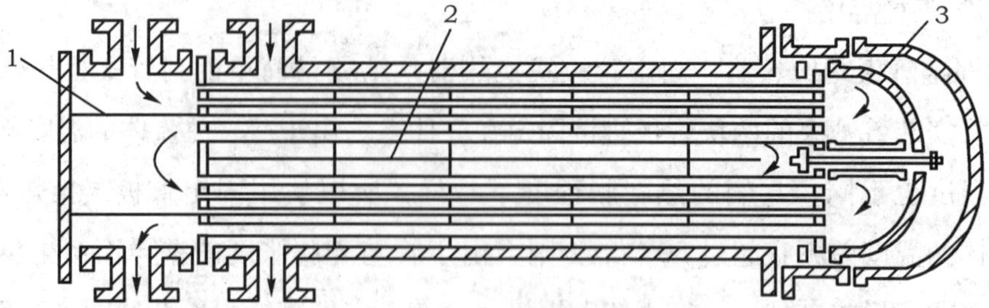


图6-14　浮头式换热器

1. 管程隔板；2. 壳程隔板；3. 浮头

1. 常用的管式换热器有哪些，各有何特点？
2. 为什么喷淋式蛇管换热器常安装在室外空气流通处？
3. 列管式换热器为何常设置折流板和采用多管程？
4. 为何要在固定管板式换热器的壳体上焊接补偿圈？

## 二、板式换热器

冷、热流体分别在若干层重合在一起的板缝间流过，在板面上进行热交换的换热器称板式换热器。由于换热板可以紧密排列，所以板式换热器结构紧凑、换热面积大，传热系数高，但一般不能承受高温和高压。根据换热板的结构和形状，板式换热器主要有以下几种类型。

1. 夹套式换热器

夹套式换热器是最简单的板式换热器，它是在容器外壁安装夹套制成，夹套与器壁之间形成的空间为载热体的通道，如图 6－15 所示。这种换热器主要用于反应过程的加热和冷却。加热时，蒸气从上部接管进入夹套，冷凝水由下部接管流出；在蒸气入口处应安装压力表以便观察蒸气的压力和温度，在夹套上方应有不凝气体排出口。冷却时，通常入口在底部，而出口在夹套上方，这便于排除夹套中的空气，有利于冷却剂充满夹套。

夹套式换热器构造简单，内壁为搪瓷质地，在制药工业中应用很广泛，常用作反应器、结晶器和储液槽等。但其加热面受容器壁面的限制，并且传热系数也不高。为了提高传热系数，可在容器内安装搅拌器；为了补充加热面的不足，可在容器内安装蛇管。

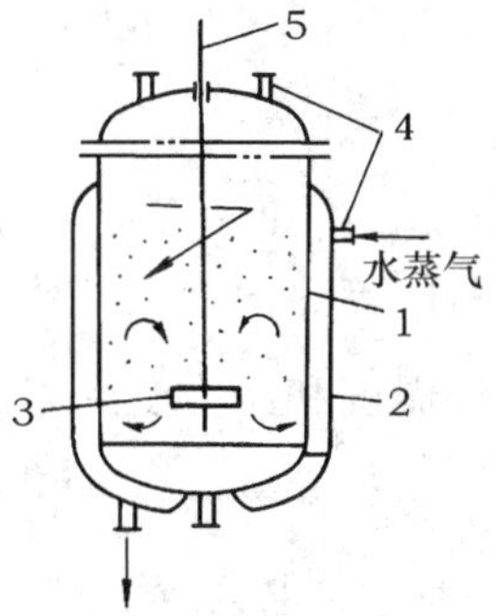


图 6－15　夹套式换热器

1. 内筒体；2. 夹套；3. 搅拌桨；4. 接管；5. 轴

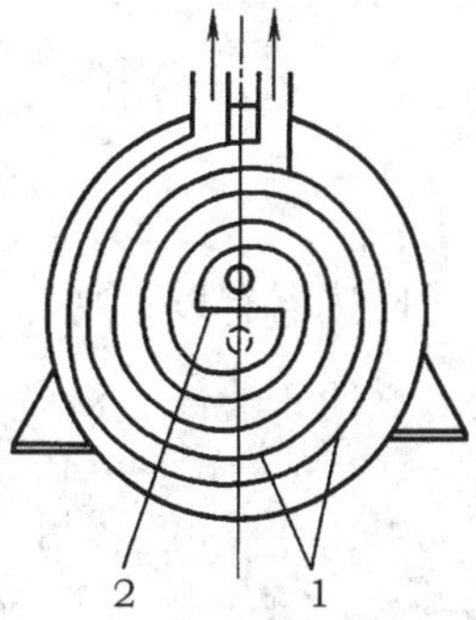


图 6－16　螺旋板式换热器

1. 传热板；2. 隔板



2. 螺旋板式换热器

螺旋板式换热器是由两张金属薄板卷成一对同心圆的螺旋形通道，并在中心处设置隔板，将两个螺旋形通道隔开的换热器，如图 6－16 所示。冷、热流体分别从螺旋形通道流过，通过薄板进行热交换。

螺旋板式换热器有以下特点：传热系数大，比列管式大 1.5～2 倍以上；冷、热流体间为纯逆流流动，温度差 $\Delta t$ 大，传热推动力大；结构紧凑，单位体积的传热面约为列管式的 3 倍；由于流速较高和离心力的作用，流体极易形成湍流，对器壁有冲刷作用而不易结垢和堵塞；因为单流道的结构造成流体流量不能过大，所以处理量较小；制造复杂，整个换热器焊成一体，损坏后不易修复；操作压力和温度不能太高，一般压力不超过 2MPa，温度不超过 300～400℃。

3. 平板式换热器

平板式换热器由若干块金属薄板组装而成，相邻两板四周夹装一定厚度的垫片，使两板间形成一定距离的通道，如图 6－17 所示。板面为波纹面，可做成人字形板、水平平直板、锯齿形板、鳞甲波纹板等多种形状。流体在板间狭窄曲折的通道中流过时，不断地改变方向和速度，很容易形成湍流状态，增大传热系数。

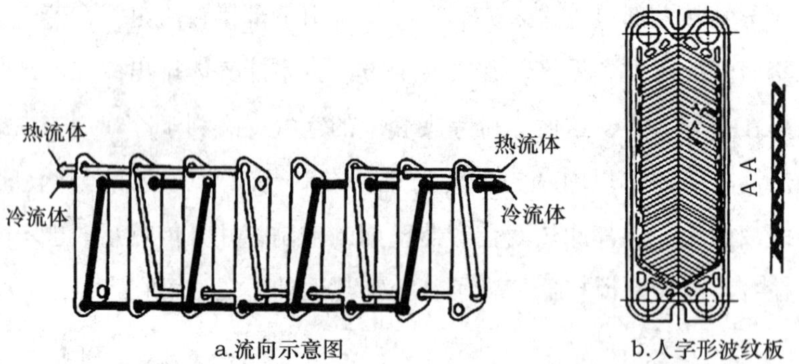

a.流向示意图　　b.人字形波纹板

图 6－17　平板式换热器

平板式换热器有以下特点：结构紧凑、单位体积设备的传热面积大，传热系数高；传热面积调节方便，检修、清洗容易；密封面积大，使操作温度和压力受到限制。

1. 常用的板式换热器有哪些，各有何特点？

2. 为何平板式换热器的板面做成人字形板波纹面？

3. 你会选用哪种换热器进行下列操作，说出你选择的理由。

（1）回收乙醇；（2）结晶操作；（3）化学反应制药；

（4）长距离输送易结晶料液。

# 第三节 载热体

## 一、载热体的概念

换热操作中专门用以运载热量的工作介质称为载热体；温度高于被加热物料，用以提供热量的载热体称为加热剂；温度低于被冷却或冷凝物料，用以吸收热量的载热体称为冷却剂。工业生产中使用的载热体很多，载热体的性质和使用方法能直接影响换热器的传热效率，因此应该按照以下要求选用载热体：①传热温度能满足工艺要求；②温度易于调节；③热容量大；④化学性质稳定，不分解；⑤无毒、对设备腐蚀性小；⑥不易燃、易爆；⑦来源充足、价格低廉。能同时满足以上要求的载热体较少，应根据具体情况进行分析，选择最合适的载热体。

## 二、加热剂

1. 饱和水蒸气

饱和水蒸气是制药工业生产中最常用的一种加热剂，它具有冷凝潜热大、载热量多、传热系数高、加热均匀、温度容易调节、清洁无毒、输送方便、价格低廉等特点。生产中使用的饱和水蒸气来自工业锅炉，由于一般工业锅炉生产、提供的饱和水蒸气压力有限，所以饱和水蒸气不能用作高温加热剂，加热温度一般不超过180℃（压力1000kN/$m^2$）。

2. 有机载热体

当物料加热温度要求达到180～300℃时，可选用有机加热剂作为载热体。利用某些有机物常压沸点高、熔点低、热稳定性好等特点提供高温热源。如YD导热油、SD导热油等都是良好的高温载热体。联苯道生油是含联苯26.5%、二苯醚73.5%的混合物，熔点12.3℃，沸点258℃。它的突出优点是能在较低的压力下得到较高的加热温度，并且传热速率高，不腐蚀设备，但易燃烧。

3. 矿物油

矿物油加热温度可达250℃，超过250℃油容易分解。如图6－18所示，在设备夹套中加入一定量的矿物油，并在适当位置安装电加热棒，将油加热后，油再将热量传入设备。矿物油黏度大，传热速率较低，温度调控不灵敏。

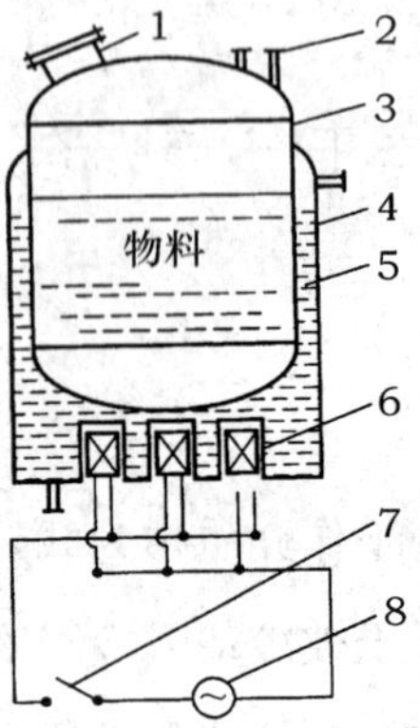


图 6 – 18　矿物油加热示意图

1. 输入孔；2. 接管；3. 罐体；4. 夹层；

5. 矿物油；6. 电加热棒；7. 闸刀；8. 电源

4. 热水

热水也是制药工业生产中常用的一种加热剂，其适用的温度范围是 40 ~ 100℃，由于加热温度较低，可用于热敏性物料的加热。但热水传热速率很低，温度不容易调节，加热均匀性较差。生产中使用的热水一般是利用水蒸气冷凝水或废热水，可节省能源。

如果物料加热温度高于 350℃ 时，可根据具体条件，采取电加热（可达 1000 ~ 3200℃）及烟道气加热（可达 500 ~ 1000℃）。

## 三、冷却剂

1. 水

水方便易得，是制药工业生产广泛使用的冷却剂，可一次性使用后排弃，也可通过循环水池降温后循环使用，视水源情况而定。用水作冷却剂，在设置工艺条件时应注意：冷、热流体传热平均温度差不宜小于 10℃，水的出口温度不宜超过 45℃，以免水中无机盐析出、结垢；水的流速不应低于 0.5m/s，以免水中污垢沉淀。为了避免在加热面形成污垢，有条件者可使用含离子较少的纯化水。



2. 空气

在缺乏水资源的地方可采用空气作为冷却剂，其主要缺点是传热系数低、需要的传热面积大，适用于有通风机的冷却塔和有较大传热面积的换热器中进行强制循环换热。使用空气作冷却剂受到当地气温的限制，一般冷却温度为 10 ~ 25℃。

3. 冷冻盐水

如果要将物料冷却到 5 ~ 10℃ 或更低温度时，可采用冷冻盐水作为冷却剂。它是一定浓度的 NaCl 或 $CaCl_2$ 水溶液，冰点随盐的浓度改变而改变，最低可低达 -55℃。冷冻盐水属低温冷却剂，使用后温度升高，用泵送回制冷车间被冷冻剂降温后，又用泵送至生产车间，如此循环使用。由于需要消耗额外的机械能量，故成本较高。

请测定下列冷却剂的冰点：1. 水：________℃；2. 2.5% NaCl 水溶液：________℃；3. 5% NaCl 水溶液：________℃；4. 2.5% $CaCl_2$ 水溶液：________℃；5. 5% $CaCl_2$ 水溶液：________℃。

## 干冰冷却剂和气体冷却剂

干冰就是固态的二氧化碳，通常呈块状，在 -78.5℃ 下吸热升华成气态，主要用作冷冻剂（如制冰淇淋）和冷却剂。过量的干冰和某些液体混合，在标准大气压下能产生下表所示的低温。

**表 6-1　干冰冷却剂和气体冷却剂**

| 序号 | 液体名称 | 冷却温度（℃） |
|---|---|---|
| 1 | 二甘醇二乙醚 + 干冰 | -52 |
| 2 | 氯乙烷 + 干冰 | -60 |
| 3 | 乙醇（85.5%）+ 干冰 | -68 |
| 4 | 乙醇 + 干冰 | -72 |
| 5 | 三氯化磷 + 干冰 | -76 |
| 6 | 三氯甲烷 + 干冰 | -77 |
| 7 | 三氯乙烯 + 干冰 | -78 |
| 8 | 乙醚 + 干冰 | -78 |
| 9 | 丙酮 + 干冰 | -86 |
| 10 | 干冰 | -78.5 |
| 11 | 液态氢 | -252.8 |
| 12 | 液态氦 | -268.9 |
| 13 | 液态氮 | -195.8 |
| 14 | 液态氧 | -183.0 |
| 15 | 液态甲烷 | -161.4 |
| 16 | 液态氧化亚氮 | -89.8 |

很多液态气体都是优良的冷却剂，但使用时一定要注意安全，如温度、压力的变化，易燃易爆气体更要注意。使用时的具体要求如下：

（1）使用时，液态气体要首先经过减压阀进入耐压橡皮袋和缓冲瓶，之后再进入使用仪器，一定要防止液态气体由于压力的突然变化而发生爆炸。

（2）使用液态氧时，为了防止燃烧，绝不允许与任何有机化合物接触、混合。

（3）使用干冰时，要先在气体钢瓶出口处接上透气且保温的棉布袋，大量放出的液体二氧化碳在其中变为干冰。

（4）使用时，工作人员必须戴保暖手套，以防止发生冻伤。

（5）使用液态氢时，要防止周围空气中的氢气含量大于5%，否则会发生剧烈爆炸。因此要把气化的氢气排入高空，或者采取适当方法使其燃烧掉。

## 第四节　物料的分离

### 一、蒸发

#### （一）蒸发的概念

液体表面的气化现象称为蒸发。蒸发有自然蒸发与沸腾蒸发两种方式。液体在任何温度下都可以发生自然蒸发，并且仅发生在液体的表面，速率小。沸腾蒸发是在沸腾状态下的蒸发。液体沸腾时，溶液中产生大量气泡，形成极大的气化面积，蒸发速率高，故生产中一般采用沸腾蒸发。

生产中通常利用蒸发将溶液中的溶剂部分气化并除去，以提高溶液的浓度。用于蒸发的设备称为蒸发器。锅炉房产生的饱和水蒸气是蒸发操作常用的加热剂，称为加热蒸气或一次蒸气；蒸发过程中从溶剂气化所产生的水蒸气称为二次蒸汽。利用二次蒸汽作加热剂，可节约热源。



在制药工业生产中经常应用蒸发操作，如浓缩药液，以便于制备成品或半成品浓缩液；浓缩制备饱和溶液，进一步降温得到药物结晶等。

小知识

1. 我国沿海有着大片的盐田，将海水引入盐田后，经过日晒风吹，不久水就逐渐干掉，析出亮晶晶白色的盐。

2. 不仅液体会蒸发，有些固体也会直接变成气体。固体物质不经过液态阶段而直接变为气态的过程称为升华。

1. 盐的形成包含了什么过程？

2. 在冬天，将水放在一个无盖的杯子里，过一段时间水变少了，为什么？

3. 请说出几个你知道的蒸发现象。

4. 樟脑丸为什么会慢慢变小呢？

**（二）影响蒸发效率的因素**

1. 传热温度差

加热剂与被蒸发液体之间必须要有一定的温度差，才能在蒸发过程中不断地向被蒸发液体提供热量并保持良好的热量传导，从而使溶剂的分子获得足够的热量不断气化。

2. 蒸发面积

液体的蒸发速度与蒸发面积成正比，增加蒸发面积，可使蒸发速度加快，因此在常压蒸发时多采用大口的浅锅并采用沸腾方式进行蒸发。

3. 蒸发器的传热面积

蒸发器的传热面积越大，单位时间传热量越多，蒸发效率越高。故生产中常采用薄膜蒸发器进行蒸发操作。

4. 传热效率

蒸发需要将加热剂的热量通过热传导传递给被蒸发液体，传热效率越高，蒸发效率就越高。所以在进行蒸发操作时，为提高传热效率，应及时排除加热剂一侧的不凝性气体，及时清除蒸发器壁面的结垢层，加强溶液的循环或搅拌。

5. 液面上蒸气的浓度

蒸发速度与液面上蒸气的浓度成反比。液面上蒸气的浓度大，溶剂分子不易逸出，可通过排风、抽真空等措施排除液面上蒸气以加速蒸发。

6. 液面压力

降低液面压力，可降低溶剂沸点，提高传热温度差，减小液面上蒸气的浓度，加快蒸发速度。故采用减压蒸发既可提高蒸发效率，又可避免物料受高温而被破坏。

你会选择用什么方法使蒸发操作尽快完成，说出选择的理由。

## （三）常用的蒸发方法和设备

1. 常压蒸发

常压蒸发是指在一个大气压下进行蒸发的方法。适用于有效成分耐热，被蒸发溶剂无毒、无燃烧性、无经济价值的情况。其优点是设备简单、易操作；缺点是温度高、时间长、效率低、易被污染、环境潮湿，故车间的通风排气设备要完善。

常压蒸发的设备多用蒸气夹层蒸发锅，如图 6－19 所示，内壁为搪瓷或不锈钢制成，加热剂为通入夹层中的饱和水蒸气，可用于药材浸出液的浓缩，也可用于糖浆剂、合剂、流浸膏剂、煎膏剂的制备，蜂蜜的炼制等。

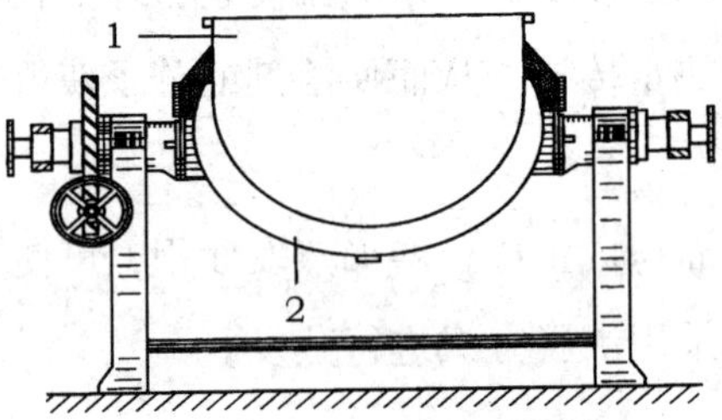


图 6－19　蒸汽夹层蒸发锅

1. 蒸发锅；2. 蒸汽夹层

2. 减压蒸发

减压蒸发是指在减压条件下进行蒸发的方法，又称真空蒸发。操作时在密闭的蒸发器内抽气减压，使溶液沸点降低而进行沸腾蒸发。由于温度低、速度快，可防止不耐热成分的分解，适用于对热不稳定药液的处理。并且在抽气时能及时排除溶剂蒸气，有利于蒸发顺利进行。因此，减压蒸发在制药工业生产中应用比较广泛。常用的减压蒸发设备有单效减压蒸发器和多效减压蒸发器。

（1）单效减压蒸发器　对蒸发产生的二次蒸气不再利用，直接冷凝后而排除，这种减压蒸发设备称单效减压蒸发器，如图 6－20 所示。操作时将料液放入蒸发器中，加热蒸气在加热室放出热量将料液加热至沸腾，产生的二次蒸气夹带着雾沫与液滴升入分离室，经分离后不含雾沫与液滴的二次蒸气被抽入冷凝器与冷水直接混合而被冷凝，然后从冷凝器的底部排出。二次蒸汽中的不凝气体经分离器和缓冲罐由真空泵抽至大气中。经蒸发浓缩达到浓度要求的完成液从蒸发器底部排出。一般情况下，产生规模不大时，宜采用单效减压蒸发器。

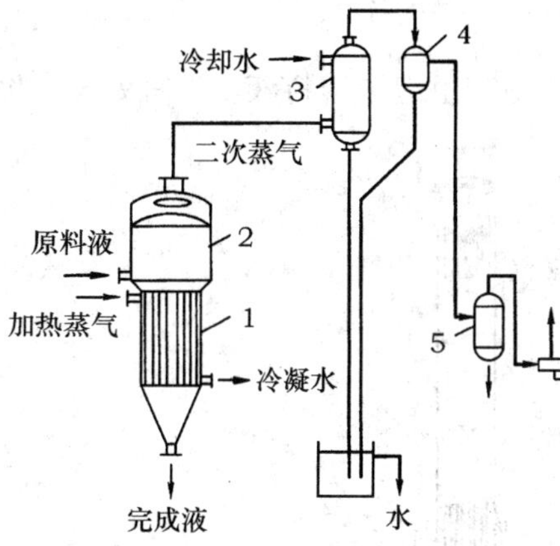


图6－20　单效减压蒸发器

1. 蒸发器；2. 二次蒸气分离器；

3. 混合冷凝器；4. 冷凝水排放器；

5. 气水分离器；6. 真空泵

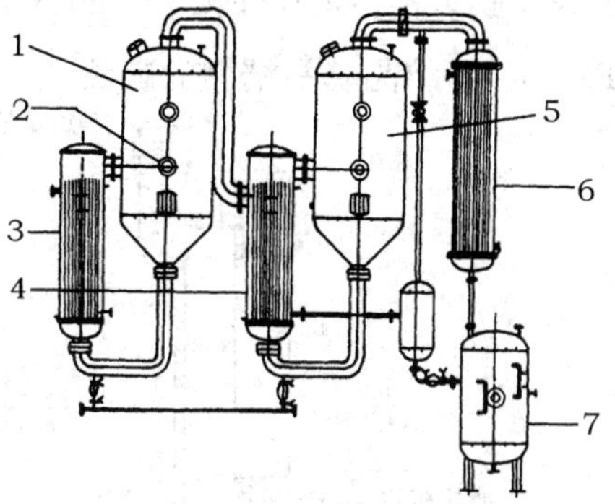


图6－21　多效减压蒸发器

1. 一效蒸发室；2. 视镜；3. 一效加热室；

4. 二效加热室 5. 二效蒸发室；

6. 冷凝器；7. 接水器

（2）多效减压蒸发器　利用蒸发器之间的压力差，将前一个蒸发器产生的二次蒸气引入后一个蒸发器内作为加热剂使用，如此串联而成的减压蒸发器称为多效减压蒸发器，如图6－21所示。

多效减压蒸发器的工作原理：前一效的二次蒸气作为后一效的加热蒸气，后一效的加热室作为前一效的冷凝器；末效连接真空系统，操作压力逐效降低；末效的二次蒸气进入冷凝器冷凝后移除。多效减压蒸发器能多次利用二次蒸气，节约加热蒸气和冷凝水，降低操作费用。所以产生规模较大时，宜采用多效减压蒸发器。

3. 薄膜蒸发

薄膜蒸发系指使药液形成薄膜而进行蒸发的方法。薄膜蒸发具有极大的蒸发表面，热量传递快而均匀，没有液体静压的影响，蒸发温度低，蒸发过程受热时间短，能较好地避免料液的过热现象，故特别适用于蒸发处理热敏性料液。薄膜蒸发可以连续操作，故可缩短生产周期，在制药工业生产中应用广泛。常用的薄膜蒸发设备有升膜式薄膜蒸发器和降膜式薄膜蒸发器。

（1）升膜式薄膜蒸发器　升膜式薄膜蒸发器的加热室由垂直的长管组成，如图6－22所示。加热管长为3～10m，直径为25～50mm，加热蒸气走管外，料液走管内。经预热后的料液从加热管底部通入管内，经管外的加热蒸气加热后迅速沸腾气化，产生的二次蒸气在管内高速上升，料液被拉成环状薄膜分布在管的内壁，在上升过程中不断被蒸发，气液混合物进入分离室，经分离后完成液由分离室底部排出。

升膜式薄膜蒸发器适用于处理稀料液、热敏性及易产生泡沫的料液。不宜处理黏度大于0.05Pa·s、易结晶、易结垢的料液。

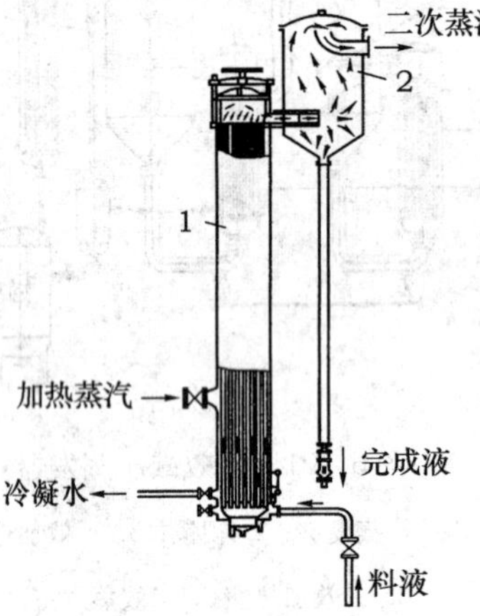


图6－22　升膜式薄膜蒸发器

1. 蒸发室；2. 分离室

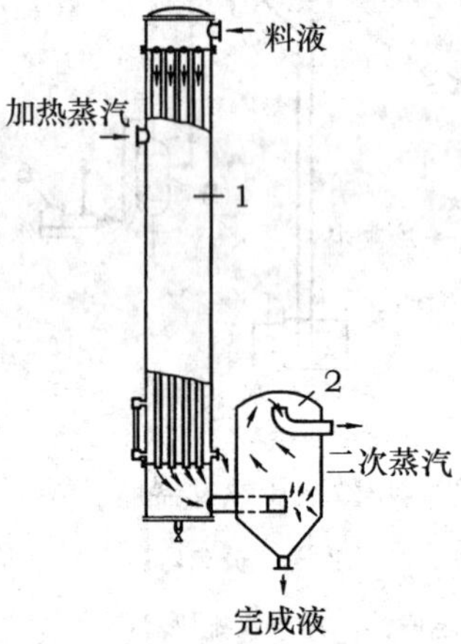


图6－23　降膜式薄膜蒸发器

1. 蒸发室；2. 分离室

（2）降膜式薄膜蒸发器　降膜式薄膜蒸发器的结构与升膜式薄膜蒸发器相似，如图6－23所示。料液从蒸发器顶部加入，经液体分布器处理后，均匀地流入加热管中，受管外的加热蒸气加热沸腾，在重力和二次蒸气的共同作用下沿壁面呈膜状向下流动，在下降过程中被蒸发，气液混合物由加热管底部进入分离室，经气液分离后即得完成液，完成液从分离室底部排出。

由于料液的自重有利于液膜向下流动，料液在加热管内停留时间很短，故降膜式薄膜蒸发器适用于热敏性、浓度较高、黏度在0.05～0.45Pa·s料液的处理。

小知识　多效减压蒸发器效数的限定：蒸发器的效数越多，节约的蒸气越多，但需要增大传热面积，生产强度就要大幅度下降，设备费用会成倍增加。因此，从经济上考虑蒸发器的效数是不可能无限增多的。生产中蒸发强电解质溶液时常用2～3效，蒸发弱电解质溶液时常用4～6效。



想一想　你喜欢哪一种蒸发设备，请说出你喜欢它的理由。

## 二、液化

### （一）液化的概念

物质从气体转变成液体的过程称为液化。我们所遇到的液化，通常是气体受冷失去热量，冷凝成液体的过程。液化大多是在冷凝器中进行，冷凝器往往只是某一设备的其中一个部分。

在制药工业生产中，中药材有效成分的回流提取、有机溶剂的回收、冷凝二次蒸气都应用到冷凝液化操作。

取一支大的注射器，拉动活塞使注射器里吸进一些乙醚。取下针头，用橡皮帽把注射器的吸孔堵住。向外拉活塞，到一定程度时，注射器里的液态乙醚消失，全部变为乙醚蒸气。然后推活塞，压缩乙醚蒸气，注意观察有无液体出现。（当乙醚蒸气被压缩到一定程度时，注射器会有液态乙醚出现）

小知识

1. 当气体的温度降到临界温度以下时，加大压力，可使它液化。

2. 当气体在真空或压力很低的空间迅速膨胀时，温度会急剧降低。根据能量守恒定律，当气体膨胀时，由于分子间的势能增加而造成分子的平均动能减少，它的温度要相应降低。利用这一原理，可获得低温，使气体液化。

1. 用什么方法可使天然石油气变成我们煮饭用的液化石油气？

2. 向窗玻璃呼气，会发生什么现象，为什么？

3. 请说出几个你知道的液化现象。



### （二）影响液化效率的因素

1. 冷却剂的温度

冷却剂的温度越低，与被液化气体之间的温度差就越大，热传导效果好，液化效率高，但同时要考虑降低冷却剂温度所需的成本问题。

2. 冷凝器的传热面积

冷凝器的传热面积越大，单位时间传热量越多，液化效率越高。

3. 冷凝器的换热类型

混合式换热的冷凝器冷凝效果好，因为冷、热流体能充分接触，传热效果好，但冷、热流体也被相互污染，难以再分离。所以我们在选择冷凝器类型时要充分考虑生产的实际需要。

由于气体的液化包含着热量的传递过程，所以凡是影响传热过程的因素都会影响液化。

1. 影响液化效率的因素有哪些？
2. 为什么回收有机溶剂要用间壁式冷凝器，冷凝二次水蒸气可用混合式冷凝器？

## （三）蒸馏及相关设备

蒸馏包含着液化过程。系指加热使溶剂气化，再经冷凝为液体，用以回收溶剂或分离液体混合物的单元操作。常用的蒸馏方法有常压蒸馏、减压蒸馏与精馏。

1. 常压蒸馏

常压蒸馏系指在常压下进行的蒸馏。常压蒸馏设备简单，如图 6－24 所示，易于操作，但蒸馏时温度较高，蒸馏时间较长，对某些不耐热的料液易生产影响，主要用于耐热料液的处理。

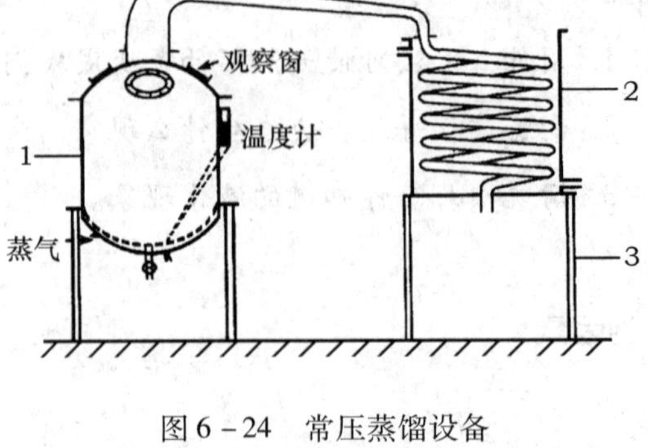


图 6－24　常压蒸馏设备

1. 蒸馏器；2. 冷凝器；接受器

2. 减压蒸馏

减压蒸馏系指在减压条件下，使蒸馏液在较低温度下蒸馏的方法。减压后液面真空度愈高，液体的沸点就愈低。减压蒸馏可增加蒸馏效率，降低蒸馏温度，缩短蒸馏时间，适用于不耐热料液的处理。常用的减压蒸馏设备如图 6－25 所示。操作时，料液在抽气减压的蒸馏器内被加热，在较低的温度下即可沸腾蒸发，产生的溶剂蒸气经气液分离器将液沫分开，然后进入冷凝器被冷凝而收集于接受器中。

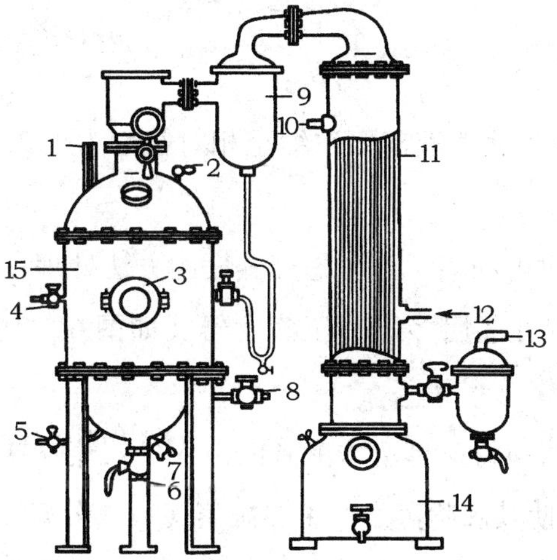


图 6－25　减压蒸馏设备

1. 温度计；2. 放气阀；3. 观察窗；4. 蒸馏液入口；5. 蒸汽入口；6. 完成液出口；7. 夹层排水口；8. 废气出口；9. 分离器；10. 冷凝水出口；11. 冷凝器；12. 冷凝水出口；13. 接真空泵口；14. 接受器；15. 蒸馏室

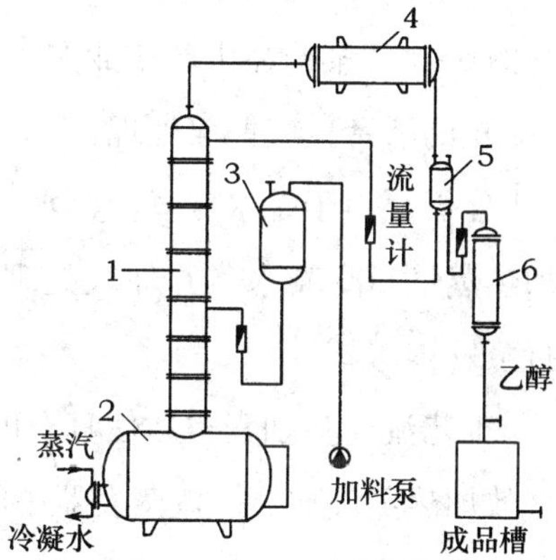


图 6－26　精馏设备示意图

1. 精馏塔；2. 蒸馏器；3. 高位槽；4. 冷凝器；5. 平衡器；6. 冷却器

3. 精馏

精馏也称分馏，是利用液体混合物中各组分的沸点不同，将液体混合物分离的方法。精馏在精馏塔内进行。精馏塔的主要作用是为上升的蒸汽与回流液体提供充分接触进行热交换的条件，如图 6－26 所示。当进行精馏时，混合液在蒸馏器中受热气化，混合蒸汽进入精馏塔，自下而上不断受到部分冷凝，促使高沸点组分冷凝，回流至蒸馏器中，蒸汽中低沸点组分含量逐步增高。冷凝液在回流途中，与上升的混合蒸汽在精馏塔内充分接触，进行热交换，结果促使更多的高沸点组分被冷凝和低沸点组分被气化，如此反复气化－冷凝－回流，最终在精馏塔顶部出来的蒸汽就接近于纯低沸点的组分，这样便可将沸点不同的组分分离。目前在制药工业生产中多用于回收乙醇。精馏可得到较高浓度的乙醇。

1. 为什么常用减压蒸馏设备处理不耐热的料液？

2. 为什么精馏可得到较高浓度的乙醇？

## 三、传热设备分离物料实例

### （一）益母草水煎煮液的浓缩

例6－1　某药品生产企业有一批益母草水煎煮液需要浓缩至相对密度为1.21～1.25（80℃）的清膏，应如何处理？

［分析］由于是水煎煮液，水不需要回收再利用，可考虑用蒸发的方法处理；为了节约加热蒸气和冷凝水，并加快处理的速度，可选用多效减压蒸发器（如图6－21所示）进行蒸发操作。

［工艺流程］抽真空，使真空度达规定值→将益母草水煎煮液加入各效蒸发器中→通入一效加热蒸气加热一效蒸发器中的料液，使其沸腾蒸发产生二次蒸气→二次蒸气进入二效蒸发器加热料液，使其沸腾蒸发产生二次蒸气→二次蒸气进入冷凝器被冷凝除去→如此蒸发浓缩直至达到规定的相对密度。

还可选用哪一种方法、哪一类设备处理益母草水煎煮液？

说出你选择的理由。

友情提示

（1）在药品生产中可使用不同的设备来处理相同的药液。如何选用设备，主要根据药液的性质、药液量的多少及厂家现有的设备进行选择。



（2）现行版《药品生产质量管理规范》（简称GMP）规定，药品生产企业在生产中产生的“三废”（废水、废气、废渣），不能直接排放，故蒸馏操作与蒸发操作常在相同的设备进行。被蒸发冷凝的液体如果需要回收就用罐收集，不需要回收就直接放入地漏。

（3）药材加水煎煮提取有效成分的方法称为煎煮法。有效成分对湿和热都稳定的药材可用煎煮法提取有效成分。在提取过程中，为了尽可能提取有效成分，浸出溶剂的用量都相当多，所以中药提取液一般都需要进行蒸发或蒸馏浓缩处理后，再进行精制处理，或浓缩制成半成品再制成各种制剂。

### （二）贝母渗漉液中乙醇的回收

例 6－2　用 70% 的乙醇作溶剂，采用渗漉法提取贝母粉中的有效成分，收集初漉液另存（含大量有效成分，直接用于制备制剂，可避免大多数有效成分受热影响），续漉液需要回收乙醇，应如何处理？

［分析］回收有机溶剂，应采用蒸馏法；为了避免漉液中有效成分受高温的影响，可选用减压蒸馏设备（如图 6－25 所示）进行操作。因为减压蒸馏设备蒸馏效率高，蒸馏温度低，蒸馏时间短。

［工艺流程］抽真空，使真空度达规定值→将贝母续漉液加入蒸馏器中→在蒸馏器夹层中通入加热蒸气加热料液→继续抽真空使料液在 50～60℃下沸腾蒸发→二次蒸气经气液分离器将液沫分开→进入冷凝器被冷凝→乙醇。

还可以用其他方法、其他设备回收贝母渗漉液中的乙醇吗？

友情提示

（1）渗漉法是一种常用的提取中药材有效成分的方法，所得药液称为渗漉液。在渗漉操作过程中，为了使药材中的有效成分充分溶解并扩散出来，渗漉前需要在渗漉罐中将药材粉末静置浸渍 24～48h，所以初漉液中含有大量的有效成分。

（2）加热对有效成分会产生不同程度的影响。一般受热温度越高、时间越长影响就越大。故在药品生产中应尽可能避免长时间、高温度处理药物。

（3）用于提取药材有效成分的有机溶剂回收后，可用于下一批同种药材有效成分的提取，但不能用于不同的药材，否则会造成交叉污染。



### （三）低浓度乙醇的处理

例 6－3　现有 50% 的乙醇，需要将它的浓度提高到 95%，应如何处理？

［分析］分离液体混合物可采用精馏法。精馏可得到较高浓度的乙醇。精馏操作可选用精馏设备，如图 6－26 所示。

［工艺流程］将 50% 的乙醇放入蒸馏器中→在蒸馏器夹层中通入加热蒸气加热料液→进行

全回流操作一定时间→调节平衡器、流量计使回收乙醇符合浓度规定→稳定精馏至终点。

还可以用其他方法、其他设备处理低浓度的乙醇，使它浓度提高吗？

## 课后小知识

本课程所介绍的流体输送设备及换热设备，在药品生产过程中属于公用设备或辅助设备，它们往往与其他药品生产的专用设备一起组成一整套药品生产设备，用于药品的生产。

图6－27是一套多功能提取罐的示意图，图中包含有流体输送设备及换热设备，其主要用于中药材有效成分的提取，是药品生产企业常见的生产设备。

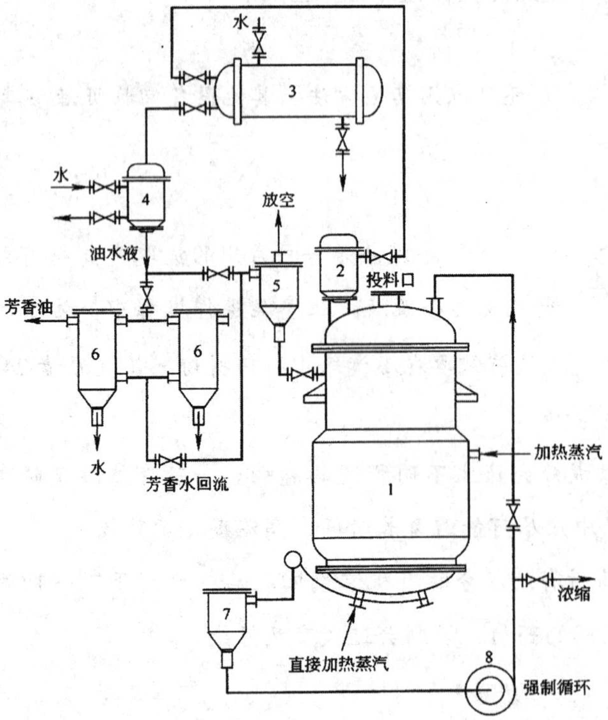


图6－27　多功能提取罐

1. 为提取罐体，是整套设备的主体部分，属于换热设备，用于盛装中药材及浸出溶剂，可在夹套或蛇管中通入水蒸气，对浸出溶剂进行加热，煎煮药材。

2. 为泡沫捕集器，其作用是将煎煮时产生的泡沫收集起来，回流到罐体中，不让它们流入下一级管路，可避免有效成分流失。

3. 为列管式换热器，通入冷凝水，将煎煮药材时产生的蒸气冷凝。

4. 为冷却器，其作用也是换热，将 3 中冷凝得的液体冷却，并流入下一级管路。

5. 为气液分离器，可将管路中不凝结的气体（如 $NH_3$、$CO_2$）排入大气，而凝结得到的液体回流到罐体中。

6. 为油水分离器，利用油水不相溶及油比水轻的原理，将挥发油与水分离开来，并将挥发油收集起来，而水则通过 5 回流到罐体中。

7. 为过滤器，用于滤除药液中的药渣。

8. 为离心泵，其作用是将药液在提取时做强制循环，提取结束后将药液输送到药液存储罐中。

全国医药职业教育药学类规划教材

# 医药常用仪器设备基础

## 实验册

主编　林芝媛
编者　容　森　何志慧　文俊良

中国医药科技出版社

# 技能实训一　托盘天平的使用

## 一、实训目的

## 二、实训内容

## 三、实训步骤

### （一）观察天平的结构

对照托盘天平实物，熟悉各主要部件的名称并体验其作用。写出图 1－1 所标注部件的名称，并说出其作用。

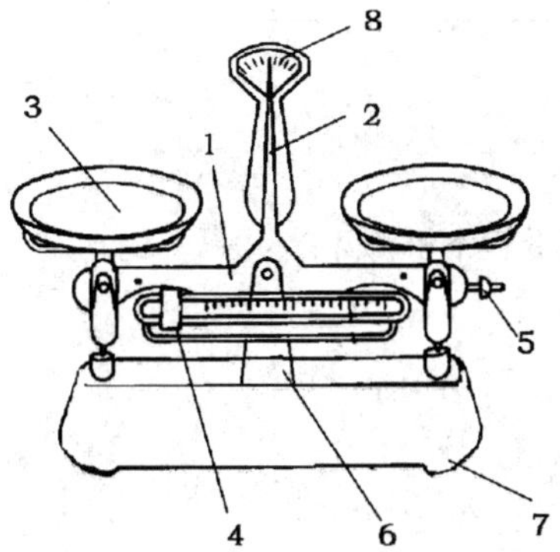


图 1－1　托盘天平

1. ________　2. ________　3 ________　4. ________

5. ________　6. ________　7. ________　8. ________

### （二）称量练习

1. 调节零点

（1）将天平放在水平台上。（在天平盘放上称量纸）

（2）把游码放在______________。

（3）观察指针，指针偏向刻度盘______________，调节______________，直至______________。

2. 用直接称量法，称量固体样品

（1）把样品放入在______________盘中央。

（2）在______________盘添加______________g 砝码，调节标尺上的游码，直至______________。

（3）记录样品的质量 $M_1$ = ______________。

3. 用固定质量称量法，称取 8.3g（或 3.5g）粉末状样品

（1）把砝码、游码添加至 8.3g（或 3.5g）状态。即在右盘放______________g 砝码，游码处于标尺______________位置。

（2）用药勺盛试样，在左盘上方轻轻振动，使试样徐徐落入称量纸上，直至指针处于刻度盘______________（或指针两边摆动的幅度______________）。

4. 天平归位

（1）砝码______________，游码______________。

（2）擦净托盘，把两个托盘______________。

## 四、总结与评价

1. 在使用天平称量中，哪些环节不够顺利？

2. 你有哪些困惑？



3. 找一找，在操作中你或你的同伴的哪些操作有错误、不规范，应如何改正。

| 错误、不规范操作 | 正确操作 |
|---|---|
| 读数错误：右盘上有 5g 砝码，游码指示 3.3，读 5.33g | 正确读数：8.30g |
| 读数错误：右盘上有 5g 砝码，游码指示 3.3 读 8.3g | |

续表

| 错误、不规范操作 | 正确操作 |
| --- | --- |
| 用直接称量法称物品，左盘已放称量物，右盘已放上砝码，指针摆动略偏左边，调节平衡螺母，使指针对中 | |
| 加减砝码直接用手拿 | |
| | |
| | |
| | |
| | |

# 技能实训二　扭力天平的使用

## 一、实训目的

## 二、实训内容

## 三、实训步骤

### （一）观察扭力天平的结构

对照实物，并熟悉各主要部件的名称和作用。写出图 2－1 中标注部分的名称，并说出其作用。

图 2－1　扭力天平

1. ________________ 2. ________________

3. ________________ 4. ________________

5. ________________ 6. ________________

### （二）称量练习

1. 调整零点

（1）将扭力天平放在稳固的工作台上。

（2）放好垫脚。（放好称量纸，合上天平盖）

（3）将刻度盘的______对准______，______（打开、关闭）开关。

（4）观察指针，指针在标牌偏______（左、右），应抬高______（左、右），或者降低______（左、右）。

（5）旋动 ______，使指针对准______（或指针两边摆动的幅度______）。

2. 用直接称量法，称2片药片的质量

（1）关闭开关，打开天平盖。

（2）将 2 片药片放入天平的 ______ 盘，估测 2 片药片的质量，在______盘放______g 砝码，调整指数盘质量数______。

（3）合上天平盖，______，观察标牌上的指针，指针偏______（左、右）。

（4）关闭开关，______（加、减）砝码或指数盘，重复（3），直至指针对准______（或指针两边摆动的幅度______）。

（5）记录　2 片药片的质量 $M_1$ = ______。

3. 用固定质量称量法称取 0. 25g、0. 50g 样品

（1）将称量纸放入天平左、右盘，调整零点。

（2）关闭天平，将指数盘旋至 ______处。

（3）打开天平盖，在左盘上方轻轻振动，使样品徐徐落入左盘。

（4）合上天平盖，开启______，观察 ______，指针偏左，样品量______（多、少）；指针偏右，样品量 ______（多、少）。

（5）关闭天平，调节样品量，重复（4）操作，使指针位于标牌______（或指针两边摆动的幅度______）。



4. 清洁、归位

（1）称量完毕，关闭开关。

（2）砝码 ______，指数盘 ______。

（3）取药品，清洁天平盘、工作台、药勺。

（4）取下垫脚放入天平盖内，将天平放回原位。

## 四、总结与评价

1. 为什么在操作中有：

(1)“加减砝码（指数盘、样品）关闭天平”的要求。

(2)“读数合盖”的要求。

2. 在操作中你有哪些困难，哪些困难没有解决？

3. 找一找，在操作中你或你的同伴的哪些操作有错误、不规范，应如何改正。

| 错误、不规范操作 | 正确操作 |
|---|---|
| 加减砝码忘记关天平开关 | |
| 称量过程忘记盖天平盖 | |
| | |
| | |
| | |
| | |
| | |
| | |

# 技能实训三　分析天平的使用

## 一、实训目的

## 二、实训内容

## 三、实训步骤

### （一）观察分析天平结构

对照实物，熟悉各主要部件的名称和作用，写出图 3－1 中标注部件的名称。

1. ______________
2. ______________
3. ______________
4. ______________
5. ______________
6. ______________
7. ______________
8. ______________
9. ______________
10. ______________

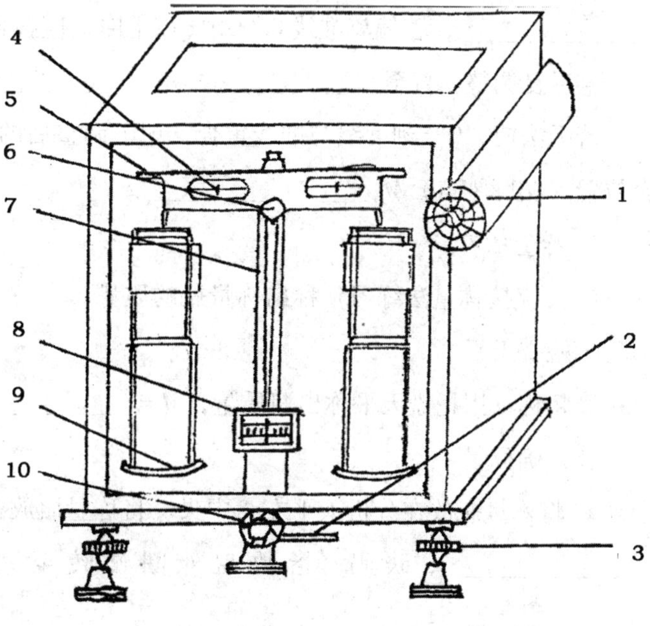


图 3－1　分析天平

## （二）分析天平的使用

1. 准备与检查

（1）取下天平罩，叠好置于天平箱顶。

（2）检查砝码盒内砝码是否齐全，放在天平箱右侧；检查环码是否有脱落、缠绕。

（3）接好电源。

（4）称量物品放在天平箱左侧。

（5）检查、调节天平水平。

观察水平仪的__________，气泡偏__________（左、右），表示天平__________（左、右）侧高、需降低__________端或升高__________端，调整__________，直至气泡__________。

（6）零点调节。

①指数盘对准0.000g。

②开启升降枢纽。

③观察光幕，若微分尺上“0”刻度线偏离准线0.0010g以下时，调整__________，若偏离准线0.0010g以上时，应报告老师，再调整__________。

④反复调整，直至________________，关闭升降枢纽。

若无法使“0”刻度线与准线重合，记下调整后的最佳状态。记录准线与微分标尺重合位置（实际零点）$M_0$ = __________ g。

2. 称量练习

（1）直接称量法练习　称出称量瓶的质量。

①检查天平。

②粗称　用托盘天平称出瓶质量，$M$ = __________ g。

③精确称量



a. 将称量瓶放在分析天平左盘中央。将称量瓶放在__________盘中央；右盘放__________ g砝码；指数盘外圈慢转至__________ g处，内圈转至__________ g。

b. 试重一　半开启天平，光标尺__________（左、右）移，表示物__________（重、轻），应__________（加、减）码。关闭天平，调整码重为__________。

c. 试重二　半开启天平，光标尺__________（左、右）移，表示物__________

（重、轻），应 ______（加、减）码。关闭天平，调整码重为 ______。

d. 试重三　半开启天平，光标尺 ______（左、右）移，表示物 ______（重、轻），应 ______（加、减）码。关闭天平，调整码重为 ______。

e. 重复 B 步骤，调整码重为 ______→、______→、______→、______→、______→、______→、______。直至光标尺移动缓慢，全开启天平，待光标尺停止。

④读数　光标尺移动缓慢，全开启天平，待光标尺停止，从天平上读出被称物的质量 $M_1$ = ______ g。

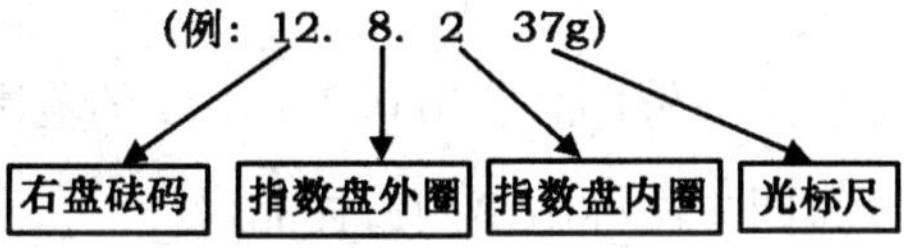


⑤关闭天平，取出砝码、被称物。

⑥根据以上实验记录，处理数据并填入下表。

| 被称物 | 实际零点 $M_0$（g） | 粗称质量 $M$（g） | 分析天平称量读数 $M_1$（g） | 称量结果（g） |
|---|---|---|---|---|
| 瓶 1 | | | | |
| 瓶 2 | | | | |
| 瓶 3 | | | | |

（2）减重称量法练习：称量 3 份 0.2 ~0.3g 的氯化钠样品。

①粗称　用托盘天平称出瓶和氯化钠的粗略质量 $M$ = ______ g。

②称出 $m_1$　将粗称好的称量瓶（已装入氯化钠），放于天平左盘中央，用直接称量法准确称出质量 $m_1$ 记入下表中。

| | 第一份样品 | 第二份样品 | 第三份样品 |
|---|---|---|---|
| 称量瓶 + 药品（g） | $m_1$ = | $m_2$ = | $m_3$ = |
| 倒出药品后称量瓶 + 药品（g） | $m_2$ = | $m_3$ = | $m_4$ = |
| 倒出药品质量（g） | $S_1 = m_1 - m_2$<br>= | $S_2 = m_2 - m_3$<br>= | $S_3 = m_3 - m_4$<br>= |

③减码　升降枢纽在关闭状态下，将砝码和指数盘的读数值减去称量范围的低限量

(0.2g)，这样不易使倒出的药品量大于称量范围的高限量。

④减样品　用课本图1－7所示方法轻敲瓶身倒出瓶内药品约0.2g（估测，倒出药品宁少勿多）。

⑤称 $m_2$　将瓶盖好，放入分析天平左盘中央，打开天平，观察光标，若光标向左移，表示倒出的药品未够0.2g，关闭天平，用上法④再倒出少许药品。

若光标向右移，不需再倒出药品，用直接称量法称出倒出药品后瓶和药品的质量 $m_2$，记入上表中，至此完成第一份样品的称取。

⑥取盛放第二份样品的容器，按上述③～⑤方法称出 $m_3$，得第二份样品。

⑦按⑥称第三份样品。

注：若在称量过程中，出现某一份样品超出0.2～0.3g的范围，这一样品为废品，不能使用，紧接步骤⑦后，再以相同方法称出第四份样品。

3. 归位、清洁

(1) 关闭天平，取出被称物，砝码 ______________，指数盘内、外盘 ______________。

(2) 清洁天平盘，天平箱内底座。

(3) 关好天平门，盖好天平罩，关好电源。

## 四、总结与评价

1. 请根据操作中你的表现与感受，回答下列问题。

(1) 调节水平的速度______________（快、慢、一般、无法完成）。

(2) 调节零点的速度______________（快、慢、一般、无法完成）。

(3) 一同学的粗称结果为15.60g，在分析天平上正确使用粗称的方法是______________。



(4) 在试重时，______________（半开、全开）天平，是为了快速判别______________。

(5) 读数时，天平一定要______________（全开、半开）。

(6) 若天平示数如图3－2所示，读数为______________。

若天平示数如图3－3所示，读数为______________。

(7) 在下表中，请用“中间截取，逐级试验”的方法，填入试重的砝码、环码数。

粗称：18.70g

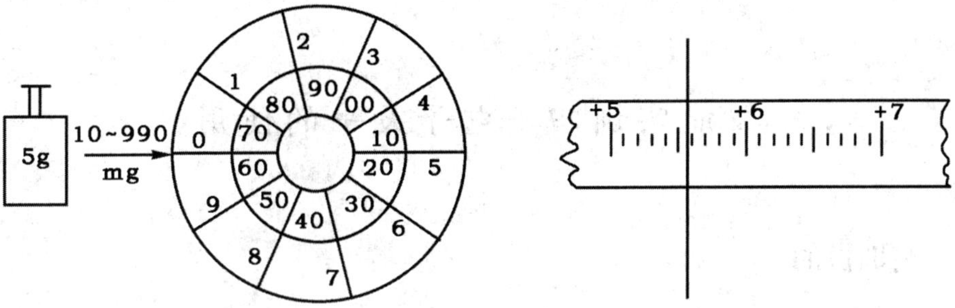


图 3－2

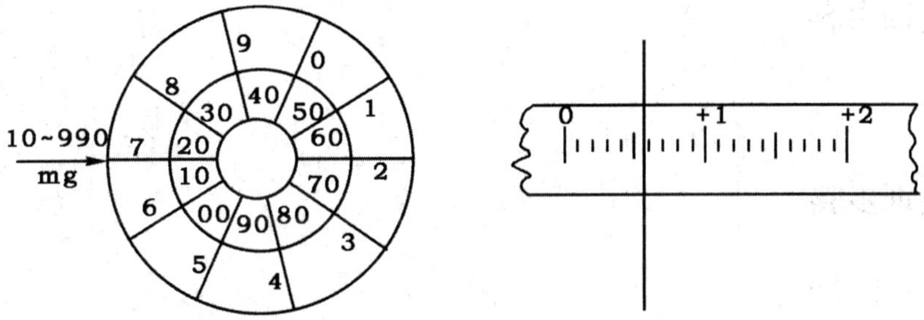


图 3－3

| 码重<br>砝码、外环、内环 | 开启开平，光标移动<br>方向 |
|---|---|
| 试重一：18 .7 00g | → |
| 试重二：18. 6 00g | ← |
| | ← |
| | → |
| | 光标缓慢移动、停读数 |

2. 你仍对哪些问题有困惑？

3. 在实训中，你为同学解决了几个难题，纠正了同学几个不规范的操作动作？

# 技能实训四　电子天平的使用

## 一、实训目的

## 二、实训内容

## 三、实训步骤

1. 观察天平结构

在教师指导下，观察电子天平，熟悉面板按钮。图 4－1 为电子天平的面板图。

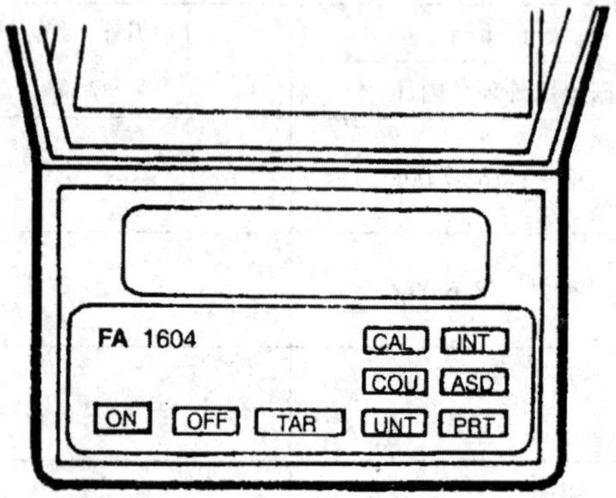


图 4－1　电子天平的面板图



2. 直接称量练习

称量 3 片药片的质量（$m_1$）。

（1）调节水平　观察水平仪，如水泡偏移，需调节____________，使____________位于水平仪中心。

（2）预热　接通天平电源，预热。

（3）开机　轻轻按下＿＿＿＿＿＿键，开启显示器。显示器全亮后进行自检，显示天平型号和称量模式。显示器出［　　　］为正常称量状态。如果显示有误差，如0.0013g，则需要按下［　　　］键关显示器，排除误差。比如重新检查水平、清洁天平盘、关好天平门等。重新按下［　　　］键开启显示器，直到进入正常称量状态。

（4）清零　将称量容器放在秤盘上，关闭天平门，显示出容器的质量，如+18.6573g，此刻轻轻按下去皮键［　　　］键，显示消隐，随即出现全零状态［　　　］，容器的质量值已去除。（当拿起容器，就出现容器质量的负值 −18.6573g 。想一想，为什么?）

（5）直接称量　确认容器的质量已清零，将3片药片轻轻放入容器中，关闭天平门，显示器的数字会变化，待稳定下来，出现具体数字，比如+2.9045g，则3片药片的质量 $m_1$ 就等于+2.9045g。

（6）归位　取出容器和样品，清洁天平盘，轻轻按下去皮键［　　　］键清零，按下［　　　］键关显示器，断开电源。

3. 定量称量练习

称量1份1.0000g的粉末样品的质量（$m_2$）。

方法和直接称量练习大致相同，不同的是，到了第（5）步，用药匙将样品粉末轻轻弹入容器中，少量多次，注意观察显示器上的数字变化，直到非常接近+1.0000g，关上天平门，待数字稳定下来，分析误差，少了，继续加，多了，减样品。如+0.9050g，还差0.0950g，继续加微量样品。反复操作，直到符合要求为止。注意，称量结果的误差不能大于0.0001g。比如说，+1.0001g 可以接受，但是+1.0002g就不符合要求了。

4. 记录数据

| 称量次数 | 直接称量练习<br>称量3片药片的质量 $m_1$ | 定量称量练习<br>称量1份1.0000g的粉末样品的质量 $m_2$<br>（允许0.0001g误差） |
|---|---|---|
| 第一次 | | |
| 第二次 | | |
| 第三次 | | |

# 技能实训五　折射仪的使用

## 一、实训目的

## 二、实训内容

## 三、实训步骤

1. 观察折射仪的结构

在教师指导下，了解折射仪主要操作部件的名称及作用，写出图 5 - 1 中所示部件的名称，并说出其作用。

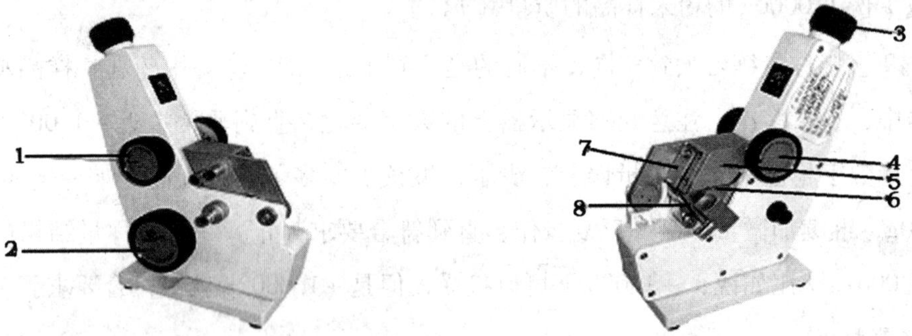


图 5 - 1　折射仪实物图

1. ________ 2. ________ 3. ________

4. ________ 5. ________ 6. ________

7. ________ 8. ________

2. 测定 10% 氯化钾溶液的折射率

(1) 对光　打开遮光板，调节反光镜角度，在目镜中得到亮度适宜的视野。

（2）清洗

①打开进光棱镜座，用滴管滴 1 ~2 滴____________在折光镜上，合上进光棱镜座，再打开进光棱镜座，用____________ 吸干水分。

②打开进光棱镜座，用滴管滴 1 ~2 滴____________ 在折光镜上，合上进光棱镜座，再打开进光棱镜座，用 ____________ 擦干液体。

（3）校正

①滴 1 ~2 滴蒸馏水在折光镜上，合上进光棱镜，锁紧进光棱镜和折光棱镜。

②旋转刻度调节轮，在目镜内的标尺 1. 330 附近寻找有明暗分界线的图像，并调节目镜焦距至看见清晰“ + ”字线。

③调节消色轮，消除 ____________ 成明晰黑白分界线。

④调节刻度手轮，使黑白分界线移到 ____________ 处，读出水的折射率测量值 $n_{测水}$ = ____________。

（4）测定

①清洗（同前）。

②滴入待测液，重复（2）的操作，得氯化钾的折射率测量值 $n_{测液}$ = ____________。

（5）清洗，仪器归位。

3. 数据处理

（1）查看室内温度计读数为____________℃，查课本表 2 –3，此温度下的 $n_{水标}$ = ____________，则误差为 $n_{差}$ = ____________ 。

（2）氯化钾的折射率为 $n = n_{测液} - n_{差}$ = ____________ 。

## 四、总结与评价

1. 在实验中，在折光仪中找不到彩色图像的原因有哪几个？



2. 如何将彩色图转变成可以读数的图像？

# 技能实训六　光学显微镜的使用

## 一、实训目的

## 二、实训内容

## 三、实训步骤

### （一）观察显微镜结构。

1. 对照实物，识别各主要部件的名称和说出其作用，写出图 6－1 所标注部分部件的名称。

2. ________
3. ________
4. ________
5. ________
6. ________
7. ________
8. ________
9. ________
11. ________
13. ________
15. ________
16. ________

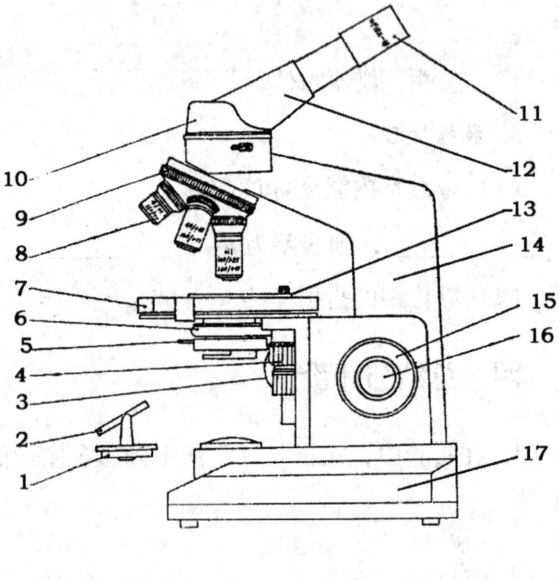


图 6－1　显微镜

2. 观察物镜、目镜的放大率，并将参数填入下表，计算显微镜的放大率。

| 物镜<br>总放大率<br>目镜 | | | |
|---|---|---|---|
| | | | |

## （二）用显微镜观察玻片标本

1. 取镜

______________手握住镜臂，左手______________。

2. 安放

把显微镜安放在离实验桌边缘______________，观察者的偏 ______________（左、右）胸前。

3. 对光

（1）调节倾斜关节，使观察者便于观察目镜。

（2）转动粗调节轮，使载物台与物镜距离 2～3cm。

（3）转动物镜转换器边缘，使 ______________ 对准通光孔。

（4）降低聚光器，打开______________，转动反光镜，使反光光线反射到镜筒内，通过目镜，可以看到白亮视野。

4. 放片

（1）转动物镜转换器，使______________对准通光孔。

（2）夹拿玻片标本______________，将玻片放在载物台上，用压片夹夹住，旋转标本夹旋钮，使观察的标本对准通光孔。

5. 调焦观察

（1）用低倍镜观察标本

①转动物镜转换器边缘，使______________镜对准通光孔。

②转动 ______________调节轮，使标本缓缓接近物镜。

③______眼观察目镜，同时反方向转动 ______使标本缓缓远离物镜，直到看到物像为止。

④再略微转动 ______________，使看到的物像更加______________。

（2）用中（高）倍镜观察标本　不要转动粗调节轮，移动欲观察的图像到视野中心，转动物镜转换器边缘，使中（高）倍镜对准通光孔。转动 ______________，寻找中（高）倍镜放大物像。

6. 取片

（1）转动物镜转换器至______________。

（2）调节粗调节轮使载物台与物镜距离 2 ~ 3cm。

（3）取出标本玻片，放到标本架（盒）。

7. 还镜

（1）通光孔对准物镜空档。

（2）关闭______________，______________聚光器。

（3）反光镜______________ 。

（4）载物台降至最低，（新型显微镜）把聚光器镜头与反光镜______________。（旧式显微镜）调节物镜下降与载物台相接。

（5）将显微镜放回原位。

## 四、总结

1. 对光不顺利的原因有几种？

2. 在取放玻片时，为什么要强调镜头旋至空档，你按规定做了吗？



3. 用低倍观察物像时，能否用粗调前后转动（载物台上下移动）找物像，为什么？

4. 用中、高倍镜观察标本物像时，找不到图像的原因有几种？正确的操作步骤是什么？

5. 操作中，你感觉最困难的是什么？

6. 现在还存在的困惑是什么？

# 技能实训七 旋光仪的使用

## 一、实训目的

## 二、实训内容

## 三、实训步骤

1. 观察旋光仪结构

在教师指导下，了解旋光仪主要操作部件的名称及作用，写出图 7－1 所标注的部分部件名称，并在仪器中指出下列部件的位置。

①光源 ②聚光镜 ③起偏镜 ④测定管 ⑤检偏镜 ⑥目镜

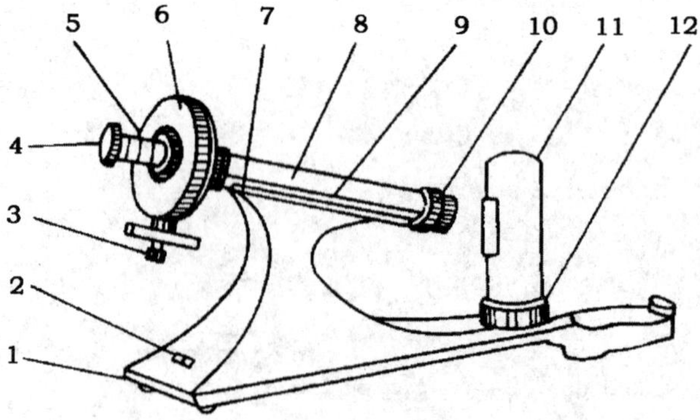


1. ______________
2. ______________
3. ______________
7. ______________
8. ______________

图 7－1 旋光仪

2. 测定 5% 葡萄糖溶液

（1）通电预热 10min。

（2）用蒸馏水清洗测定管。

（3）将两支测定管分别装上蒸馏水、葡萄糖液，旋紧、擦干、贴上标签备用。

（4）校正零点 将装有蒸馏水的测定管放入旋光仪，如果有气泡存在，把气泡赶到凸泡中，凸泡一端朝 ______________（上、下）放置，将刻度盘旋至0°附近找到图 7 - 2a；转动刻度盘手轮找到图 7 - 2b；在图 7 - 2a、b 中间找到暗视野图 7 - 2c。

请将你看到的视野图画在圆圈内。

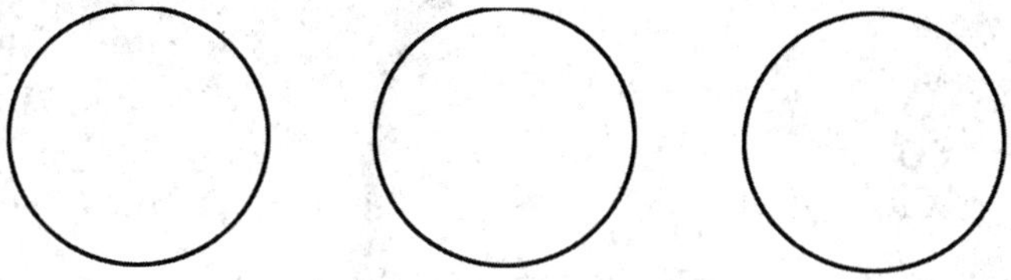

a　　　　c　　　　b

图 7 - 2

读出水的旋光度 $\Phi_0$ = ______________。（水的标准旋光度为 0，$\Phi_0$即为仪器误差）

（5）将放有葡萄糖液的测定管放入旋光仪（注意放管方法），重复④的操作，读出葡萄糖液的旋光度测量值 $\Phi_{测}$ = ______________。

（6）清洁旋光仪，晾干测定管，关电源。

3. 实验数据处理

葡萄糖液的旋光度 $\Phi = \Phi_{测} - \Phi_0$ = ______________

## 四、小结

1. 校正时，在什么位置（______________°）开始能快速找到图 7 - 2a、b、c？

2. 放测定管为什么要将气泡排到管的凸泡部？



3. 右边度盘中，游标尺的零刻度线在主尺零刻度线的上方，旋光度读 ______________（正、负）数。

右边度盘中，游标尺的零刻度线在主尺零刻度线的下方，旋光度读 ______________（正、负）数。

4. 读数

图 7 - 3：______________

图 7 －4：＿＿＿＿＿＿＿＿

图 7 －5：＿＿＿＿＿＿＿＿

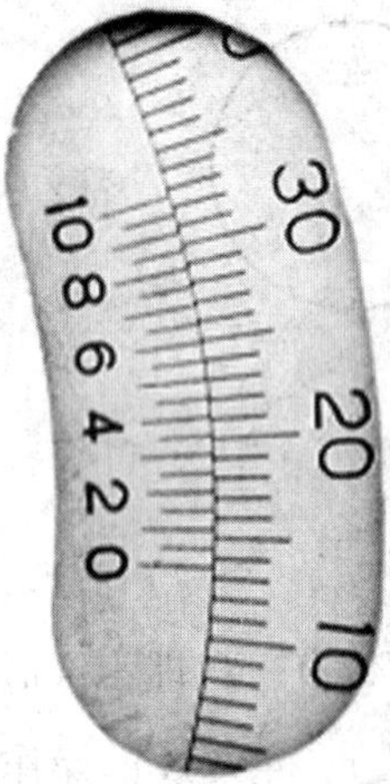


图7-3

图7-4

图7-5

# 技能实训八　721 型分光光度计的使用

## 一、实训目的

## 二、实训内容

## 三、实训步骤

### （一）了解分光光度计的基本结构及工作原理

1. 对照仪器，了解仪器的基本结构及工作原理。

2. 熟悉各调节旋钮的功能，并体验旋钮的作用，写出图 8－1 中标示部件的名称。

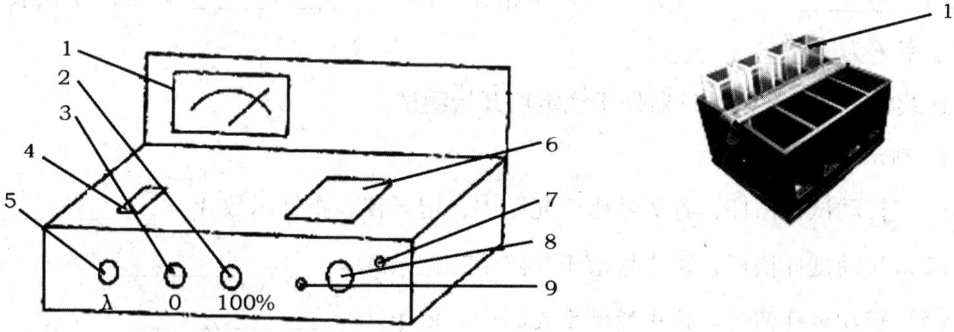


图 8－1　721 分光光度计



1. ______ 2. ______ 3. ______ 4. ______ 5. ______

6. ______ 7. ______ 8. ______ 9. ______ 10. ______

### （二）测定高锰酸钾溶液的吸光曲线

1. 准备

（1）通电，预热__________ min。

（2）选一组匹配的吸收池 4 个，用__________洗净，其中一个注入__________至池高__________处，另三个先用__________洗净，再用__________荡洗，注入__________至池高 3/4 处。

（3）手持吸收池__________面，用吸水纸吸干池外壁液体，用镜头纸往一个方向__________，将吸收池放入暗盒槽格内，1 号槽格放__________，2、3、4 号槽格放__________。

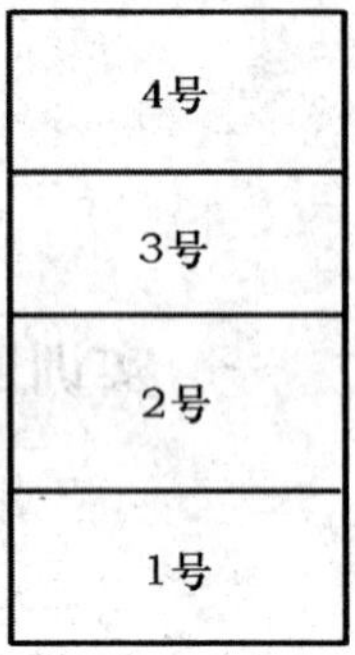

图 8－2　槽格

2. 吸光度校正

（1）调节入射光至所需波长__________ nm。

（2）调节试样槽拉杆，使__________置于光路中。

（3）__________（开、关）暗箱盖，调节__________旋钮，使仪表指针指示透光率 $T$ 为__________。

（4）__________（开、关）暗箱盖，调节__________旋钮，使仪表指针指示透光率 $T$ 为__________。

连续校正二、三次，仪器处于稳定后开始测试。

3. 测试

（1）拉动试样槽杆，置 2 号槽于光路中，记录仪表指针示数 $A_1$ = __________。

（2）拉动试样槽杆，置 3 号槽于光路中，记录 $A_2$ = __________。

（3）拉动试样槽杆，置 4 号槽于光路中，记录 $A_3$ = __________。

按下表中设计的每一波长，重复“吸光度校正→测试”环节，记录数据填入表内。

| 入射光波长（nm） | 420 | 450 | 480 | 500 | 525 | 550 | 570 | 600 | 620 |
|---|---|---|---|---|---|---|---|---|---|
| 吸光度 $A_1$ | | | | | | | | | |
| $A_2$ | | | | | | | | | |
| $A_3$ | | | | | | | | | |
| $\bar{A}$ | | | | | | | | | |

（4）清洁 2、3、4 号吸收池，在 2、3、4 号池内分别注入三种浓度不同的高锰酸钾溶液，按溶液浓度从小到大的次序，将吸收池依次放入暗盒 2、3、4 号格内。设定入射波长为 525nm，调节试样槽拉杆，使 1 号池置于光路中，校正仪器透光率；拉动试样槽拉杆，分别置 2、3、4 号槽内的样品于光路中，测出每份样品的吸光度，记录数据：

$A_{c_1}$ = ________________，　　$A_{c_2}$ = ________________，　　$A_{c_3}$ = ________________

4. 清洁

（1）取出吸收池，洗净晾干备用。

（2）关闭电源。

（3）清洁暗盒，归位，放入干燥剂。

（4）罩好保护罩。

## 四、数据处理及讨论

### （一）数据处理

以入射光波长为横坐标，吸光度 A 为纵坐标，将每组（λ，$\bar{A}$）值描点，作出测试液高锰酸钾的吸光曲线。

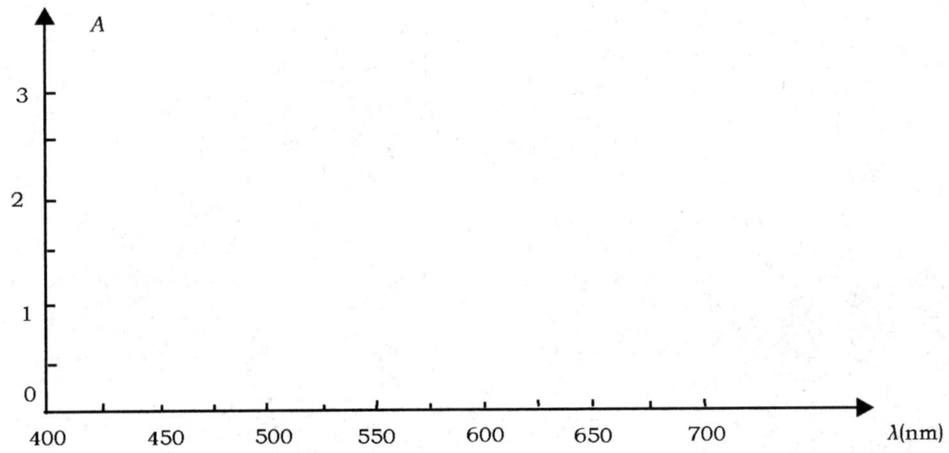


### （二）讨论

1. 吸收曲线的形状有什么特点。

2. 溶液是否对入射光有选择性吸收，吸收最大波长 $\lambda_{max}$ 是多少？

3. 对于同一波长的光，溶液的吸光度与溶液浓度有什么关系？

4. 解释高锰酸钾溶液为什么呈紫红色，为什么溶液浓度越大，溶液的紫红色越深？

# 技能实训九　电工操作基本技能训练

## 一、实训目的

## 二、实训内容

## 三、实训步骤

1. 试电笔的使用

【使用要领】28 字诀：单手执笔指贴尾，先试有电判笔情，无误尖端测试点，有光有电无光无。

【练习内容】检查实验室的插头是否有电，插头上哪一个孔是接火线？见图 9－1、9－2。

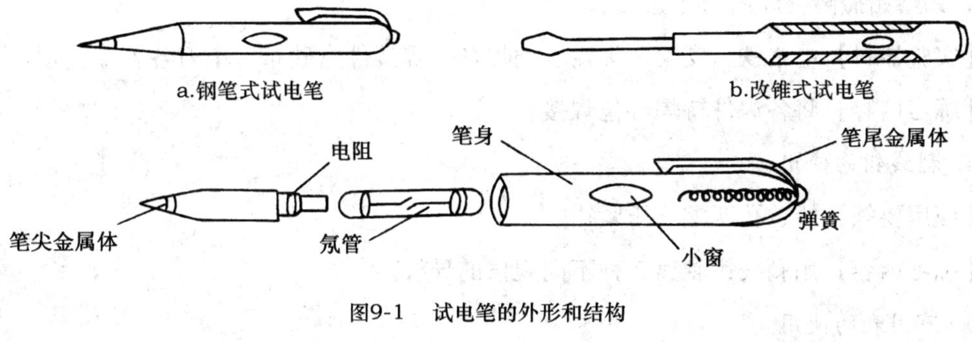


图9-1　试电笔的外形和结构

2. 改锥的使用

【使用要领】24 字诀：锥槽相配、掌指握柄、顺杆压旋、右进左退、先退后进、退到响止。

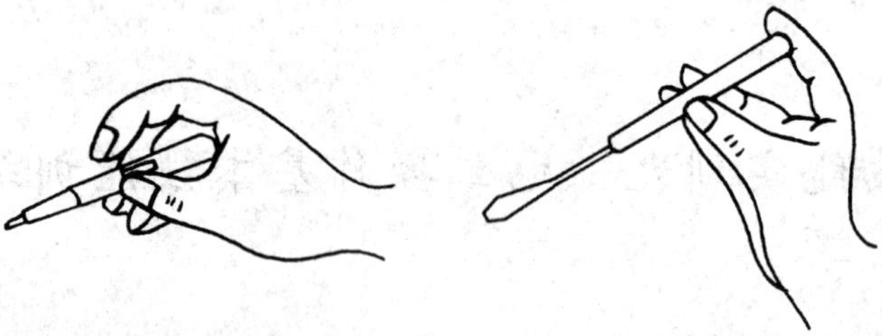

图 9－2　试电笔握法

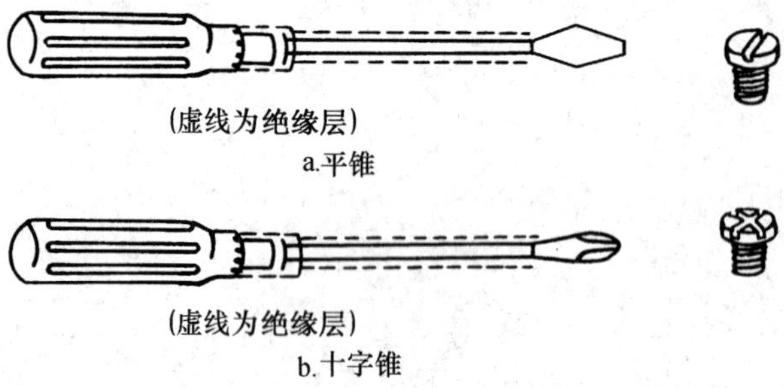


图 9－3　改锥

【练习内容】按螺丝型号、大小选择适当的改锥。将螺丝旋进螺母，坚固之。见图 9－3。

3. 电烙铁的使用

电烙铁按结构分为内热式和外热式两类，见图 9－4。

【使用要领】35 字诀：要焊须上锡，上锡先清洁，洁面焊剂护，热足锡自上，烙嘴点焊件，锡熔始撤离，焊剂助光亮。

【实验器材】电烙铁、支架、焊锡、助焊剂、焊接件，砂布、小刀各若干。

【练习内容】将各焊件待焊部位焊接。

4. 剥线钳的使用

【使用要领】线、孔匹配，压紧钳。



【练习内容】用剥线钳剥离 2 种不同规格的导线。

5. 万用表的使用

【练习内容】

（1）测量电阻

①测量功能、倍率的选择　将功能转换开关置于测量电阻功能区的某倍率档上，倍率选择可根据所测电阻的大小选择，一般情况下以指针落到刻度盘中间段为宜。若指针偏向表盘最左端，可选高一档的倍率；若指针偏向表盘最右端，可选低一档的倍率。见图 9－5。

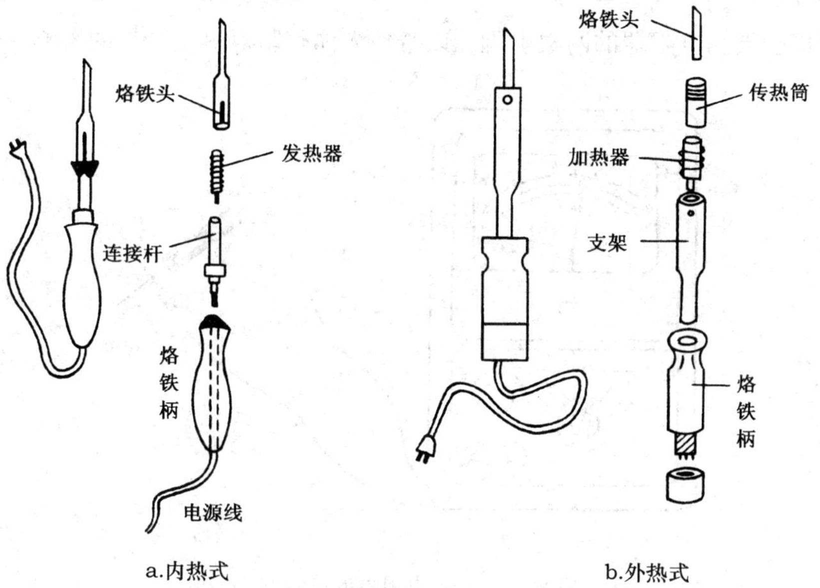


图 9－4 电烙铁的外形和结构

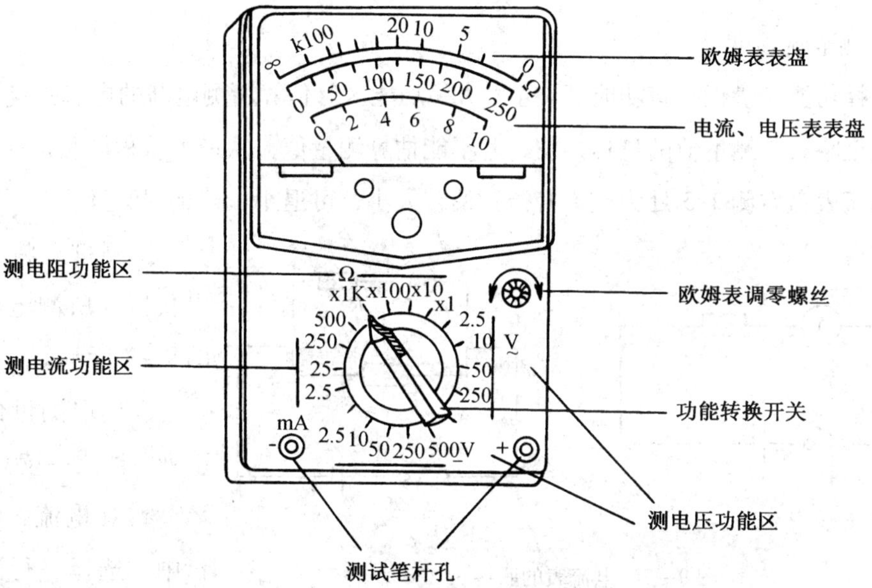


图 9－5 万用表外形

②校零 将两表笔相接，调节欧姆表调零旋钮，使指针在“Ω”刻度线的“0”位线上。每变换一次倍率档，都应进行一次调零。

③接入电阻测量　将不通电状态的电阻与两笔相接，如图 9 – 6 所示。表笔不分正负，手不能同时接触被测电阻器的两根引脚，以避免人体电阻对测量结果的影响。

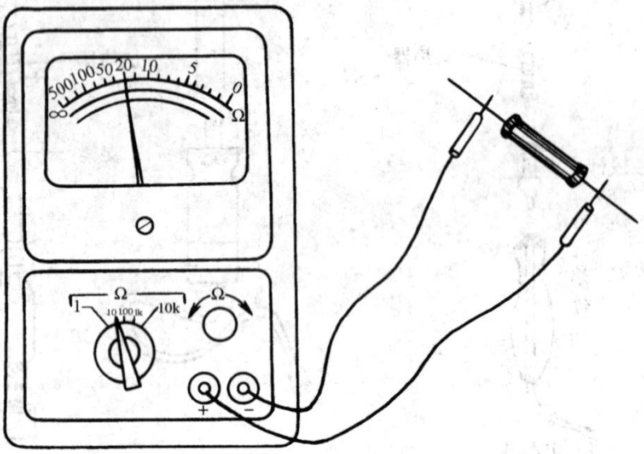


图 9 – 6　普通电阻器的检测方法

④测量值的读取及记录　测量电阻值 = 指针示数 × 档位倍率；记录 $R$ = ________ Ω。

（2）测电流强度

①选择功能、量程　将功能开旋至“A”功能区。估算所测电路的电流强度值，将功能开关旋至略大于测量值的量程档位，若不能估算测量值，从最大量程档开始试测，一般指针偏转至表盘右侧 2/3 处为宜，若指针偏转太小，可退小一档量程测量。

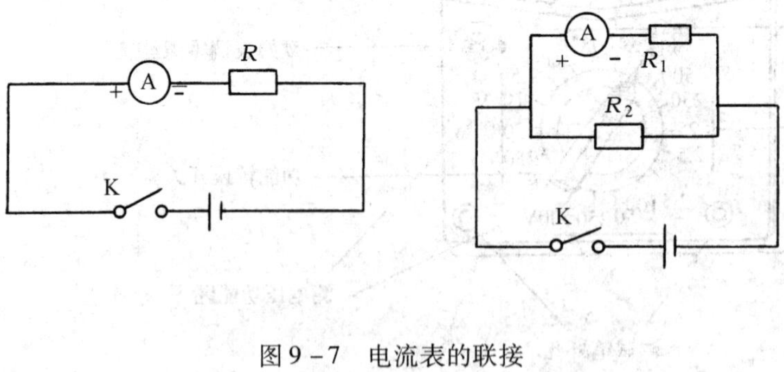


图 9 – 7　电流表的联接

②测量　将万用电表串联接入所测电路中，如图 9 – 7 所示。

③读取测量值　选择下列方法之一读数。

a. 在电流、电压表表盘中，选择一行满偏刻度与量程一致的刻度行读数，指针示数即为测量值。

b. 在电流、电压表表盘中，选择一行满偏刻度与量程成 10 倍（或 1/10 倍、100 倍等）的刻度行读数，测量电流值等于指针示数乘以倍率。

④记录测量值　请同学自己设计记录数据的表格，并将测量数据记录于表格中。

（3）测量交流、直流电压

①选择功能、量程　将功能开关旋至"$\underline{\text{V}}$"（直流）或"$\underset{\sim}{\text{V}}$"（交流）功能区，估算所测电压的电压值，将功能开关旋至略大于测量值的量程档位，若不能估算测量值，以最大量程开始试测，一般使指针偏转至表盘右侧2/3处为宜，若指针偏转太小，可退小一档量程。

②测量　将万用表并联接入所测电路中，如图9－8所示。

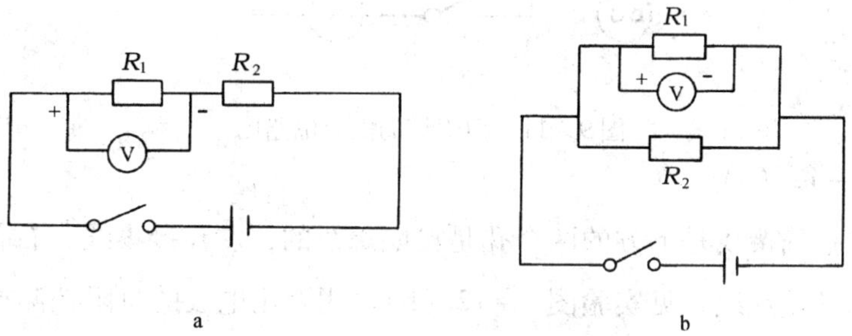


图9－8　电压表的联接

③读取测量数据　读数方法与测电流读数方法相同。

④记录测量结果

将测量结果记录在设计好的表格内。

6. 简单照明电路安装

（1）日光灯电路安装　按日光灯安装电路图9－9连接日光灯。

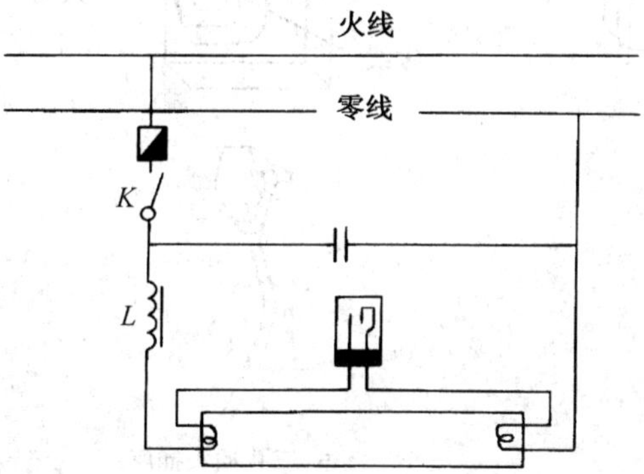


图9－9　日光安装电路图

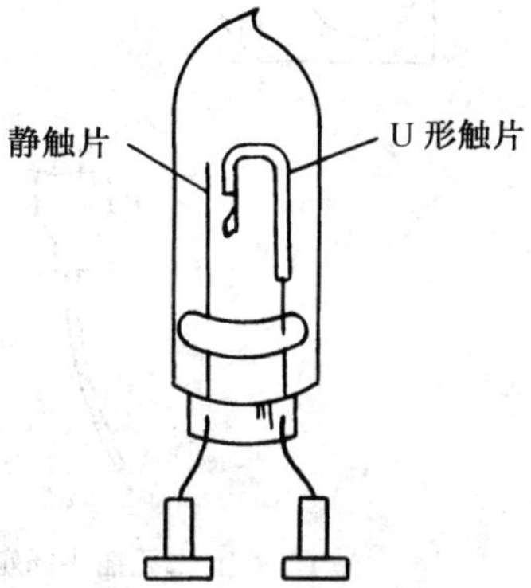


图9－10　白辉器

（2）白炽灯安装　按白炽灯安装电路图9－11连接白炽灯日光灯。

（3）插座的安装　双孔插座的正确接线，应该根据插座线孔的排列顺序连接。插孔水平排列时，相线接右孔，零线接左孔，即“左零右火”；垂直排列时，相线接上孔，零线接下孔，即“下零上火”。使用试电笔检查若有误，须断电后，调换二线位置重新接

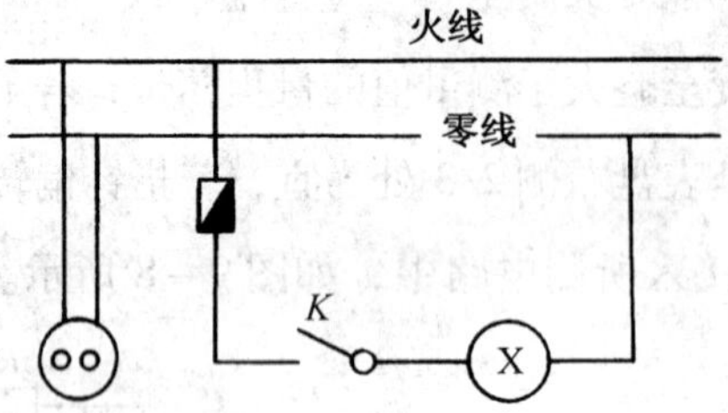


图 9－11　白炽灯的安装电路图

线，见实验图 9－12（a）。

三孔插座的正确接线是下方的两个孔是接电源线的，左孔接零线，右孔接火线，上面的一个大孔接保护接地线，见实验图 9－12（b）。用万用电表的电阻挡测接地电阻，接地电阻小于 4Ω；使用试电笔检查零线、火线位置，若有误须断电，调换二线位置，重新接线。

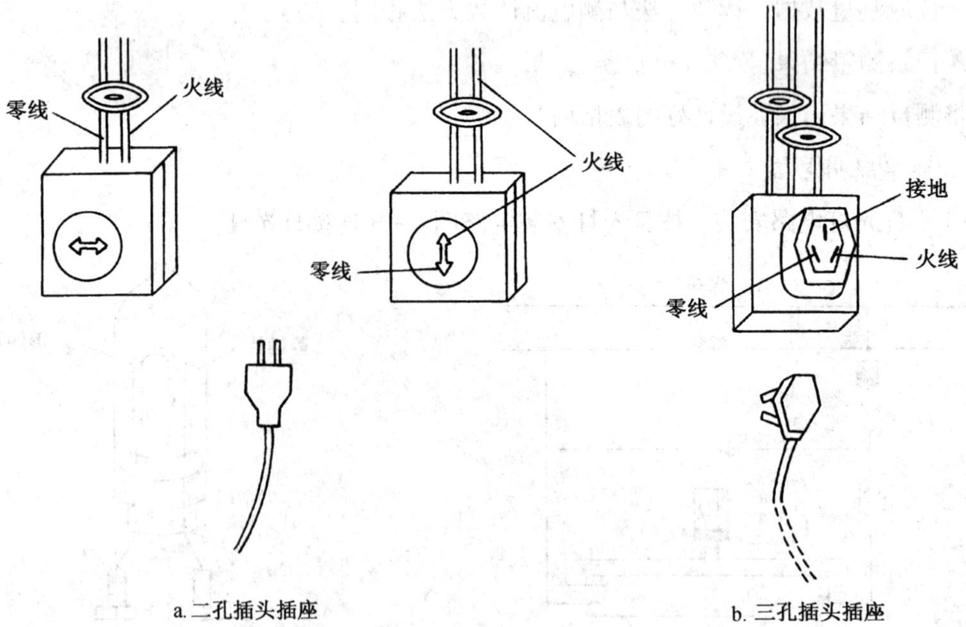


图 9－12　插座安装方式

## 四、讨论与评价

1. 给你一支完好的电笔，你怎样判断：

（1）电路中的火线是哪一根线？

（2）插座是否与电源相通？

2. 保险、开关为什么一定要装在火线上？

3. 接入日光灯管、卡口灯泡的接头要不要区分正负极？

4. 安装三孔插座时，你是如何判别插座内的火线接线柱、地线接线柱、零线接线柱的？

# 第五章 练习题

## 一、名词解释

1. 流体 2. 流体输送设备 3. 容积式泵 4. 气缚 5. 流量 6. 气蚀 7. 单动泵 8. 计量泵 9. 罗茨风机 10. 管件 11. 阀门 12. 公称直径

## 二、填空题

1. 泵是将液体由低处引向高处的主要设备，它将原动机的__________转化为液体的__________。

2. 真空泵是将密封设备抽成__________的设备。在制药生产领域有很广泛的用途。

3. 离心泵启动前，须__________，即向壳体内__________。

4. 离心泵之所以能输送液体，主要是依靠__________，液体在__________的作用下获得了能量以提高压强。

5. 离心泵的叶轮按其结构形状分有三种，即__________、__________、__________。其中__________效率最高。

6. 往复泵是__________的一种，是依靠泵缸内的活塞作__________来改变容积，从而达到输送液体的目的。

7. 在药品的生产中，有时要求要精确的输送流量恒定的液体或将几种液体按比例输送，__________能够很好地满足这些要求。

8. 齿轮泵的压头__________，流量__________，适合于输送__________，但不能输送含有固体颗粒的悬浮液。

9. 气体输送机械常按出口压力或压缩比的大小来分成__________、__________、__________、__________等四类。

10. 离心式通风机的风压取决于__________、__________、__________与进入风机的气体密度等。

11. 喷射泵是利用流体流动时__________和__________相互转换来工作的。

12. 制造钢管的常用材料有__________、__________、低合金钢和

____________等。

13. 球阀是利用一个____________的球体的旋转来控制开关及调节流量的。它的结构紧凑、开关省力，应用非常广泛。

14. 疏水阀是用于排除蒸气管道中的____________、空气及其他不凝结的气体，而阻止____________排出。废蒸气排出口都应安装疏水阀，以免烫伤。

15. 安全阀是一种截断装置，当压力容器超过规定的工作压强时，它便____________，当恢复到安全压强时又会____________。

## 三、简答题

1. 简述离心泵的工作原理和特点。
2. 气蚀现象是怎样产生的，它对泵的操作有何影响，怎样避免离心泵的气蚀现象。
3. 说明发生“气缚”的原因及消除方法。
4. 简述罗茨风机的工作原理及特点。
5. 简述水环式真空泵的工作原理及特点。
6. 管路的主要参数有哪些，它们分别表示什么，规定统一的管路参数有什么意义？
7. 常用的阀门有哪些，它们的工作原理是什么？

# 第六章 练习题

## 一、名词解释

1. 热传导 2. 热对流 3. 热辐射 4. 换热器 5. 间壁式换热器 6. 载热体 7. 加热剂 8. 冷却剂 9. 蒸发 10. 液化 11. 二次蒸气

## 二、填空

1. ______________是热能传递的推动力。

2. 根据热能传递机制的不同，传热有三种基本方式，即______________、______________、______________。

3. 根据工作原理和设备结构种类的不同，制药工业生产中的换热器换热的类型可分为______________、______________和______________三种。

4. 在间壁式换热器内热量是以______________的方式进行传递的。

5. K 值越大，在单位传热面积上、在单位时间内传递的热量越______________。

6. 根据传热壁面的形式，间壁式换热器主要有______________和______________。

7. 根据壳体和管束的安装方式、管道的形状，列管式换热器可分为______________、______________、______________三种型式。

8. 蒸发有______________与______________两种方式。

9. 减压蒸发是指在减压条件下进行蒸发的方法，又称______________。

10. 常用的蒸馏方法有______________、______________与______________。



## 三、单选题

1. 冷、热流体分别在固体间壁两侧流动，通过固体间壁传热，属______________

A. 混合式换热 B. 蓄热式换热 C. 间壁式换热 D. 直接式换热

2. 下列关于间壁式换热器传热系数的叙述错误的是______________

A. 使流体处于湍流状态，可增大传热系数 B. 提高两流体的流速，可减小传热系数

C. 及时排除不凝性气体，可增大传热系数 D. 使热液体处于沸腾状态，可增大传热系数

3. 下列哪项不是减小管壁两侧污垢的方法______________

A. 提高两流体的流速　B. 控制冷却水的加热程度

C. 采用机械、化学方法除垢　D. 让易结垢的流体在管间流动

4. 下列哪个不属列管式换热器______________

A. 固定管板式换热器　B. U 型管式换热器

C. 沉浸式蛇管换热器　D. 浮头式换热器

5. 采用套管保温法输送料液的间壁式换热器是______________

A. 套管式换热器　B. 蛇管式换热器　C. 列管式换热器　D. 夹套式换热器

6. 下列哪项不属螺旋板式换热器的特点______________

A. 传热系数比列管式大 1.5 ~2 倍以上

B. 冷、热流体间为纯逆流流动，传热推动力大

C. 单位体积的传热面约为列管式的 5 倍

D. 流体对器壁有冲刷作用而不易结垢和堵塞

7. 下列哪项不是饱和水蒸气的特点______________

A. 冷凝潜热大、载热量多、传热系数高　B. 可用作高温加热剂

C. 加热均匀、温度容易调节　D. 清洁无毒、输送方便、价格低廉

8. 下列哪项不属影响蒸发效率的因素______________

A. 传热温度差及传热效率　B. 蒸发器的外观

C. 蒸发面积　D. 液面上蒸气的浓度及压力

9. 下列关于减压蒸发的叙述错误的是______________

A. 操作应在敞开式的蒸发器内进行　B. 适用于对热不稳定药液的处理

C. 抽气能及时排除溶剂蒸气　D. 在制药工业生产中应用比较广泛

10. 下列关于薄膜蒸发器的叙述错误的是______________

A. 升膜式薄膜蒸发器加热蒸气走管外，料液走管内

B. 升膜式薄膜蒸发器适用于处理易结垢的料液

C. 降膜式薄膜蒸发器完成液从分离室底部排出

D. 降膜式薄膜蒸发器适用于黏度在 0.05 ~0.45Pa · s 料液的处理

11. 下列哪项不属冷凝液化操作______________

A. 中药材有效成分的回流提取　B. 中药材有效成分的渗漉提取

C. 有机溶剂的回收　D. 冷凝二次蒸气

12. 下列关于蒸馏的叙述错误的是______________

A. 是用以回收溶剂或分离液体混合物的单元操作

B. 常用的蒸馏方法有常压蒸馏、减压蒸馏与精馏

C. 减压后液面真空度愈高，液体的沸点就愈高

D. 精馏可得到较高浓度的乙醇

13. 图 6－1 属于哪种间壁式换热器______

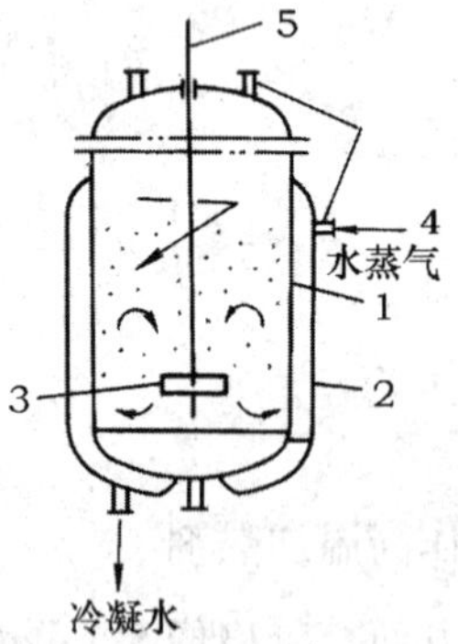


图 6－1

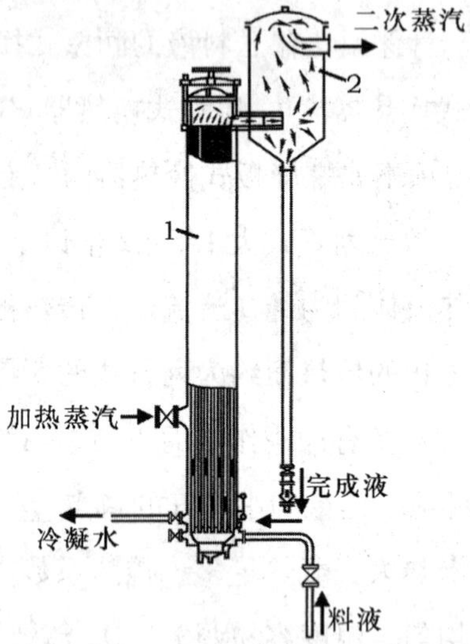


图 6－2

A. 套管式换热器　B. 蛇管式换热器

C. 列管式换热器　D. 夹套式换热器

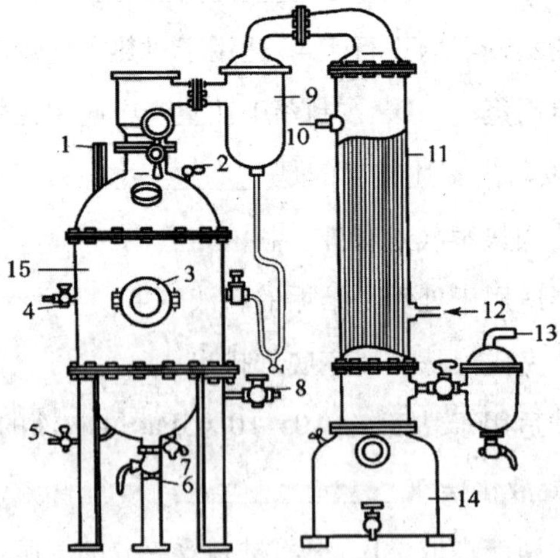


图 6－3

14. 图 6－2 属于哪种蒸发器______

A. 单效减压蒸发器　B. 多效减压蒸发器

C. 升膜式薄膜蒸发器　D. 降膜式薄膜蒸发器

15. 图 6－3 属于哪种蒸馏设备______________

A. 常压蒸馏设备　B. 减压蒸馏设备　C. 精馏设备　D. 分馏设备

## 四、多选题

1. 在工业生产中，主要运用哪些方式传热______________

A. 热传导　B. 热对流　C. 热辐射　D. 热扩散

2. 与间壁式换热器传热系数相关的因素有______________

A. 冷、热流体两侧的对流传热系数 $\alpha_i$ 和 $\alpha_0$　B. 管壁两侧的污垢热阻 $R_{si}$、$R_{so}$

C. 壁的导热系数 $\lambda$　D. 壁的厚度 $b$

3. 夹套式换热器在制药工业中常用作______________

A. 反应器　B. 结晶器　C. 储液槽　D. 回收乙醇

4. 平板式换热器的换热板面可做成______________

A. 人字形板　B. 水平平直板　C. 锯齿形板　D. 鳞甲波纹板

5. 常用的加热剂有______________

A. 饱和水蒸气　B. 有机载热体　C. 矿物油　D. 热水

6. 关于蒸发的叙述正确的是______________

A. 液体在任何温度下都可以发生自然蒸发　B. 蒸发仅发生在液体的表面

C. 生产中一般采用沸腾蒸发　D. 利用二次蒸气作加热剂，可节约热源

7. 在进行蒸发操作时应______________

A. 不断地向被蒸发液体提供热量　B. 采用加压蒸发

C. 采用薄膜蒸发器进行蒸发　D. 及时排除加热剂一侧的不凝性气体

8. 关于减压蒸发器的叙述正确的是______________

A. 单效减压蒸发可利用二次蒸气

B. 产生规模不大时，宜采用单效减压蒸发器

C. 多效减压蒸发器能多次利用二次蒸气

D. 产生规模较大时，宜采用多效减压蒸发器

9. 关于薄膜蒸发的叙述正确的是______________

A. 热量传递快而均匀　B. 没有液体静压的影响

C. 特别适用于蒸发处理热敏性料液　D. 具有极小的蒸发表面

10. 影响液化效率的因素包括________________

A. 冷凝器的外观　B. 冷却剂的温度　C. 冷凝器的传热面积　D. 冷凝器的换热类型

## 五、简答题

1. 热传递的基本条件是什么?
2. 请说出在间壁式换热器内，冷、热两流体流过间壁的传热机制。
3. 选择载热体时应考虑哪些问题?
4. 请说出多效减压蒸发器的工作原理。
5. 固定管板式换热器产生热应力的原因是什么?

## 六、实例分析题

1. 某药品生产企业有一批板蓝根水煎煮液需要浓缩至相对密度为 1.30 ~ 1.33（80℃）的清膏，应如何处理?

2. 用60%的乙醇作溶剂，采用渗漉法提取大黄粗粉中的有效成分，收集初漉液另存，续漉液需要回收乙醇，应如何处理?